计算机应用基础项目教程

敖建华　叶　聪　杨　青　主编

吉林大学出版社

内容提要

《计算机应用基础项目教程》以就业为导向，内容围绕高职院校工作过程系统化的计算机课程改革的新动向和全国计算机等级考试一级B考试大纲编写的，在编写方式上，采用基于工作过程的项目教学与任务引领相结合的方式。全书共24个项目，内容涵盖计算机基础知识、Windows XP基本操作、Office 2003办公应用和Internet基本知识和简单应用等。

《计算机应用基础项目教程》适合作为高职院校的计算机公共基础课程教材以及各类计算机教育培训机构的专用教材，也可供企事业单位的文职人员和技术人员自学使用。

图书在版编目(CIP)数据

计算机应用基础项目教程 / 敖建华，叶聪，杨青主编. —长春：吉林大学出版社，2010.8

ISBN 978-7-5601-6296-6

Ⅰ.①计… Ⅱ.①敖…②叶…③杨… Ⅲ.①电子计算机—教材 Ⅳ.①TP3

中国版本图书馆CIP数据核字(2010)第160360号

书　名：计算机应用基础项目教程

作　者：敖建华，叶聪，杨青　主编

责任编辑、责任校对：陈颂琴

吉林大学出版社出版、发行

开本：787×1092毫米　1/16

印张：15.25　　字数：450千字

ISBN 978-7-5601-6296-6

封面设计：春田设计

浙江省良渚印刷厂　　印刷

2010年8月　第1版

2010年8月　第1次印刷

定价：32.00元

社址：长春市明德路421号　邮编：130021

发行部电话：0431—88499826

网址：http://www.jlup.com.cn

E-mail：jlup@mail.jlu.edu.cn

前言

随着计算机技术的迅猛发展，计算机的应用已深入到社会各行各业及各个领域，计算机已成为人们学习、工作和生活中不可缺少的重要工具。掌握计算机基础知识和应用技能已成为高职院校各专业学生的基本要求。因此，计算机基础课程已成为各高职院校所有专业必修的公共基础课。

本书编写遵循“工作过程导向的CBET”课程模式，强调“行动导向”，以“过程性知识(knowing—how)”和“社会性知识(knowing—who)”获取为主要目标。确立一个中心(以学生为中心)三个融合(校企融合、课内外融合、技术与人文融合)、以工作过程为导向的课程开发理念。确立素养、行为、技能(动作技能和心智技能)教育观。重视计算机应用过程中技术性心智技能的形成，强化学习过程中教师的示范和引导作用。以技术设计思想贯穿计算机应用全过程。技术设计强调步骤与方法，每一步骤以各种信息处理技术和文档编辑技术作为完成任务的方法性支撑，强调过程的可重复性和可验证性。

本书以使学生具有一定的计算机应用技能为宗旨，教学案例源自职场“工作领域”又高于“工作领域”，即经抽象典型化为“学习领域”案例。从技术的角度来讨论信息处理，即以提高学生的素养和技能(动作技能和心智技能)为主要目标。树立“责任、健康、安全、协同”的核心价值观和“布局为首、纲目为本、批量处理为上”的技术价值观；养成“先四周后中央、鼠标悬停看提示”的观察思路和“先定位后操作、左右结合左右左”的操作习惯。

本书内容来自企业的真实案例，以信息的用途和形式特征为切入点，研究各类文档的设计与制作技术，以信息的完整处理过程(即具体的工作过程)为单位构建学习项目。每个项目可由若干个具体任务(一般为3～5个)组成，课程由项目群构成。全书包含24个项目，第1至第4个项目介绍计算机基础知识，第5至第10个项目介绍Windows XP的基本操作，第11至16个项目介绍Word 2003的基本操作，第17至19个项目介绍Excel 2003的基本操作，第20至22个项目介绍PowerPoint 2003的基本操作，第23至24个项目介绍Internet基本知识和简单应用。

参加本书编写的教师均为多年从事计算机基础教学的一线教师，其中由敖建华主编并编写了第17～19、23～24项目，叶聪编写了第1～4、20～22项目，杨青编写了第5～16项目，全书由敖建华统稿。在本书的编写过程中得到了苏州信息职业技术学院计算机科学与技术系主任沈金龙教授、副主任于大为及全体老师的大力支持和帮助，在此一并表示感谢。

由于编写时间仓促，编写水平有限，书中难免存在不足之处，恳请读者批评指正。

编者

2010年7月

目 录

项目1 计算机的发展 …… 1

1.1 任务一 了解计算机的用途 …… 1

1.2 任务二 了解计算机的诞生与发展 …… 3

1.2.1 计算机系统的发展简史 …… 4

1.2.2 计算机的特点 …… 7

1.2.3 计算机的分类 …… 7

1.3 任务三 了解计算机的未来发展 …… 7

1.4 本项目涉及的主要知识点 …… 8

1.5 课后作业 …… 8

项目2 计算机系统组成及工作原理 …… 10

2.1 任务一 了解计算机的系统组成 …… 10

2.1.1 硬件系统 …… 10

2.1.2 软件系统 …… 13

2.1.3 计算机的工作原理 …… 14

2.1.4 衡量计算机的主要技术指标 …… 15

2.1.5 多媒体技术简介 …… 16

2.1.6 多媒体技术的应用 …… 17

2.2 本项目涉及的主要知识点 …… 18

2.3 课后作业 …… 19

项目3 计算机安全基础知识 …… 20

3.1 任务一 什么是计算机病毒 …… 20

3.1.1 计算机病毒的概念 …… 20

3.1.2 计算机病毒的特征 …… 20

3.1.3 计算机病毒的分类 …… 20

3.2 任务二 计算机病毒的防治 …… 24

3.2.1 病毒的几种预防措施 …… 24

3.2.2 病毒的清除 …… 24

3.3 本项目涉及的主要知识点 …… 25

3.4 课后作业 …… 25

项目4　数制与编码 …… 26

4.1　任务一　什么是数制 …… 26
4.1.1　数制的概念 …… 26
4.1.2　常用进制 …… 26
4.1.3　进制之间的转换 …… 27
4.2　任务二　计算机中的编码 …… 29
4.2.1　计算机中数据的存储与编码 …… 29
4.2.2　计算机中的存储单位 …… 32
4.3　本项目涉及的主要知识点 …… 32
4.4　课后作业 …… 33

项目5　设置 Windows XP 运行环境 …… 34

5.1　任务一　定制 Windows XP 个性化桌面显示 …… 34
5.1.1　定义 Windows XP 主题 …… 34
5.1.2　自定义桌面背景 …… 36
5.1.3　设置屏幕保护程序 …… 37
5.1.4　设置 Windows XP 显示外观 …… 40
5.1.5　调整显示设置 …… 40
5.2　任务二　定制"开始"菜单 …… 41
5.2.1　设置"开始"菜单样式 …… 42
5.2.2　删除菜单中用户最近使用的文档记录 …… 43
5.3　任务三　更新时间和日期 …… 44
5.4　本项目涉及的主要知识点 …… 44
5.5　课后作业 …… 50

项目6　文件与文件夹的操作 …… 51

6.1　任务一　新建文件夹和文件 …… 51
6.1.1　新建文件夹 …… 51
6.1.2　新建文件 …… 51
6.2　任务二　重命名文件或文件夹 …… 52
6.2.1　重命名文件夹 …… 52
6.2.2　重命名文件 …… 53
6.3　任务三　复制和移动文件及文件夹 …… 53
6.3.1　复制文件夹 …… 53
6.3.2　剪切文件 …… 54
6.4　任务四　文件和文件夹的删除及恢复 …… 55
6.4.1　删除文件 …… 55
6.4.2　恢复文件 …… 56
6.5　本项目涉及的主要知识点 …… 57

6.6 课后作业…… 61

项目7 用户账户与权限管理 …… 62

7.1 任务一 创建用户账户…… 62
7.2 任务二 修改用户账户…… 64
7.2.1 修改账户名称…… 64
7.2.2 创建账户密码…… 66
7.2.3 更改账户图片…… 67
7.2.4 更改账户权限…… 68
7.2.5 删除用户账户…… 69
7.3 本项目涉及的主要知识点…… 70
7.4 课后作业…… 71

项目8 安装和使用打印机 …… 72

8.1 任务一 安装和设置打印机…… 72
8.1.1 安装打印机…… 72
8.1.2 添加本地打印机…… 72
8.1.3 设置打印机名称…… 74
8.2 任务二 打印 word 文档 …… 75
8.2.1 打印预览…… 75
8.2.2 打印 Word 文档 …… 75
8.3 本项目涉及的主要知识点…… 76
8.4 课后作业…… 77

项目9 共享文件 …… 78

9.1 任务一 共享文件夹…… 78
9.2 本项目涉及的主要知识点…… 80
9.3 课后作业…… 80

项目10 Windows XP 之间远程桌面的设置 …… 81

10.1 任务一 被控制端电脑设置 …… 81
10.2 任务二 控制端电脑设置 …… 83
10.3 本项目涉及的主要知识点 …… 85
10.4 课后作业 …… 85

项目11 制作毕业生个人简历 …… 86

11.1 任务一 毕业生个人简历封面制作 …… 86
11.1.1 Word 文档的建立 …… 86
11.1.2 页面设置…… 87
11.1.3 图片设置…… 88

11.1.4 文字设置 …… 89
11.2 任务二 “自荐信”制作 …… 92
11.2.1 输入“自荐信”内容 …… 92
11.2.2 设置“自荐信”字体格式 …… 92
11.2.3 “自荐信”的段落格式化 …… 93
11.3 任务三 制作“个人简历” …… 94
11.3.1 输入并设置“个人简历”字体格式 …… 94
11.3.2 添加项目符号 …… 94
11.4 本项目涉及的主要知识点 …… 95
11.5 课后作业 …… 97

项目12 制作教师工作量记录卡 …… 98

12.1 任务一 制作记录卡标题 …… 98
12.2 任务二 创建表格 …… 98
12.2.1 新建表格 …… 98
12.2.2 合并单元格 …… 99
12.2.3 绘制表格线 …… 102
12.3 本项目涉及的主要知识点 …… 102
12.4 课后作业 …… 107

项目13 表格公式运用 …… 108

13.1 任务一 将文本转换成表格 …… 108
13.1.1 将文本转换成表格 …… 108
13.1.2 增加新列 …… 109
13.2 任务二 表格中公式的运用 …… 109
13.3 任务三 表格中数据排序 …… 110
13.4 本项目涉及的主要知识点 …… 110
13.5 课后作业 …… 111

项目14 说明书排版 …… 112

14.1 任务一 设置纸张尺寸 …… 112
14.2 任务二 设置正文与标题格式 …… 113
14.3 任务三 添加分隔符 …… 115
14.4 任务四 添加页眉和页码 …… 116
14.4.1 添加页眉 …… 116
14.4.2 添加页码 …… 117
14.5 任务五 添加目录 …… 118
14.6 本项目涉及的主要知识点 …… 119
14.7 课后作业 …… 120

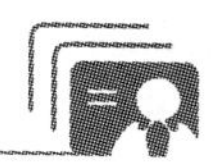

项目15　制作电子公章 ……………………………………………………… 121

15.1　任务一　制作电子公章轮廓 …………………………………………… 121
15.2　任务二　制作电子公章上的文字 ………………………………………… 122
15.3　任务三　将艺术字移入电子图章轮廓 …………………………………… 123
15.4　任务四　绘制电子图章中的五角星 ……………………………………… 124
15.5　本项目涉及的主要知识点 ……………………………………………… 124
15.6　课后作业 ………………………………………………………………… 127

项目16　批量制作学生成绩单 ……………………………………………… 128

16.1　任务一　建立主文档 …………………………………………………… 128
16.2　任务二　准备数据源 …………………………………………………… 130
16.3　任务三　邮件合并向导 ………………………………………………… 130
16.4　任务四　定制个性化邮件 ……………………………………………… 138
16.5　本项目涉及的主要知识点 ……………………………………………… 140
16.6　课后作业 ………………………………………………………………… 143

项目17　制作通讯录 ………………………………………………………… 144

17.1　任务一　设计表格 ……………………………………………………… 144
17.1.1　观察 Excel 2003 窗口界面 ………………………………………… 144
17.1.2　设计表格 ……………………………………………………………… 145
17.2　任务二　输入数据 ……………………………………………………… 146
17.3　任务三　设置单元格格式 ……………………………………………… 147
17.3.1　单元格合并、对齐、字体设置 ……………………………………… 147
17.3.2　单元格边框和底纹设置 ……………………………………………… 148
17.4　本项目涉及的主要知识点 ……………………………………………… 151
17.5　课后作业 ………………………………………………………………… 151

项目18　工资管理 …………………………………………………………… 153

18.1　任务一　用公式计算“应发工资” ……………………………………… 153
18.2　任务二　用函数进行工资统计 ………………………………………… 155
18.3　任务三　用图表向导制作工资统计图 ………………………………… 156
18.4　本项目涉及的主要知识点 ……………………………………………… 159
18.5　课后作业 ………………………………………………………………… 160

项目19　销售数据管理与分析 ……………………………………………… 161

19.1　任务一　利用排序功能分析数据 ……………………………………… 161
19.2　任务二　利用筛选功能分析数据 ……………………………………… 162
19.2.1　自动筛选 ……………………………………………………………… 162
19.2.2　高级筛选 ……………………………………………………………… 164

19.3 任务三 利用分类汇总功能分析数据 …… 165
19.4 任务四 创建数据透视表 …… 166
19.5 本项目涉及的主要知识点 …… 168
19.6 课后作业 …… 168

项目20 毕业设计答辩演示文稿制作 …… 169

20.1 任务一 创建演示文稿 …… 170
20.1.1 由 Word 大纲创建 PowerPoint 演示文稿 …… 170
20.1.2 关闭 PowerPoint 的“自动调整” …… 175
20.1.3 利用 PowerPoint 的不同视图浏览演示文稿 …… 175
20.1.4 幻灯片的编辑 …… 175
20.2 任务二 美化幻灯片 …… 180
20.2.1 幻灯片版式的设置 …… 180
20.3 任务三 添加效果 …… 182
20.3.1 添加动画效果 …… 182
20.3.2 添加影片和声音 …… 184
20.3.3 设置超级链接 …… 185
20.4 任务四 设置放映方式 …… 186
20.4.1 调整播放顺序 …… 186
20.4.2 设置播放方式 …… 186
20.5 任务五 巧妙设置 PowerPoint 播放时能查看备注 …… 187
20.6 本项目所涉及的主要知识点 …… 189
20.7 课后作业 …… 189

项目21 使用 PowerPoint 制作精美的电子相册 …… 190

21.1 任务一 批量插入图片 …… 190
21.2 任务二 设置切换效果和背景音乐 …… 194
21.3 本项目所涉及的主要知识点 …… 197
21.4 课后作业 …… 197

项目22 运用 PowerPoint 制作爬楼梯的小火车 …… 198

22.1 任务一 绘制楼梯,插入小火车 …… 199
22.2 任务二 绘制动作路径,设置动画效果 …… 201
22.3 本项目所涉及的主要知识点 …… 203
22.4 课后作业 …… 203

项目23 网上求职 …… 204

23.1 任务一 了解计算机网络 …… 204
23.1.1 计算机网络 …… 204
23.1.2 数据通信 …… 204

23.1.3　计算机网络的组成 …… 205
23.1.4　计算机网络的体系结构 …… 206
23.1.5　计算机网络的分类 …… 206
23.1.6　计算机网络的拓扑结构 …… 206
23.1.7　组网的硬件设备 …… 207
23.2　任务二　接入 Internet …… 208
23.2.1　Internet 概述 …… 208
23.2.2　TCP/IP 协议 …… 209
23.2.3　IP 地址和域名 …… 209
23.2.4　Internet 的接入方式 …… 210
23.2.5　Internet 的服务功能 …… 211
23.2.6　网络安全 …… 212
23.3　任务三　搜索和下载求职信息 …… 213
23.3.1　浏览与下载 …… 213
23.3.2　网络检索 …… 216
23.3.3　IE 浏览器设置 …… 217
23.4　本项目涉及的主要知识点 …… 218
23.5　课后作业 …… 219

项目24　收发电子邮件 …… 220

24.1　任务一　申请邮箱 …… 220
24.2　任务二　收发邮件 …… 222
24.3　本项目涉及的主要知识点 …… 224
24.4　课后作业 …… 224

附录一　全国计算机等级考试一级 B(Windows 环境)考试大纲 …… 225
附录二　全国计算机等级考试一级 B 样题 …… 228
参考文献 …… 231

项目1　计算机的发展

计算机在人类的日常生活中扮演的角色越来越重要，几乎已成为人们生活中不可或缺的一部分。计算机广泛应用于世界各地各种类型的环境中，企业、家庭、政府、学校、医院等处处都有它的身影。

除了我们常见的通用型计算机，还有许多专为特定目的而定制的计算机。此类计算机可集成到各种设备中，如电视、收音机、音响系统及其他电子设备等，有的甚至可嵌入炉灶、冰箱等设备内，或用于汽车、轮船和飞机等交通工具。

1.1　任务一　　了解计算机的用途

在你所处的生活环境中，哪些地方应用了计算机？

商务用途：财务管理、库存控制、销售和生产管理等。

家庭用途：游戏、百科全书、家庭理财等。

政府用途：统计、预算、公共信息记录等。

教育用途：教学、学生信息管理等。

汽车用途:计算机监控、发动机控制、刹车管理等。

采用计算机的理由可谓各式各样,它们的用途也非常繁多。虽然在体积和处理能力方面可能有所差异,但所有的计算机都具有一些共同的功能。对于大多数计算机,要有效工作,有三个方面必须协同工作:

1. 硬件——即构成计算机的内部和外部物理组件。

2. 操作系统——管理计算机硬件的一组计算机程序。操作系统控制着计算机上的资源,包括存储器和磁盘存储。例如 Windows XP 就是一种操作系统。

3. 应用软件——计算机上加载的程序,可借助计算机的能力实现特定的功能。例如字处理程序和计算机游戏都是应用程序软件。

计算机的出现,使人类从繁重的机械脑力劳动中解放出来,使人类能集中更多的精力从事高级的创造与发明。随着计算机技术的飞速发展,计算机已广泛深入到社会生活的各个领域,并对人类社会的发展产生了巨大的影响。现将计算机的应用领域大体归纳概括为以下六个方面:

1. 科学计算

又称数值计算。指用于完成科学研究和工程技术中涉及的数学问题的计算。这类问题的特点是数据量不大,但计算量和数值变化范围很大。比如,人造卫星轨迹计算、导弹发射参数计算、天气预报、水坝应力计算、房屋抗震强度分析等。

2. 信息处理

又称数据处理或非数值计算。指用计算机管理各种形式的数据资料并按不同的要求进行归纳、整理、分析和统计,向使用者提供信息存储、检索等服务。这是目前计算机应用最广泛的一个领域。其特点是处理的数据量大,但计算方法较简单,处理结果往往以表格或文件形式存储,或通过输出设备输出。

现如今,数据处理广泛应用于办公自动化、文字处理、企业管理、事务管理、情报管理等。面对浩如烟海的各种各样的信息,用计算机进行处理,大大提高了工作效率与工作质量。使人们从大量的事务性工作中解放出来。

3. 实时控制

也称自动控制或过程控制,指用计算机及时采集数据,将数据处理后,按最佳值迅速对控制对象进行控制。

实时是指计算机的运算、控制时间与被控制过程的真实时间相适应,实时性是以计算机速度为基础的。

目前,实时控制已在冶金、化工、纺织、机械、航天和军事现代化等方面得到广泛的应用,对于提高生产效率、降低成本、改进产品质量等方面都有明显效果。

4. 计算机辅助

计算机辅助是近年来发展迅速的一个应用领域,目前常见的辅助系统包括:

(1)计算机辅助设计(CAD)

Computer—Aided Design，指借助于计算机进行设计。即借助于计算机的强大功能，对飞机、船舶、建筑物、机械设备、服装和大规模集成电路等进行设计。

(2)计算机辅助制造(CAM)

Computer—Aided Manufacturing，指利用计算机进行生产设备的管理、控制和操作的技术。通常 CAM 的发展是依赖 CAD 的发展而发展，因此在许多系统中，两者总是结合在一起，称为 CAD/CAM 系统。

随着计算机技术的高速发展，生产的全面自动化已是当今发展的必然趋势，在 CAD/CAM 系统的基础上，更高级的计算机集成制作系统(CIMS)，将人、机器、材料、资金和信息五类活动有机地结合起来，从而达到设计、制造和管理过程自动化的系统。

(3)计算机辅助教育(CBE)

Computer—Bested Education，包括计算机辅助教学(CAI，Computer—aided Instruction)、计算机辅助测试(CAT，Computer—Aided Testing)和计算机管理教学(CMI，Computer—Managed Instruction)。近年来由于多媒体技术和网络技术的发展，推动了 CBE 的发展，网上教学和远程教学已广泛地展开。

5. 人工智能

AI(Artificial Intelligence)，又称智能模拟，是指用计算机来模拟人脑进行演绎推理和采取决策的思维过程，是计算机应用研究的前沿学科。

人工智能探索和模拟人的感觉和思维的过程，是计算机理论科学的一个领域，主要研究感觉与思维模型的建立，图像、声音和物体的识别，也就是使用计算机收集、获取有用的知识、组织知识，建立高质量的知识库，使用知识并利用逻辑推理解决问题。

6. 通信与网络

计算机技术与通信技术相结合，产生的计算机网络，促进人类由工业社会向信息社会的过渡。依靠计算机网络可实现信息交换、前端处理、语音和影像输入输出等。特别是利用计算机网络，可实现跨地区、跨国界的信息资源传输和共享，提高了信息的利用率。

计算机在 Internet 上的应用更是雨后春笋般地快速发展。通过互联网将各种形态的信息(如文字数据、声音、图像等)在全世界交互传输(即信息高速公路)。通过互联网进行相互关联的动态商务活动(即电子商务)等。

总之，随着人类社会的进步，计算机的应用将会得到更进一步的拓展和深入。随着网络通信的发展、人工智能的开发和完善，计算机将真正成为人们得心应手的工具。

1.2 任务二　了解计算机的诞生与发展

计算机是一种能快速、高效地对各种信息进行存储和处理的电子设备。在诞生的初期，计算机主要是被用来进行科学计算的，因此才被称为“计算机”。然而，现在计算机的处理对象已经远远超过了“计算”这个范围，它可以对数字、文字、声音以及图像等各种形式的数据进行处理。因此，如果仅仅把计算机理解为“能够进行数学计算的工具”，那就太狭隘了。在这里，我们从计算机的发展演变过程以及计算机的系统组成等多方面来对计算机进行一个初步的认识。

1.2.1 计算机系统的发展简史

从世界上第一台计算机诞生到现在，计算机已经历了60多年的发展。在这个过程中，重要的代表人物有英国科学家艾兰·图灵(Alan Turing)(如图1-1所示)和美籍匈牙利科学家冯·诺依曼(如图1-2所示)等。

图1-1 艾兰·图灵

图1-2 冯·诺依曼

英国数学家艾兰·图灵对现代计算机发展的主要贡献是建立了图灵机的理论模型，发展了可计算性理论和提出了定义机器智能的图灵(AI)测试。

1936年，图灵发表了名为《论可计算的数及其在密码问题的应用》的论文。该文首次提出逻辑机(logic Machine)的通用模型。人们把该模型称为图灵机(缩写TM)。实践证明：TM不能解决的计算问题，实际计算机也不可能解决；只有TM能够解决的计算问题，实际计算机才有可能解决。但是还有些问题，TM可以计算而实际计算机还不能实现的。在这个基础上发展了可计算性理论图灵机的计算能力概括了数字计算机的计算能力。图灵机对数字计算机的一般结构、可实现性和局限性产生了意义深远的影响。直到今天，人们还在研究各种形式的图灵机。

冯·诺依曼是美籍匈牙利数学家，1944年8月到1945年6月，在洛斯阿拉莫斯国家试验室从事核武器研究工作，成为人类第一台电子计算机"ENIAC"小组的顾问，率先提出在电子计算机中存储程序的概念。

图1-3 第一台电子计算机ENIAC

如图 1-3 所示，世界上第一台计算机 ENIAC（Electronic Numerical Integrator And Calculator，电子数字积分计算机）诞生于 1946 年 2 月，是在美国陆军部的赞助下，由美国国防部和美国宾西法尼亚大学共同研制成功的。ENIAC 占地面积为 170 平方米，重达 30 多吨，耗电量每小时 150 千瓦，使用了 18000 多个电子管，内存容量为 16 千字节，字长为 12 位，运行速度仅有每秒 5 000 次，且可靠性差。但它的诞生揭开了人类科技的新纪元，它使科学家们从奴隶般的计算中解脱出来。ENIAC 的问世，表明了计算机时代的到来，具有划时代的伟大意义。

冯·诺依曼提出的存储程序思想和计算机硬件的基本结构，确立了现代计算机的基本结构。几十年来，计算机发生了极大的变化。但从硬件体系结构看，目前所有的通用数字计算机基本采用的都是计算机经典结构——冯·诺依曼结构。

针对 ENIAC 在存储程序方面存在的致命弱点，冯·诺依曼于 1946 年 6 月提出了一个"存储程序"的计算机方案。

这个方案包含了三个要点：

(1)采用二进制数的形式表示数据和指令。

(2)将指令和数据按执行顺序都存放在存储器中。

(3)由控制器、运算器、存储器、输入设备和输出设备五大部分组成计算机。

该方案工作原理的核心就是"存储程序"和"程序控制"，人们把按照这一原理设计的计算机称为"冯·诺依曼计算机"。从第一台计算机诞生至今，我们的计算机都属于"冯·诺依曼计算机"。

从 ENIAC 诞生开始，计算机正式踏上历史舞台，开始了飞速的发展，并对人类的生产与生活产生了深远的影响。我们可以说计算机是孕育于英国，诞生于美国，成长于全世界。根据计算机所采用物理器件的发展，一般把计算机的发展分成四个阶段(或称四代，见表 1-1)。

表 1-1 计算机发展的四个阶段

发展阶段	年份	主要元器件	软件	应用领域
第一代(ENIAC)	1946～1957	电子管	机器语言汇编语言	科学计算
第二代(TRADIC)	1957～1964	晶体管	高级语言	数据处理工业控制
第三代(IBM S/360)	1964～1971	集成电路	操作系统	文字、图形处理
第四代	1971 至今	大规模和超大规模集成电路	数据库并行处理	社会的各个领域

第一代计算机(1946～1957 年)

采用电子管作为主要元器件，如图 1-4 所示，体积大、寿命短、成本高、可靠性差；主存储器采用汞迟线、磁鼓、磁芯等存储信息，容量小；输入设备落后。

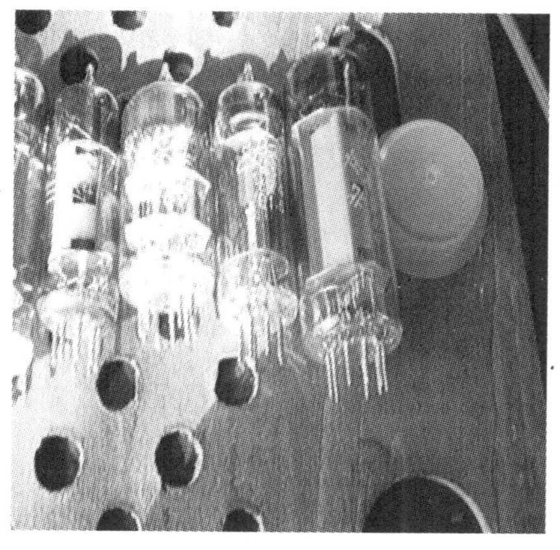

图 1-4 电子管

第二代计算机(1958～1964 年)

采用晶体管作为主要元器件(如图 1-5 所示);体积小、成本降低、可靠性提高;采用磁芯为主存储器,磁带和磁盘作为外存储器。

图 1-5　晶体管

第三代计算机(1964～1971 年)

主要元器件由半导体集成电路代替分立元件的晶体管,用半导体存储器做主存储器,如图 1-6 所示,磁盘作为外存储器;计算速度可达百万次每秒。

图 1-6　半导体存储芯片

第四代计算机(1971 年至今)

以大规模和超大规模集成电路为计算机的主要功能部件,如图 1-7 所示。用半导体存储器做主存储器,容量更大的硬盘、软盘与光盘作为外存储器;计算机体积小、功能强、更便宜。

图 1-7　大规模集成电路板

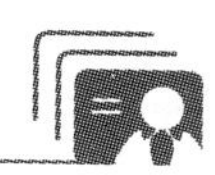

1.2.2　计算机的特点

(1)运算速度快、精度高

计算机的字长越长,其精度越高,现在世界上最快的计算机每秒可以运算几十万亿次以上。一般计算机可以有十几位甚至几十位(二进制)有效数字,计算精度可由千分之几到百万分之几,是任何计算工具所望尘莫及的。

(2)具有逻辑判断和记忆能力

计算机有准确的逻辑判断能力和高超的记忆能力。能够进行各种逻辑判断,并根据判断的结果自动决定下一步应该执行的指令。

(3)高度的自动化和灵活性

计算机采取存储程序方式工作,即把编好的程序输入计算机,机器便可依次逐条执行,这就使计算机实现了高度的自动化和灵活性。

1.2.3　计算机的分类

根据计算机工作原理和运算方式的不同,以及计算机中信息表示形式和处理方式的不同,计算机可分为数字式电子计算机(Digital Computer)、模拟式电子计算机(Analog Computer)和数字模拟混合计算机(Hybrid Computer)。当今广泛应用的是数字计算机,因此,常把数字式电子计算机(Electronic Digital Computer)简称为电子计算机或计算机。

按计算机的用途可分为通用计算机(General Purpose Computer)和专用计算机(Special Purpose Computer)两大类。通用计算机能解决多种类型问题,是具有较强通用性的计算机,一般的数字式电子计算机多属此类;专用计算机是为解决某些特定问题而专门设计的计算机,如嵌入式系统。

根据计算机的总体规模对计算机分类,可分为巨型机(Super Computer)、大/中型计算机(Mainframe)、小型计算机(Mini computer)、微型计算机(Micro computer)和网络计算机(Network Computer)五大类。

常见的微型机还可以分为服务器、台式机、笔记本电脑、掌上型电脑等多种类型。

1.3　任务三　　了解计算机的未来发展

计算机的发展趋势可概括如下:

1. 微型化

一方面,随着计算机的应用日益广泛,在一些特定场合,需要很小的计算机,计算机的重量、体积都变得越来越小,但功能并不减少。另一方面,随着计算机在世界上日益普及,个人电脑正逐步由办公设备变为电子消费品。人们要求电脑除了要保留原有的性能,还要有外观时尚、轻便小巧、便于操作等特点,如平板电脑、手持电脑等。今后个人计算机(Personal Computer)在计算机中所占的比重将会越来越大,使用也会越来越方便。

2. 巨型化

社会在不断发展,人类对自然世界的认识活动也越来越多,很多情况要求计算机对数据进行运算。“巨型化”在这里并不是通常意义上的大小，主要是指机器的性能——运算速度等。

3. 网络化

因特网(Internet)的建立正在改变我们的世界，改变我们的生活。网络具有虚拟和真实两种特性。网上聊天和网络游戏等具有虚拟特性；而网络通信、电子商务、网络资源共享则具有真实的特性。

4. 智能化

今后，计算机在生活中扮演的角色将会更加重要，计算机应用将具有更多的智能特性，能够帮助用户解决一些自己不熟悉或不愿意做的事，如智能家电、烹调等。

5. 新型计算机

目前新一代计算机正处在设想和研制阶段。新一代计算机是把信息采集、存储处理、通信和人工智能结合在一起的计算机系统。

1.4 本项目涉及的主要知识点

1. 计算机的诞生与发展

1946 年，世界上第一台电子计算机 ENIAC 诞生于美国宾夕法尼亚大学。从计算机诞生至今，已经经历了四代。

2. 计算机的特点

(1)运算速度快、精度高

(2)具有逻辑判断和记忆能力

(3)高度的自动化和灵活性

3. 计算机的分类

按照不同的分类依据，计算机可以被划分成多种不同的类型。

4. 计算机的发展趋势

(1)微型化

(2)巨型化

(3)网络化

(4)智能化

(5)新型计算机

1.5 课后作业

1. 选择题

(1)计算机按其性能可以分为五大类，即巨型机、大型机、小型机、微型机和________。

A. 工作站　　B. 超小型机　　C. 网络机　　D. 以上都不是

(2)第三代电子计算机使用的电子元件是________。

A. 晶体管　　B. 电子管

C. 中、小规模集成电路　　D. 大规模和超大规模集成电路

2. 简答题

(1)简述计算机的发展史。

(2)计算机有哪些主要的特点?

(3)计算机的分类有哪些?

(4)简述计算机的基本运行方式。

(5)计算机有哪些主要的用途?

(6)简述计算机的发展趋势。

3. 讨论题

计算机的产生是20世纪最伟大的成就之一,具体体现在哪些方面?根据你的观察,请列出计算机的应用。

项目2　计算机系统组成及工作原理

一个完整的计算机系统由硬件系统和软件系统两部分组成(如图2-1所示)。硬件是指用电子器件和机电设备组成的物质实体,是我们能看见的部件,如主机、显示器、键盘、鼠标等。软件一般是指解决某一类特定问题以及实现计算机自身管理的各种程序的总称。这里我们来了解一下计算机系统组成及工作原理。

2.1　任务一　了解计算机的系统组成

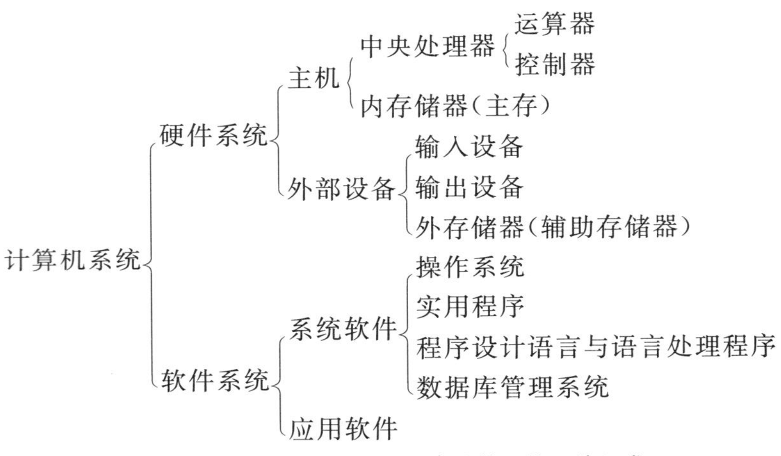

图2-1　计算机的系统组成

2.1.1　硬件系统

冯·诺依曼型计算机的硬件系统由运算器、控制器、存储器、输入设备和输出设备五部分组成。它们之间的逻辑关系如图2-2所示。

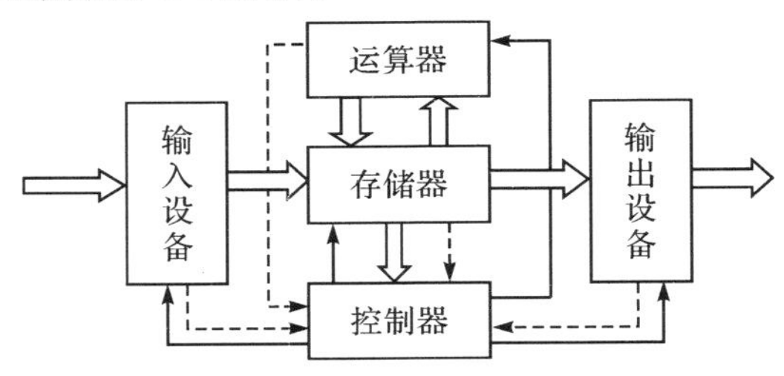

图2-2　五大部件的逻辑关系图

提示:

图中,实线为控制线,虚线为反馈线,双线为数据线。

冯·诺依曼型计算机各部件的功能分别为：

1. 运算器 ALU

Arithmetic and Logic Unit，又称算术逻辑运算单元。主要功能是算术运算和逻辑运算。计算机中最主要的工作是运算，大量的数据运算任务是在运算器中进行的。算术运算包括加、减、乘、除的操作，逻辑运算包括移位、与、或、异或、非等操作。

运算器中的数据取自内存，运算的结果又送回内存。运算器对内存的读写操作是在控制器的控制之下进行。

2. 控制器 CU

计算机的指挥中心，是实现计算机存储器、运算器、输入输出设备各部分间的联系及自动执行程序的部件。其主要功能是：从内存中存取和执行指令。控制器由程序计数器 PC(Program Counter)、指令寄存器 IR(Instruction Register)、指令译码器 ID(Instruction Decoder)、操作命令产生部件组成。

控制器、运算器和一组寄存器合起来称为中央处理器(Central Processing Unit)，简称 CPU，是计算机的核心部件。CPU 可以进行分析、判断、运算，并控制计算机各部分协调工作(如图 2-3 所示)。

图 2-3　运算器与控制器工作示意图

3. 存储器

计算机的记忆部件，主要功能是存放程序和数据。程序是计算机操作的依据，数据是计算机操作的对象。

根据存储器在计算机中的位置不同，存储器有内存(主存)和外存(辅存)之分。内存用来存储当前立即要执行的程序和数据，而外存用于存放暂时不用的程序和数据。内存的特点是容量小，但存取速度快，可直接与 CPU 和输入设备交换信息。外存的特点是容量大，存取速度慢，只能通过内存与 CPU 和输入输出设备交换信息。

提示：

内存分为只读存储器(ROM)、随机存储器(RAM)和 Cache (高速缓冲存储器)。

(1)RAM (随机存取存储器)

是一种用于临时存储的工作存储器，用来存储需要马上由 CPU 处理的数据和程序，可以将它理解为计算机的“工作区”或“办公桌区”。

和 CPU 一样，RAM 也是一种集成电路芯片，断电时，存储在内部存储器中的所有数据和程序将全部消失，故称为“易失的”(volatile)存储器。所以在计算机中还需要一种所谓“辅助存储器”来存储数据和信息。

(2)ROM (只读存储器)

是只能读数据而不能往里写数据的存储器。ROM 中的数据是由制造商或设计者事先在里面固化好的一些程序或数据，使用者不可更改。一般用来存放计算机开机时所必需的数据和程序。

(3)Cache(高速缓冲存储器)

是位于CPU与内存之间的临时存储器。设置高速缓存是为了解决CPU和RAM的速度不匹配的问题。

外存通常采用软盘、硬盘以及光盘、U盘等。外存与内存有许多不同之处。一是外存不怕停电,如磁盘上的信息可以保持几年,甚至几十年,而内存中RAM上所存储的数据,一旦断电,马上丢失;二是外存的容量不像内存那样受多种限制,可以大得多,如当今硬盘的容量有320GB、500GB、1T等;三是外存速度慢,内存速度快。

4. 输入设备

输入设备用来接受用户输入的原始数据和程序,并将它们转变为计算机可以识别的形式(二进制)存放到内存中。常用的输入设备有键盘(如图2-4)、鼠标(如图2-5)、数码相机(如图2-6)、扫描仪(如图2-7)、光笔(如图2-8)、麦克风等。

图2-4 键盘

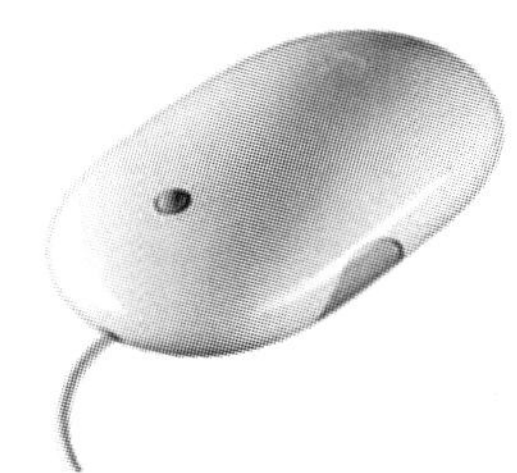

图2-5 鼠标

图2-6 数码相机

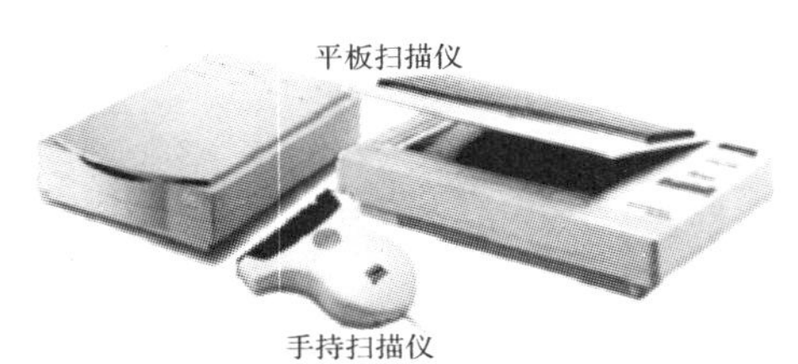

图2-7 扫描仪

图2-8 光笔

5. 输出设备

将计算机运行结果信息转换成人能接受的形式输出,供用户查看。常见的输出设备有显示器(如图2-9)、打印机(如图2-10)、绘图仪(如图2-11)等。

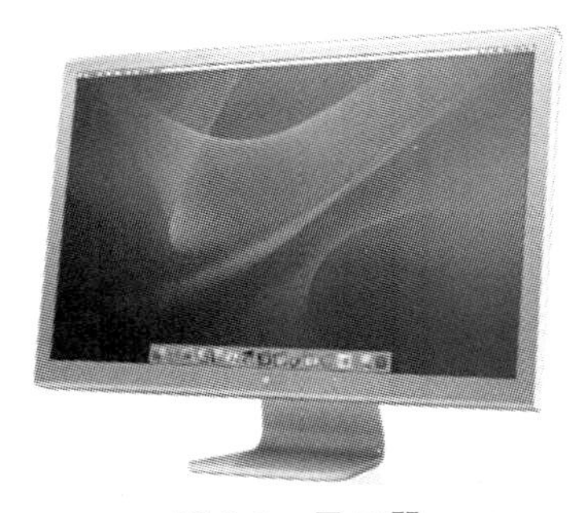

图2-9 显示器

图2-10 打印机

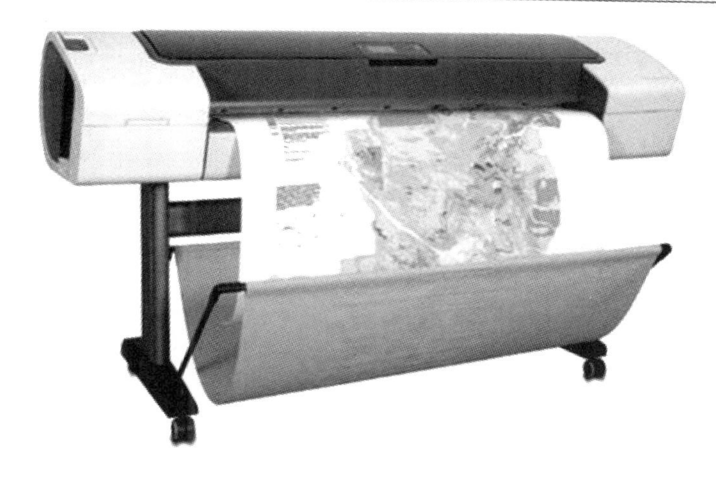

图 2-11 绘图仪

提示：

输入设备、输出设备统称为外部设备，简称“外设”。由于外存储器安装在主机外部，故可归属外部设备。

6. 总线(BUS)

总线技术是目前微型机中广泛采用的连接技术。计算机硬件系统各部件之间是通过总线连接的，所谓总线就是一束同类信号线。计算机各部件之间传递数据是由数据通道即数据总线完成的；将数据传送到相应的地址中去的通道，由地址总线完成；传递控制信号的通道，由控制总线完成。数据总线、地址总线、控制总线合称为总线。

提示：

微机的字长取决于数据总线。

常用的总线标准：ISA 总线、EISA 总线、VESA 总线、PCI 总线。目前微机上采用的大多是 PCI 总线。

系统总线的性能主要由总线宽度和总线频率表示。

2.1.2 软件系统

计算机机器本身毫无智力可言，必须由人们提供各种指令来告诉它做什么、如何做和何时做。这些指令被总称为“software”——软件。

软件是指挥整个计算机硬件工作的程序的集合。没有安装软件的计算机我们称为“裸机”，无法完成任何工作。因此，一台性能优良的计算机硬件系统能否发挥其应有的功能，取决于为之所设计的系统软件是否完善，开发或配备的应用软件是否丰富。

计算机软件根据其功能和面向的对象分成系统软件(System Software)和应用软件(Application Software)两大类。

1. 系统软件(System Software)

系统软件是指控制计算机的运行，管理计算机的各种资源，并为应用软件提供支持和服务的一类软件。主要用于使计算机能够管理其本身的内部资源，控制硬件的运行，执行各种基本操作，如使 CPU 与键盘、显示器、打印机和磁盘驱动器通信等。

系统软件通常包括操作系统、语言和各种实用程序。

(1)操作系统(Operating System,简称 OS):操作系统是最基本的系统软件,是每台计算机必备的系统软件。

操作系统的规模和功能随不同的应用要求而言,可分为批处理操作系统、分时操作系统、实时操作系统和网络操作系统。

常用的操作系统有:DOS 、Windows、UNIX、LINUX、OS/2、Novell Netware 等。

(2)语言

计算机硬件能唯一识别和直接执行的是由机器指令组成的机器语言。

语言处理程序的功能,就是把汇编语言源程序、高级语言源程序转换成机器语言程序。语言处理程序有三类:汇编程序、解释程序、编译程序。

(3)实用程序:实用程序完成一些与管理计算机系统资源及文件有关的任务。

2. 应用软件(Application Software)

应用软件是专业人员为各种应用目的而开发的程序,这些程序通常是利用高级语言编程或使用应用程序的生成工具来生成的。主要用于提高计算机用户的工作效率和创造力。

应用软件的种类:

(1)文字处理软件——如:WPS、Word2003 等

(2)表格处理软件——如:Excel2003 等

(3)辅助设计软件——如:AutoCAD 等

(4)实时控制软件——如:SCADA(supervisory control and data acquisition,临察控制和数据采集)软件等。

综上所述,一个完整的计算机系统,就如图 2-1 所示。

2.1.3 计算机的工作原理

60 多年来,计算机体系结构发生了重大变化。但从本质上讲,目前计算机应用的仍是美籍匈牙利数学家冯·诺依曼 1946 年提出的存储、程序控制的原理。计算机利用存储器来存放所要执行的程序,中央处理器可以依次从存储器中取出程序中的每一条指令,并加以分析和执行,直至完成全部指令任务为止。这就是计算机的"存储程序"的工作原理。

1. 程序和指令

用计算机解决一个具体任务,必须根据该任务编写一个程序,并将其装入计算机,计算机通过运行该程序获得结果。

那么什么是程序? 程序就是一组计算机指令序列。

计算机指令又是什么? 指令就是给计算机下达的一道命令,它告诉计算机每一步要做什么操作、参与此项操作的数据来自何处、操作结果又将送到哪里。

计算机按程序安排的顺序执行每条指令,就能完成解题任务。

提示:

指令包括操作码和地址码两部分。

操作码:指出该指令完成操作的类型。例如加、减、乘、除等。

地址码:指出参与操作的数据和操作结果存放的位置。

2. 存储程序工作原理

计算机要实现自动连续工作,它必须能自动按程序中规定的顺序取出要执行的指令,然后

执行指令规定的操作。因此，计算机要解决两个问题：

(1)应能知道什么时候到什么地点去取哪条指令。

(2)执行一条指令后，能自动去取要执行的下一条指令。

综上所述，计算机的基本工作原理可概括如下：

(1)计算机的自动执行(或自动处理)过程是执行一段预先编制好的程序的过程。

(2)程序是指令的有序集合。因此，执行程序的过程实际上是逐条执行指令的过程。

(3)指令的逐条执行是由计算机硬件实现的，可归结为取指令、分析指令、执行指令所规定的操作，并为取下一条指令准备好指令地址。如此重复操作，直至执行完程序中的全部指令，便可获得最终结果。

用计算机解决一个实际问题，一般分为四个阶段：分析问题、确定算法、编制程序、上机调试。因此，任何问题都首先需要通过算法设计进行描述，然后用程序设计语言表达出来，才能在计算机上实现。

提示：

现代计算机系统已提供强有力的高级语言翻译程序，计算机的用户已无须再用指令的二进制代码编写程序，程序在存储器中的存放位置由计算机的操作系统自动安排。

2.1.4 衡量计算机的主要技术指标

1. 运算速度

运算速度是指计算机每秒钟能执行的指令条数。单位是次每秒或百万次每秒。百万次每秒(1秒内可以执行100万条指令)记作MIPS。指令的执行是在计算机时钟节拍的控制下进行，所以时钟频率越高，运算速度越快。

2. 字长

字长是指计算机能一次处理的二进制信息的位数。字长是由CPU内部的寄存器、加法器和数据总线的位数决定的。字长标志着计算机处理信息的精度，也反映了计算机的处理能力，字长越长，精度越高，速度越快，但价格也越高。当前普通微机字长有16位，32位，现在朝64位的高档微机发展。

3. 时钟频率(主频)

时钟频率是指CPU在单位时间(秒)内发出的脉冲数。它在很大程度上决定了计算机的运算速度。时钟频率越快，计算机的运算速度也越快。主频的单位是兆赫兹(MHz)。如80486为25～100 MHz，80586为75～266 MHz，现在高的时钟频率已达3GHz以上了。

4. 存取速度

存储器完成一次读/写操作所需的时间称为存储器的存取时间或访问时间。存储器连续进行读/写操作所允许的最短时间间隔，称为存取周期。

5. 存储容量

(1)内存容量。指内存储器能够存储信息的总字节数。内存容量的大小反映了计算机存储程序和处理数据能力的大小，容量越大，运行速度越快。

(2)外存容量。指外存储器所能容纳的总字节数。如160GB硬盘。

6. 外部设备的配置

主机所配置的外部设备的多少与好坏，也是衡量计算机综合性能的重要指标。

7. 软件的配置

软件的配置一般独立于机器,但系统的功能和性能在很大程度上又受到软件的影响。丰富的软件系统是保证计算机系统得以实现其功能和提高性能的重要保证。合理安装与使用丰富的软件可以充分地发挥计算机的作用和效率,方便用户的使用。

8. 稳定性、可用性和可维护性

稳定性是指在给定时间内,计算机系统能正常运转的概率。可用性是指计算机的使用效率。可维护性是指计算机的维修效率。稳定性、可用性和可维护性越高,则计算机系统的性能越好。

此外,还有一些评价计算机的综合指标,例如系统的兼容性、完整性和安全性以及性价比。

2.1.5 多媒体技术简介

媒体是指表示和传播信息的载体,如文字、声音、图形、图像、动画等,或者传播信息的介质或媒介,如电缆、光缆等。多媒体是指两种以上的媒体,如数字、文字、图形、图像、声音等的有机集成。具有媒体的多样性、集成性和交互性,系统的计算机化、数字化和影视化等特征。多媒体计算机:综合处理多媒体信息,使多种信息建立联系,并具有交互性的计算机系统(具有处理多媒体信息能力的计算机)。

多媒体技术是集声音、视频、图像、动画等多种信息媒体(集计算机技术、声像技术和通信技术)于一体的信息处理技术。以前的计算机只能处理文字和数字,即单媒体。现在,计算机不仅能处理文字和数字,而且还能处理图像、文本、音频、视频等多种媒体,这就是多媒体。多媒体是将计算机、电视机、录像机、录音机和游戏机的技术融为一体,形成电脑与用户之间可以相互交流的操作环境。人机相互交流是多媒体最大的特点。电视、电影使人只能在一旁欣赏,而在多媒体上,你可以从图形到颜色都予以修改,你可以参与其中,改变剧情,让演员按照你的意思演出。

多媒体技术有两个显著特点:一是它的综合性,它将计算机、声像、通信技术合为一体,是计算机、电视机、录像机、录音机、音响、游戏机、传真机性能的大综合;二是人机交互性。

多媒体技术的发展趋势主要有:

(1)硬件上,在 PC 母板上或芯片内增加多媒体和通信功能。Intel 公司推出 NSP,它基于奔腾处理器实现音频、视频和通信处理功能。Motorola 公司将阵列处理器和 POWERPC 处理器放在一个芯片上。

(2)技术上,研究视频、音频压缩和解压缩算法,开发芯片和板极产品。C－Cube 公司推出符合 MPEG－1 标准的 CLM－4500 和 CLM－4600。IBM 推出符合 MPEG－2 的编码和解码芯片等。

(3)人机界面上,开发多种环境下的操作系统及多媒体创作平台。AT&T 公司推出 Multimedia Designer 图像处理程序。Avid 科技公司推出基于 Windows95 视频生成产品。Media Forge 推出 Windows95 创作工具等。由此可见,用于多媒体系统管理的只有 Windows 一枝独秀。因此,多媒体软件的研究与开发可以大有作为,尤其是面向应用的工具软件和直接由最终用户使用的应用软件。

(4)研究多媒体数据库技术、多媒体通信技术、交互电视技术、虚拟现实技术及智能多媒体技术等。这些技术都是近年来十分活跃的技术领域,是多媒体技术研究的重要方向。

而多媒体通信是一个综合性的技术，它集成了数据处理、数据通信和数据存储等技术，涉及多媒体、计算机及通信等技术领域，并且给这些领域带来很大的影响。

多媒体研究的关键技术是数据压缩。

多媒体数据的特点其一是数据量大，其二是数据的传送速度要快。尽管现在已经具备了像CD－ROM、DVD－ROM等大容量的存储设备，但是对于巨量的多媒体数据来说，仍然难以满足要求，更何况还要受到设备数据传送速率的限制。因此多媒体数据的压缩就成了切实可行的解决办法。

以压缩一幅中等分辨率的彩色图像为例，每秒约需27.6MB空间，即使是650MB的标准光盘也只能装入20多秒钟，而大多数远程通信网的速率都在每秒几兆位。因此，对数据进行有效的压缩是多媒体中的关键技术之一。之所以能实现对图像、声音的压缩，是由于这些原始图像和声音存在着很大的冗余度，包括空间冗余、时间冗余、结构冗余与视觉冗余等。

常用的数据压缩技术分两大类：一类是无损压缩，另一类是有损压缩。现在已形成了一些压缩的国际标准。如JPEG适用于静态图像，MPEG适用于动态图像，G722已成为电视会议和电话的声音编码标准以及多媒体系统的MPC标准等。压缩和解压缩的速度是压缩系统的两项单独的性能指标，从目前开发的压缩技术看，一般来说压缩的计算量比解压缩的计算量大。压缩速度不仅与采用的方法有关，而且也与快速算法的计算量有关。如果能在压缩方法和快速算法上取得突破性进展，无疑将对多媒体的开发和应用产生很大的影响。

2.1.6　多媒体技术的应用

进入21世纪以视频为核心的多媒体通信得到了广泛的应用，主要有：

1.可视电话。可视电话在通话双方的连接通路上提供同步的图像和声音。当今可视电话的研究正朝着两个方向不断深入，一个方向是利用现有的公共电话网进行黑白或彩色静止图像传送，研究重点放在可视电话本身的图像处理和调制方法上，以求传输的图像分辨率高、速度快、体积小、价格低、功能强。另一个方向是利用ISDN进行活动图像传送，研究重点放在图像的压缩编码技术上。

2.视频会议。视频会议为分散在不同地区的多个用户提供了一个很好的讨论环境。它能够通过信息网络将每个用户的现场情况通过音频、视频等媒体传送到其他用户，以达到交换信息和共同讨论的目的。视频会议从两条路线发展而来。一条是源于电视和电话，先后出现了电话会议、视频会议以及网络视频会议等。这些系统中传输的大部分是模拟信号，强调的是实时的语音信息和视频信息的交换，缺乏人机交互和对会议的管理功能。在整个会议中，它的作用只是传输现场情况，而没有对会议讨论进行记录、存档等功能。视频会议的另一条发展路线是基于计算机网络的。

随着多媒体通信的出现和发展，产生了一种新型的会议系统——桌面视频会议系统，它是视频会议系统发展的方向。由于这个路线的基础是计算机和数字网络，因此其交互能力和会议管理能力很强。它结合了多媒体信息的强大表现力和计算机交互、管理能力。在会议发起时，计算机负责用户间的联络，在会议进行中，计算机可自动处理用户的加入和退出，用户还可以通过数据库查找会议中要用到的材料，建立会议的目录，记录会议的进展以便归档保存，供以后查询，从而极大地方便了与会者。

3.按客户要求播放节目。按需播放是实时地把正在播放的不同节目传送到各个客户家里。它提供给用户定义自己每次要看的影像片子以及选择片子的机会。此类服务可由有线电视提供商及电话公司来提供。

2.2 本项目涉及的主要知识点

1. 计算机的系统组成

一个完整的计算机系统应该由硬件系统和软件系统组成。如下图所示。

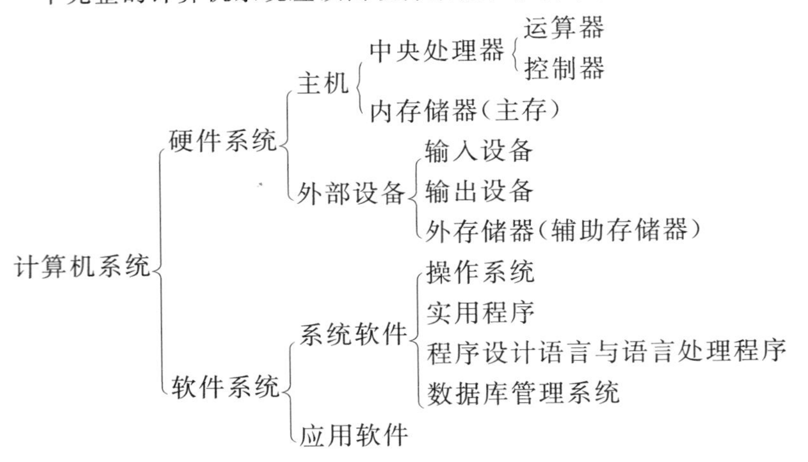

2. 计算机的工作原理

60多年来，计算机体系结构发生了重大变化。但从本质上讲，目前计算机应用的仍是美籍匈牙利数学家冯·诺依曼1946年提出的存储、程序控制的原理。

3. 衡量计算机的主要技术指标

(1)运算速度

(2)字长

(3)时钟频率(主频)

(4)存取速度

(5)存储容量

(6)外部设备的配置

(7)软件的配置

(8)稳定性、可用性和可维护性

4. 多媒体技术

多媒体技术是集声音、视频、图像、动画等多种信息媒体(集计算机技术、声像技术和通信技术)于一体的信息处理技术。多媒体研究的关键技术是数据压缩。

2.3 课后作业

1. 选择题

(1)下列关于存储器的叙述中正确的是________

A. CPU 能直接访问存储在内存中的数据，也能直接访问存储在外存中的数据。

B. CPU 不能直接访问存储在内存中的数据，能直接访问存储在外存中的数据。

C. CPU 只能直接访问存储在内存中的数据，不能直接访问存储在外存中的数据。

D. CPU 既不能直接访问存储在内存中的数据，也不能直接访问存储在外存中的数据。

(2)操作系统的五大功能模块为________

A. 程序管理、文件管理、编译管理、设备管理、用户管理。

B. 硬盘管理、软盘管理、存储器管理、文件管理、批处理管理。

C. 运算器管理、控制器管理、打印机管理、磁盘管理、分时管理。

D. 处理器管理、存储器管理、设备管理、文件管理、作业管理。

(3)计算机之所以能按人们的意志自动进行工作，最直接的原因是采用了________

A. 二进制数制　　B. 高速电子元件　　C. 存储程序控制　　D. 程序设计语言

(4)计算机主机的主要组成部分是________

A. 运算器和控制器　　B. CPU 和内存储器

C. CPU 和硬盘存储器　　D. CPU、内存储器和硬盘

(5)一个完整的计算机系统应该包括________

A. 主机、键盘和显示器　　B. 硬件系统和软件系统

C. 主机和它的外部设备　　D. 系统软件和应用软件

(6)计算机软件系统包括________

A. 系统软件和应用软件　　B. 编译系统和应用系统

C. 数据库管理系统和数据库　　D. 程序、相应的数据和文档

(7)微型计算机中，控制器的基本功能是(　　)

A. 进行算术和逻辑运算　　B. 存储各种控制信息

C. 保持各种控制状态　　D. 控制计算机各部件协调一致地工作

(8)打印机是一种(　　)。

A. 输出设备　　B. 输入设备　　C. 存储器　　D. 运算器

2. 简答题

(1)什么是计算机系统？

(2)控制器的主要功能是什么？

(3)简述 CPU 和主机的概念。

(4)什么是计算机软件？计算机软件的分类有哪些？

3. 讨论题

多媒体计算机给人们的生活带来了哪些好处？请举出几个例子。

项目3　计算机安全基础知识

计算机病毒是一种程序，它用修改其他程序的方法将自己的精确拷贝或者可能演化的形式放入其他程序中，从而感染它们。从第一个病毒出世以来，究竟世界上有多少种病毒，说法不一。无论多少种，病毒的数量仍在不断增加。据国外统计，计算机病毒以10种/周的速度递增，另据我国公安部统计，国内以4～6种/月的速度递增。在这里，我们简单介绍一下病毒及其防治方法。

3.1　任务一　什么是计算机病毒

3.1.1　计算机病毒的概念

计算机病毒一词最早源于生物学，它具有生物学病毒所表现的各种特征因而得名。计算机病毒本身也是一组程序或指令集合，通常通过磁盘和网络等作为媒介进行传播扩散，潜伏在计算机内，待适当的时机即被激活，通常通过反复的自我繁殖和扩散等方式危及计算机系统的正常工作，最终导致计算机发生故障甚至瘫痪。

3.1.2　计算机病毒的特征

计算机病毒的特征如下：

1.传播性。只要计算机运行了一个带有病毒的文件，该病毒就能传播到这个程序有权访问的所有程序和文件。并通过磁盘或者网络传播给其他计算机。

2.隐藏性。大多计算机病毒程序都可以很长时间隐藏在合法文件中，平时很难发现。

3.潜伏性。病毒侵入后，一般不会立即发作，有一段潜伏时间，待条件成熟后才开始活动。

4.激活性。计算机病毒并不是什么时候都发作，只有等待适当的时机，条件满足时才被激活。

5.破坏性。不同的程序有不同的破坏功能，这根据计算机病毒的设计者的意图来决定，但都会对计算机造成危害。

3.1.3　计算机病毒的分类

按照计算机病毒的特点及特性，计算机病毒的分类方法有许多种。因此，同一种病毒可能有多种不同的分法。

1.根据病毒的入侵方式，通常把它概括成四类：

(1)操作系统型病毒。当系统引导时就装入内存，在计算机运行过程中能够掌握到CPU的控制权，并以自己的程序加入或取代部分操作系统进行工作，具有很大的破坏作用。

(2)原码型病毒。该病毒专门攻击高级语言的源程序和数据文件的源码，在编译之前便附在源程序上。

(3)外壳型病毒。它的攻击目标主要是可执行文件,每运行一次便繁殖一次,这样占用了大量的CPU时间,使计算机工作效率大大降低,最终造成死机。

(4)定时炸弹型病毒。许多微机上配有供系统时钟用的扩充板,扩充板上有可充电电池和CMOS存储器,定时炸弹型病毒可避开DOS的中断调用,通过底层硬件访问对CMOS存储器的读写。甚至有一些病毒将程序的一部分寄生到这个地方,不会因关机或断电而丢失,因此危害性极强。

2. 按照计算机病毒攻击的系统分类

(1)攻击DOS系统的病毒。这类病毒出现最早、最多,变种也最多,目前我国出现的计算机病毒基本上都是这类病毒,此类病毒占病毒总数的99%。

(2)攻击Windows系统的病毒。由于Windows的图形用户界面(GUI)和多任务操作系统深受用户的欢迎,Windows正逐渐取代DOS,从而成为病毒攻击的主要对象。目前发现的首例破坏计算机硬件的CIH病毒就是一个Windows 95/98病毒。

(3)攻击UNIX系统的病毒。当前,UNIX系统应用非常广泛,并且许多大型的操作系统均采用UNIX作为其主要的操作系统,所以UNIX病毒的出现,对人类的信息处理也是一个严重的威胁。

(4)攻击OS/2系统的病毒。世界上已经发现第一个攻击OS/2系统的病毒,它虽然简单,但也是一个不祥之兆。

3. 按照病毒的攻击机型分类

(1)攻击微型计算机的病毒。这是世界上传染最为广泛的一种病毒。

(2)攻击小型机的计算机病毒。小型机的应用范围是极为广泛的,它既可以作为网络的一个节点机,也可以作为小的计算机网络的主机。起初,人们认为计算机病毒只有在微型计算机上才能发生而小型机则不会受到病毒的侵扰,但自1988年11月份Internet网络受到worm程序的攻击后,人们认识到小型机也同样不能免遭计算机病毒的攻击。

(3)攻击工作站的计算机病毒。近几年,计算机工作站有了较大的进展,并且应用范围也有了较大的发展,所以我们不难想象,攻击计算机工作站的病毒的出现也是对信息系统的一大威胁。

4. 按照计算机病毒的破坏情况分类

按照计算机病毒的破坏情况可分为两类:

(1)良性计算机病毒

良性病毒是指其不包含有立即对计算机系统产生直接破坏作用的代码。这类病毒为了表现其存在,只是不停地进行扩散,从一台计算机传染到另一台,并不破坏计算机内的数据。有些人对这类计算机病毒的传染不以为然,认为这只是恶作剧,没什么关系。其实良性、恶性都是相对而言的。良性病毒取得系统控制权后,会导致整个系统和应用程序争抢CPU的控制权,时时导致整个系统死锁,给正常操作带来麻烦。有时系统内还会出现几种病毒交叉感染的现象,一个文件不停地反复被几种病毒所感染。例如原来只有10KB存储空间,而且整个计算机系统也由于多种病毒寄生于其中而无法正常工作。因此也不能轻视所谓良性病毒对计算机系统造成的损害。

(2)恶性计算机病毒

恶性病毒就是指在其代码中包含有损伤和破坏计算机系统的操作,在其传染或发作时会对系统产生直接的破坏作用。这类病毒是很多的,如米开朗基罗病毒。当米氏病毒发作时,硬盘的前 17 个扇区将被彻底破坏，使整个硬盘上的数据无法被恢复，造成的损失是无法挽回的。有的病毒还会对硬盘做格式化等破坏。这些操作代码都是刻意编写进病毒的，这是其本性之一。因此这类恶性病毒是很危险的，应当注意防范。所幸防病毒系统可以通过监控系统内的这类异常动作识别出计算机病毒的存在与否，或至少发出警报提醒用户注意。

5. 按照计算机病毒的寄生部位或传染对象分类

传染性是计算机病毒的本质属性，根据寄生部位或传染对象分类，也即根据计算机病毒传染方式进行分类，有以下几种：

(1)磁盘引导区传染的计算机病毒

磁盘引导区传染的病毒主要是用病毒的全部或部分逻辑取代正常的引导记录，而将正常的引导记录隐藏在磁盘的其他地方。由于引导区是磁盘能正常使用的先决条件，因此，这种病毒在运行的一开始(如系统启动)就能获得控制权，其传染性较大。由于在磁盘的引导区内存储着需要使用的重要信息，如果对磁盘上被移走的正常引导记录不进行保护，则在运行过程中就会导致引导记录的破坏。引导区传染的计算机病毒较多，例如，“大麻”和“小球”病毒就是这类病毒。

(2)操作系统传染的计算机病毒

操作系统是一个计算机系统得以运行的支持环境，它包括 .com、.exe 等许多可执行程序及程序模块。操作系统传染的计算机病毒就是利用操作系统中所提供的一些程序及程序模块寄生并传染的。通常，这类病毒作为操作系统的一部分，只要计算机开始工作，病毒就处在随时被触发的状态。而操作系统的开放性和不绝对完善性给这类病毒出现的可能性与传染性提供了方便。操作系统传染的病毒目前已广泛存在，“黑色星期五”即为此类病毒。

(3)可执行程序传染的计算机病毒

可执行程序传染的病毒通常寄生在可执行程序中，一旦程序被执行，病毒也就被激活，病毒程序首先被执行，并将自身驻留内存，然后设置触发条件，进行传染。

对于以上三种病毒的分类，实际上可以归纳为两大类：一类是引导区型传染的计算机病毒；另一类是可执行文件型传染的计算机病毒。

6. 按照计算机病毒激活的时间分类

按照计算机病毒激活时间可分为定时的和随机的。

定时病毒仅在某一特定时间才发作，而随机病毒一般不是由时钟来激活的。

7. 按照传播媒介分类

按照计算机病毒的传播媒介来分类，可分为单机病毒和网络病毒。

(1)单机病毒

单机病毒的载体是磁盘，常见的是病毒从软盘传入硬盘，感染系统，然后再传染其他软盘，软盘又传染其他系统。

(2)网络病毒

网络病毒的传播媒介不再是移动式载体，而是网络通道，这种病毒的传染能力更强，破坏力更大。

8. 按照寄生方式和传染途径分类

计算机病毒按其寄生方式大致可分为两类，一是引导型病毒，二是文件型病毒；它们再按其传染途径又可分为驻留内存型和不驻留内存型，驻留内存型按其驻留内存方式又可细分。

混合型病毒集引导型和文件型病毒特性于一体。

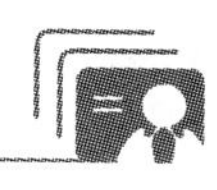

引导型病毒会去改写(即一般所说的“感染”)磁盘上的引导扇区(BOOT SECTOR)的内容,软盘或硬盘都有可能感染病毒。再不然就是改写硬盘上的分区表(FAT)。如果用已感染病毒的软盘来启动的话,则会感染硬盘。

引导型病毒是一种在ROM BIOS之后,系统引导时出现的病毒,它先于操作系统,依托的环境是BIOS中断服务程序。引导型病毒是利用操作系统的引导模块放在某个固定的位置,并且控制权的转交方式是以物理地址为依据,而不是以操作系统引导区的内容为依据,因而病毒占据该物理位置即可获得控制权,而将真正的引导区内容搬家转移或替换,待病毒程序被执行后,将控制权交给真正的引导区内容,使得这个带病毒的系统看似正常运转,而病毒已隐藏在系统中伺机传染、发作。

有的病毒会潜伏一段时间,等到它所设置的日期时才发作。有的则会在发作时在屏幕上显示一些带有“宣示”或“警告”意味的信息。这些信息不外乎叫您不要非法拷贝软件,不然就是显示特定的图形,再不然就是放一段音乐给您听。病毒发作后,不是摧毁分区表,导致无法启动,就是直接FORMAT硬盘。也有一部分引导型病毒的“手段”没有那么狠,不会破坏硬盘数据,只是搞些“声光效果”让您虚惊一场。

引导型病毒几乎清一色都会常驻在内存中,差别只在于内存中的位置。(所谓“常驻”,是指应用程序把要执行的部分在内存中驻留一份。这样就可不必在每次要执行它的时候都到硬盘中搜寻,以提高效率。)

引导型病毒按其寄生对象的不同又可分为两类,即MBR(主引导区)病毒、BR(引导区)病毒。MBR病毒也称为分区病毒,将病毒寄生在硬盘分区主引导程序所占据的硬盘0头0柱面第1个扇区中。典型的病毒有大麻(Stoned)、2708等。BR病毒是将病毒寄生在硬盘逻辑0扇区或软盘逻辑0扇区(即0面0道第1个扇区)。典型的病毒有Brain、小球病毒等。

顾名思义,文件型病毒主要以感染文件扩展名为.com、.exe等可执行程序为主。它的安装必须借助于病毒的载体程序,即要运行病毒的载体程序,方能把文件型病毒引入内存。已感染病毒的文件执行速度会减缓,甚至完全无法执行。有些文件遭感染后,一旦执行就会遭到删除。大多数的文件型病毒都会把它们自己的代码复制到其宿主的开头或结尾处。这会造成已感染病毒文件的长度变长,但用户不一定能用DIR命令列出其感染病毒前的长度。也有部分病毒是直接改写“受害文件”的程序码,因此感染病毒后文件的长度仍然维持不变。

感染病毒的文件被执行后,病毒通常会趁机再对下一个文件进行感染。有的高明一点的病毒,会在每次进行感染的时候,针对其新宿主的状况而编写新的病毒码,然后才进行感染。因此,这种病毒没有固定的病毒码——以扫描病毒码的方式来检测病毒的查毒软件,遇上这种病毒可就一点用都没有了。但反病毒软件随病毒技术的发展而发展,针对这种病毒现在也有了有效手段。

大多数文件型病毒都是常驻在内存中的。

文件型病毒分为源码型病毒、嵌入型病毒和外壳型病毒。源码型病毒是用高级语言编写的,若不进行汇编、链接则无法传染扩散。嵌入型病毒是嵌入在程序的中间,它只能针对某个具体程序,如dBASE病毒。这两类病毒受环境限制尚不多见。目前流行的文件型病毒几乎都是外壳型病毒,这类病毒寄生在宿主程序的前面或后面,并修改程序的第一个执行指令,使病毒先于宿主程序执行,这样随着宿主程序的使用而传染扩散。

混合型病毒综合系统型和文件型病毒的特性,它的“性情”也就比系统型和文件型病毒更为“凶残”。这种病毒透过这两种方式来感染,更增加了病毒的传染性以及存活率。不管以哪种方式传染,只要中毒就会经开机或执行程序而感染其他的磁盘或文件,此种病毒也是最难杀灭的。

引导型病毒相对文件型病毒来讲,破坏性较大,但为数较少,直到90年代中期,文件型病毒还是最流行的病毒。但近几年情形有所变化,宏病毒后来居上,据美国国家计算机安全协会统计,这位“后起之秀”已占目前全部病毒数量的80%以上。另外,宏病毒还可衍生出各种变形病毒,这种传播方式实在让许多系统防不胜防,这也使宏病毒成为威胁计算机系统的“第一杀手”。

随着微软公司Word字处理软件的广泛使用和计算机网络尤其是Internet的推广普及,病毒家族又出现一种新成员,这就是宏病毒。宏病毒是一种寄存于文档或模板的宏中的计算机病毒。一旦打开这样的文档,宏病毒就会被激活,转移到计算机上,并驻留在Normal模板上。从此以后,所有自动保存在文档都会“感染”上这种宏病毒,而且如果其他用户打开了感染病毒的文档,宏病毒又会转移到他的计算机上。

3.2 任务二 计算机病毒的防治

当我们发现计算机系统有些异常,如显示器显示异常、打印机异常、系统异常死机或速度减慢、无故丢失文件或数据等情况发生时,计算机就可能染上了病毒。对于计算机病毒应当以预防为主,并做到及时诊断消除。

3.2.1 病毒的几种预防措施

1. 尽量避免使用公用软件,不得已使用时,必须先做好检测和清查工作,确认无病毒后再在机器上使用。
2. 不要玩电脑游戏,游戏软件是计算机病毒传播的主要载体。
3. 用硬盘引导较为安全,用软盘引导最好用原始盘。
4. 对经常使用的软盘应加上些保护。
5. 对计算机系统要定期进行检查,以便及时发现和消除病毒。
6. 对系统中的重要文件要经常做备份,把损失降低到最小限度。
7. 对网络上不确定的信件或文件,严禁下载。如果发现网络上有病毒,应立即断开网络。

3.2.2 病毒的清除

检测出病毒后,可用杀毒软件清除。常用的软件有以下几种:

1. SCAN和KILL是国家公安部推出的一套杀毒软件,使用方法简单,可消除几百种病毒。
2. Turbo Anti-Virus是美国CARMEL公司推出的杀毒软件,能检测和消除几百种病毒。
3. Central Point Anti-Virus是由Central Point Software公司推出的CPAV杀毒软件。功能齐全,具有常驻内存、警戒病毒入侵的联机安全机制,能在病毒入侵时自动报警,可检查并消除1000多种计算机病毒。
4. MeAffe Scan由MeAffe公司推出,运行时依次检测自身、内存、分区表、引导扇区、执行文件和系统文件。
5. KV系列和AV系列是使用较多的杀毒软件之一。
6. MSCAN可全面检测机器的内存、I/O控制器,全面杀除Word和Excel宏病毒。
7. 对于网络的安全问题可使用防火墙,例如瑞星版具有如下主要功能:

(1)全新概念的病毒实时监控(防火墙)。

(2)彻底查杀 CHI 等各种恶性病毒。

(3)查杀压缩文件中的病毒。

(4)提供硬盘修复功能。

(5)全面清除各种黑客程序。

(6)全面支持 Win 9x、XP、NT 服务器和工作站。

目前,市场上的杀毒软件已达数百种,如常用的还有金山毒霸、360 杀毒、诺顿等。当一种杀毒软件不能清除所有的病毒时,可将几种杀毒软件共同使用。

3.3　本项目涉及的主要知识点

1. 病毒的概念

2. 病毒的特点

(1)传播性。　(2)隐藏性。　(3)潜伏性。　(4)激活性。　(5)破坏性。

3. 病毒的分类

按照计算机病毒的特点及特性,计算机病毒的分类方法有许多种。因此,同一种病毒可能有多种不同的分法。

4. 病毒的防治

目前,市场上的杀毒软件已达数百种。养成良好的使用习惯,可以保证计算机环境的安全。

3.4　课后作业

1. 选择题

(1)计算机病毒是可以造成计算机故障的________

A. 一种微生物　　B. 一种特殊的程序

C. 一块特殊芯片　　D. 一个程序逻辑错误

(2)下列四项中,不属于计算机病毒特征的是________

A. 潜伏性　　B. 传染性　　C. 激发性　　D. 免疫性

(3)计算机病毒按照感染的方式可以进行分类,以下哪一项不是其中一类________

A. 引导区型病毒　　B. 文件型病毒　　C. 混合型病毒　　D. 附件型病毒

2. 简答题

(1)简述病毒的概念。

(2)简述病毒的分类。

(3)简述病毒的特点。

项目 4　数制与编码

4.1　任务一　　什么是数制

4.1.1　数制的概念

1. 数制

数制是指用一组固定的数字和一套统一的规则来表示数目的方法。

数制有进位计数制与非进位计数制之分。

按进位的方式来计数，简称为进位制。常见的进位计数制有十进制、二进制、十六进制，而计算机中则采用二进制。

2. 基数(Radix)

某一进位制的基数是指该进位制中允许使用的数码的个数。

用 R 表示，如二进制的 R 为 2，十进制的 R 为 10。

3. 位权

任何一个 R 进制的数都是由一串数码表示的，其中每一位数码所表示的实际值大小，除数码本身的数值外，还与它所处的位置有关，由位置决定的值就叫做位权。位权用基数 R 的 n－1次幂表示。例如二进制数包含数字 0、1，其基数为 2，权为 2^{n-1}。

4. 进位规则：若 R 是该数制的基数，则该数制的进位规则为“逢 R 进 1”。基数：计数中所用到的数字符号的个数。如十进制数中的 0、1、2、…9，共 10 个数字，则十进制数的基数为 10。

4.1.2　常用进制

1. 十进制

日常生活中采用的是十进制计数制，它由 0、1、2、3、4、5、6、7、8、9 共 10 个数字符号组成。数字符号在不同的数位上表示不同的数值，每个数位均逢十进一。

所以十进制的基数为 10，位权为 10 的指数次幂。

例如：$582=5\times100+8\times10+2\times1=5\times10^2+8\times10^1+2\times10^0$

2. 二进制

二进制数使用 0 和 1 这两个数字符号，遵循逢二进一的原则。

例如：

$0+0=0$　$0+1=1$　$1+1=10$　$1+10=11$　$1+11=100$

二进制数的基数为 2，位权为 2 的指数次幂。

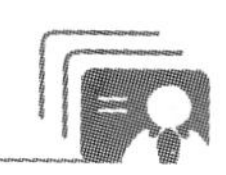

例如：$(1011)_2 = 1\times2^3 + 0\times2^2 + 1\times2^1 + 1\times2^0$

提示：

在计算机中一个二进制位又称为一个比特(bit)，是表示数据的最小单位。

3. 八进制

八进制数的示数符号有八个：0、1、2、3、4、5、6、7，逢八进一。基数为 8，位权为 8 的指数次幂。

4. 十六进制

十六进制数的示数符号有十六个：0、1、2、3、4、5、6、7、8、9、A、B、C、D、E、F，逢十六进一。基数为 16，位权为 16 的指数次幂。

4.1.3 进制之间的转换

1. R 进制数转换为十进制数

方法：按位权展开后求和。

例如：

二进制转换为十进制：将二进制数按权展开求和。（八进制和十六进制同样方法）

$(1111)_2 = 1\times2^3 + 1\times2^2 + 1\times2^1 + 1\times2^0 = 8+4+2+1 = (15)_{10}$

八进制转换成十进制：

$(139)_8 = 1\times8^2 + 3\times8^1 + 9\times8^0 = 64+24+9 = (97)_{10}$

十六进制转换成十进制：

$(3AE)_{16} = 3\times16^2 + 10\times16^1 + 14\times16^0 = 3\times256 + 10\times16 + 14 = (942)_{10}$

2. 十进制数转换为 R 进制数

将整数部分和小数部分分开来算，位权展开法。其中，整数部分：除以 R 取余数，直到商为 0，余数从自下而上排列；小数部分：以小数部分乘以 R 取积的整数，并将其自上而下排列，直到小数部分为 0 或规定精度为止。

例如：

将$(268)_{10}$转换为二进制。

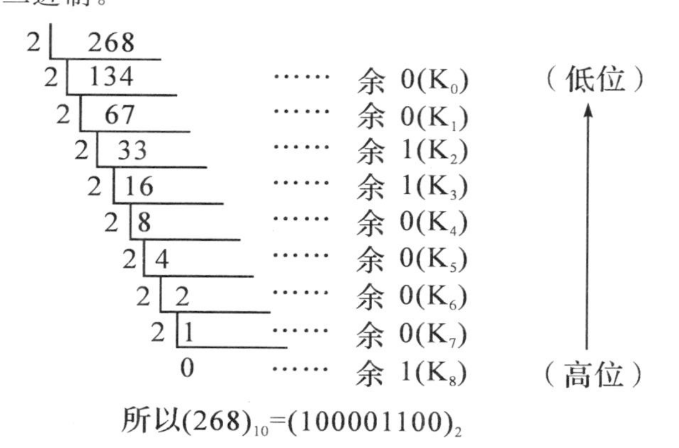

所以$(268)_{10}=(100001100)_2$

3. 二进制与八进制之间的转换

因为二进制的进位基数是 2，而八进制的进位基数是 8。所以三位二进制数对应一位八进制数。

方法是：以小数点为基准，整数部分从右向左，三位一组，最高位不足三位时，左边添0补足三位；小数部分从左向右，三位一组，最低位不足三位时，右边添0补足三位。然后将每组的三位二进制数用相应的八进制数表示，即得到八进制数。

八进制数换算成二进制数的方法是：将每一位八进制数用三位对应的二进制数表示。

例如：

将$(1011101.0101)_2$转换为八进制数。

001　011　101　.　010　100

↓　↓　↓　　↓　↓

1　3　5　.　2　4

结果：$(1011101.0101)_2=(135.24)_8$

将$(134.567)_8$转换为二进制

1　3　4　.　5　6　7

↓　↓　↓　　↓　↓　↓

001　011　100　.　101　110　111

结果：$(134.567)_8=(1011100.101110111)_2$

4. 二进制与十六进制之间的转换

因为二进制的基数是2，而十六进制的基数是16。所以四位二进制数对应一位十六进制数。

方法是：以小数点为基准，整数部分从右向左，四位一组，最高位不足四位时，左边添0补足四位；小数部分从左向右，四位一组，最低位不足四位时，右边添0补足四位。然后将每组的四位二进制数用相应的十六进制数表示，即可以得到十六进制数。

十六进制数换算成二进制数的方法是：将每一位十六进制数用四位相应的二进制数表示。

例如：

将$(1001111101.1001011)_2$转换成十六进制数

0010　0111　1101　.　1001　0110

↓　↓　↓　　↓　↓

2　7　D　.　9　6

结果：$(1001111101.1001011)_2=(27D.96)_{16}$

将$(7D.35)_{16}$转换为二进制数

7　D　.　3　5

↓　↓　　↓　↓

0111　1101　.　0011　0101

结果：$(7D.35)_{16}=(1111101.00110101)_2$

5. 八进制数与十六进制数间的转换

转换原则：先将被转换进制数转换成相应的二进制数，然后再将二进制数转换成目标进制数。

例如：

将$(324.65)_8$转换为十六进制数

解　3　2　4　.　6　5

↓　↓　↓　　↓　↓

011　010　100　.　110　101

1101　0100　　.　1101　0100

↓　↓　　↓　↓

D　4　.　D　4

结果：$(324.65)_8=(D4.D4)_{16}$

常用的进制对照表如表 4-1 所示。

表 4-1　常用进制对照表

十进制	二进制	八进制	十六进制	十进制	二进制	八进制	十六进制
0	0000	0	0	8	1000	10	8
1	0001	1	1	9	1001	11	9
2	0010	2	2	10	1010	12	A
3	0011	3	3	11	1011	13	B
4	0100	4	4	12	1100	14	C
5	0101	5	5	13	1101	15	D
6	0110	6	6	14	1110	16	E
7	0111	7	7	15	1111	17	F

4.2　任务二　计算机中的编码

字符编码就是规定用怎样的二进制码来表示字母、数字以及一些专用符号。由于这是一个涉及世界范围内有关信息表示、交换、处理、存储的基本问题，因此都以国家标准或国际标准的形式颁布施行。

4.2.1　计算机中数据的存储与编码

1. 西文编码

计算机系统中，有两种字符编码方式：ASCII 码和 EBCDIC 码。ASCII 码使用最为普遍，主要用在微型机与小型机中，而 EBCDIC 代码(Extended Binary Coded Decimal Interchange Code，扩展的二～十进制交换码)主要用在 IBM 的大型机中。

(1)ASCII 码

国际上使用的字母、数字和符号的信息编码系统是采用美国标准信息交换码(American Standard Code for Information Interchange)，简称为 ASCII 码。它有 7 位码版本和 8 位码版本两种。国际上通用的 ASCII 码是 7 位码(即用七位二进制数表示一个字符)。总共有 128 个字符($2^7=128$)，其中包括 26 个大写英文字母，26 个小写英文字母，0～9 共 10 个数字，34 个通用控制字符和 32 个专用字符(标点符号和运算符)，具体编码如表 4-2 所示。

表 4-2 位 ASCII 码表

$b_7b_6b_5$ / $b_4b_3b_2b_1$	000	001	010	011	100	101	110	111
0000	NUL	DLE	SP	0	@	P	`	p
0001	SOH	DC1	!	1	A	Q	a	q
0010	STX	DC2	"	2	B	R	b	r
0011	ETX	DC3	#	3	C	S	c	s
0100	EOT	DC4	MYM	4	D	T	d	t
0101	ENQ	NAK	%	5	E	U	e	u
0110	ACK	SYN	&	6	F	V	f	v
0111	BEL	ETB	,	7	G	W	g	w
1000	BS	CAN	(	8	H	X	h	x
1001	HT	EM	)	9	I	Y	i	y
1010	LF	SUB	*	:	J	Z	j	z
1011	VT	ESC	+	;	K	[	k	{
1100	FF	S	,	<	L	\	l	|
1101	CR	GS	—	=	M	]	m	}
1110	SO	RS	.	>	N	^	n	~
1111	SI	US	/	?	O		o	DEL

(2)BCD 码

把十进制数的每一位分别写成二进制形式的编码，称为二进制编码的十进制数，即二到十进制编码或 BCD(Binary Coded Decimal)编码。

BCD 码编码方法很多，通常采用 8421 编码，其方法使用四位二进制数表示一位十进制数，从左到右每一位对应的权分别是 23、22、21、20，即 8、4、2、1。例如十进制数 1975 的 8421 码可以这样得出：

1975(D)＝0001 1001 0111 0101(BCD)

2. 汉字编码

汉字也是字符，要进行编码后才能被计算机接受。汉字处理系统对汉字输入码(又称外部码)，由键盘输入汉字时输入的是汉字的外部码。计算机识别汉字时，要把汉字的外部码转换成汉字的内部码(汉字的机内码)以便进行处理和存储，如图 4-1 所示。

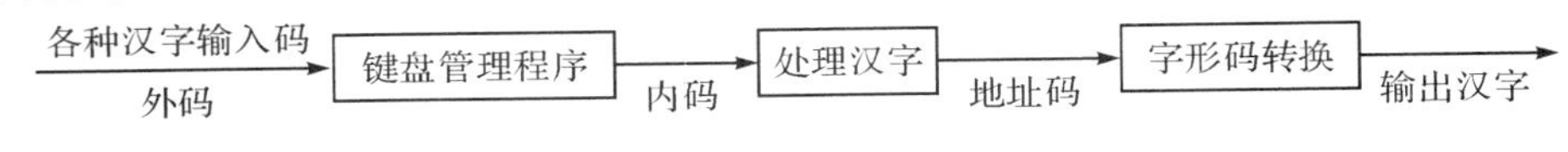

图 4-1 汉字处理过程

(1)汉字输入码

用西文键盘输入汉字，一个汉字必须由一个或几个键来表示，这几个键称为汉字的输入码，也就是汉字的外码，每个汉字对应一个外部码。汉字输入方法不同，同一汉字的外码可能

不同，用户可以根据自己的需要选择不同的输入方法。

(2)汉字交换码(国标码)

汉字信息在传递、交换中必须规定统一的编码。目前国内计算机普遍采用的标准汉字交换码是1980年我国根据有关国际标准规定的《信息交换用汉字编码字符集——基本集》，即GB2312-80，简称国标码。

国标码集中收录了汉字和图像符号共7445个，分为两级汉字。其中一级汉字3755个，属于常用汉字，按照汉字拼音字母顺序排序；二级汉字3008个，属于非常用汉字，按照部首顺序排序；还收录了682个图形符号。

国标码采用两个字节表示一个汉字，每个字节只使用了低七位。这样使得汉字与英文完全兼容。

(3)汉字机内码

计算机内部对汉字信息进行各种加工、处理所使用的编码。计算机处理汉字，实际上是处理汉字机内码。一般用两个字节表示一个汉字的内码。把国标码两个字节的最高位由“0”换为“1”。

图4-2为外码与内码之间的转换。

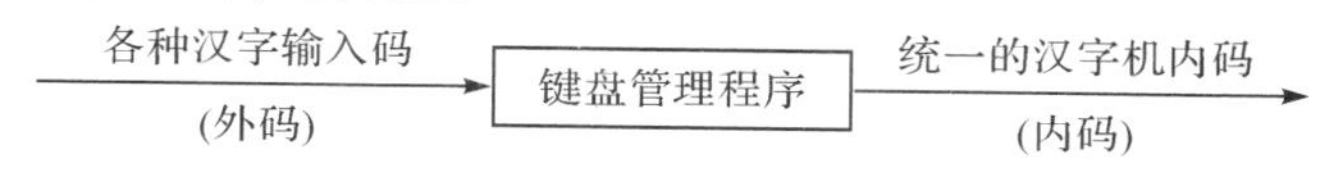

图4-2 外码与内码间的转换

(4)汉字输出码

汉字输出时不是输出的机内码，而是输出汉字的字形、点阵和轮廓等。所以汉字的输出码又称汉字字形码或汉字发生器编码。汉字输出码的作用是输出汉字。

汉字的字形称为字模，以一点阵表示。点阵中的点对应存储器中的一位，对于16×16点阵的汉字，其有256个点，即256位。由于计算机中，8个二进制位作为一个字节，所以16×16点阵汉字需要2×16=32字节表示一个汉字的点阵数字信息(字模)。同样，24×24点阵汉字需要3×24=72个字节来表示一个汉字；32×32点阵汉字需要4×32=128个字节表示。点阵数越大，分辨率越高，字形越美观，但占用的存储空间越多。

(5)汉字地址码

指汉字库(主要指整字形的点阵式字模库)中存储汉字字形信息的逻辑地址码。输出汉字时，必须通过地址码，才能在汉字库中取到所需的字形码。

提示：

国际码=区位码+2020H，汉字机内码=国际码+8080H。首先将区位码转换成国际码，然后将国际码加上8080H，即得机内码。

3.音频、视频的编码

(1)音频信息的数字化

将模拟音频信号每隔一定时间间隔对声波进行采样，捕捉采样点的振幅值，并将获取到的振幅值用一组二进制脉冲表示，这称为声音的数字化，也叫模数(A/D)转换。输出时，进行逆向转换。

(2)图像的数字化

图像可以看成是一定的行和一定的列的像素点组成的阵列，每个像素又用若干个二进制代码进行编码，表示像素的颜色，这就是图像的数字化。

(3)视频信息的数字化

视频信息是动态图像，是由许多幅单一的画面构成。每幅画面叫做一帧，帧是构成视频信息的最小、最基本的单位。

4.2.2 计算机中的存储单位

1.计算机中的数据单位

(1)位(bit)

位，又称比特，是计算机表示信息的最小单位。1bit 表示一位二进制数 0 或者 1。

(2)字节(Byte)

字节是计算机存储信息的最基本单位，也是信息数据的基本单位。

1 Byte = 8 bit。

(3)常用的存储单位：

1KB(千字节)＝2^{10}B＝1024B

1MB(兆字节)＝2^{10}KB ＝1024KB

1GB(吉字节)＝2^{10}MB＝1024MB

1TB(太字节)＝2^{10}GB＝1024GB

(4)字(word)

计算机一次存储、传输或操作时的一组二进制位数。一个字由若干个字节组成，用于表示数据或信息的长度。

目前常见的微机字长为 32 位、64 位。

2.数值信息的编码

符号数的机器表示一共有三种表示形式：原码、反码和补码。

(1)原码：正数的符号位为 0，负数的符号位为 1，其他位用数的绝对值表示，即为数的原码。

(2)反码：正数的反码与原码相同，负数的反码的符号位为 1，其余各位对原码按位取反。

(3)补码：正数的补码与原码相同；负数的补码的符号位为 1，其余各位为反码并在最低位加 1。

4.3 本项目涉及的主要知识点

1.数制

数制是指用一组固定的数字和一套统一的规则来表示数目的方法。数制有进位计数制与非进位计数制之分。常见的进位计数制有十进制、二进制、十六进制，而计算机中则采用二进制。

2.进制之间的转换

3.计算机中的编码

字符编码就是规定用怎样的二进制码来表示字母、数字以及一些专用符号。

4. 计算机中的存储单位

最小的单位 Bit。

最基础单位字节，1 Byte ＝ 8 bit。

1KB(千字节)＝1024B

1MB(兆字节)＝1024KB

1GB(吉字节)＝1024MB

1TB(太字节)＝1024GB

4.4 课后作业

1. 选择题

(1)在微机中，应用最普遍的字符编码是________。

A. BCD 码　B. ASCII 码　C. 汉字编码　D. 补码

(2)十进制数 215 用二进制数表示是________。

A. 1100001　B. 11011101　C. 0011001　D. 11010111

(3)有一个数是 123，它与十六进制数 53 相等，那么该数值是________。

A. 八进制数　B. 十进制　C. 五进制　D. 二进制数

(4)下列 4 种不同数制表示的数中，数值最大的一个是________

A. 八进制数 227　B. 十进制数 789

C. 十六进制数 1FF　D. 二进制数 1010001

(5)某汉字的区位码是 5448，它的机内码是________

A. D6D0H　B. E5E0H　C. E5D0H　D. D5E0H

(6)汉字的字形通常分为哪两类________

A. 通用型和精密型　B. 通用型和专用型

C. 精密型和简易型　D. 普通型和提高型

(7)中国国家标准汉字信息交换编码是________

A. GB 2312－80　B. GBK　C. UCS　D. BIG－5

2. 讨论题

为什么计算机使用二进制，而不使用人们生活中的十进制来表示数据信息？

项目 5 设置 Windows XP 运行环境

5.1 任务一 定制 Windows XP 个性化桌面显示

桌面显示属性设置，在 Windows XP 操作系统中是用户个性化工作环境的最重要的体现。通过桌面显示属性设置，用户可以依据自己的喜好和需要选择美化桌面的背景图案、设置屏幕保护程序、定义桌面外观和效果、设置显示颜色和分辨率等。用户也可将 Web 页引入桌面，定制活动桌面。

5.1.1 定义 Windows XP 主题

主题是系统设置好的包括背景、指针、窗口、图标等样式和系统声音的组合，通过设置主题，可以一次性设置多个项目，方便快捷。

(1)在 Windows XP 桌面空白处，右击鼠标打开快捷菜单，如图 5-1 所示。

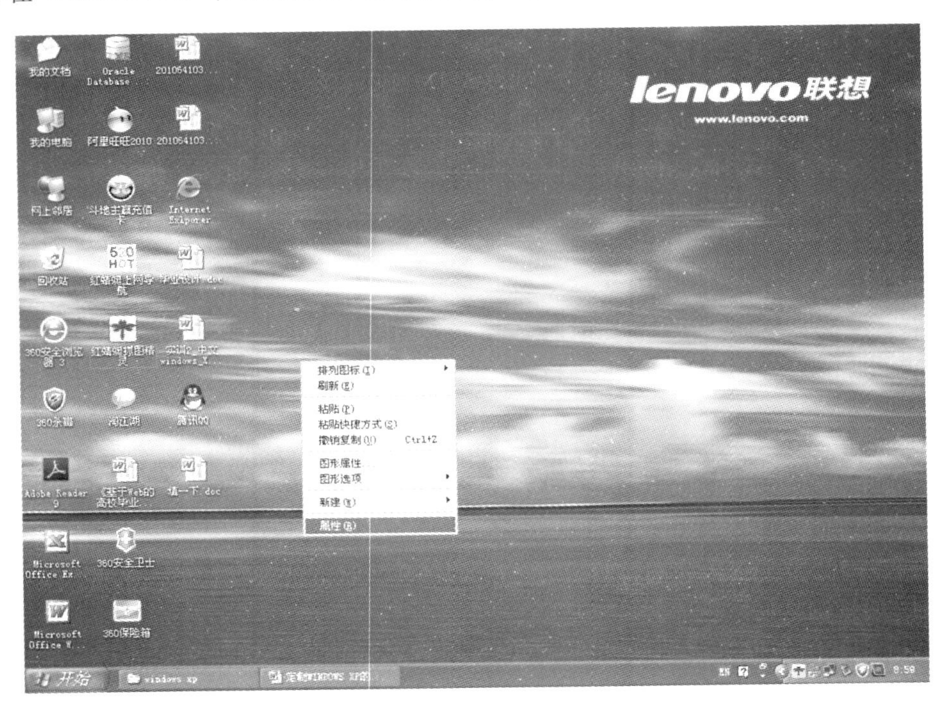

图 5-1 打开右键快捷菜单

(2)在快捷菜单中选择“属性”命令，打开“显示 属性”对话框，如图 5-2 所示。

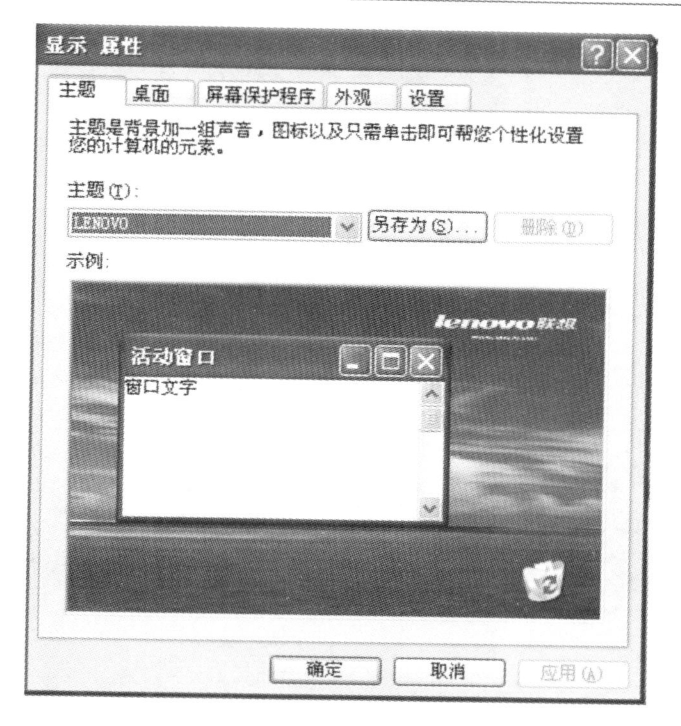

图 5-2　“显示 属性”对话框

(3)“显示 属性”对话框默认打开的是“主题”选项卡，在对话框的“主题”下拉列表框中选择“Windows XP”选项，“示例”中可预览“Windows XP”主题的效果，如图 5-3 所示。

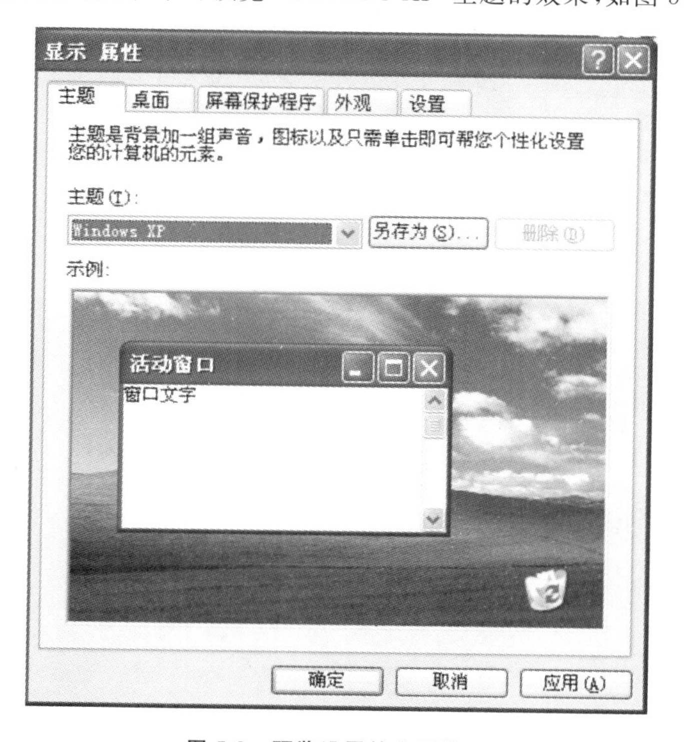

图 5-3　预览设置的主题效果

(4)单击“确定”按钮，系统风格主题修改为“Windows XP”主题，如图 5-4 所示。

图 5-4 “Windows XP”主题风格

5.1.2 自定义桌面背景

(1)主题设置过后，如果用户对其默认的桌面不满意，可以自定义系统桌面背景。在“显示属性”对话框中单击“桌面”标签，打开“桌面”选项卡，如图 5-5 所示。

图 5-5 “桌面”选项卡

(2)在“背景”列表中选择“Azul”背景选项,在“桌面”选项卡中可以预览图片效果。单击“应用”按钮,桌面背景置换成“Azul”背景,单击“确定”按钮,返回桌面,完成更换桌面背景操作。如图 5-6 所示。

图 5-6　更换背景后的桌面效果

5.1.3　设置屏幕保护程序

屏幕保护程序是一种能够在用户暂时不用计算机时屏蔽用户计算机的桌面,防止用户的数据被他人查看的应用程序。当用户需要使用计算机时,只要轻轻移动鼠标或者按键盘上的任意键即可恢复先前的桌面。如果屏幕保护程序设置了密码,那么用户需要输入密码后才能进入先前的桌面,用户可以选择和设置系统提供的屏幕保护程序,也可以选择自己安装的屏幕保护程序。

(1)在“显示 属性”对话框中,单击“屏幕保护程序”标签,打开“屏幕保护程序”选项卡,如图 5-7 所示。

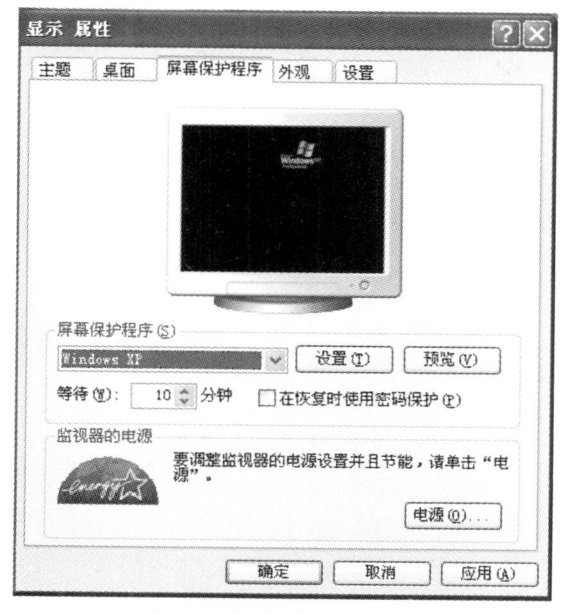

图 5-7　“屏幕保护程序”选项卡

(2)在“屏幕保护程序”选项区域中，从“屏幕保护程序”下拉列表框中选择“变幻线”屏幕保护程序，并在上面的显示窗口中观察具体效果。如果要预览屏幕保护程序的全屏效果，可单击“预览”按钮。预览之后，单击鼠标即可返回到对话框。

(3)要对选定的屏幕保护程序进行参数设置，可单击“设置”按钮，打开“屏幕保护程序”设置对话框进行设置。

(4)可调整“等待”微调器的值，将等待时间设置为5分钟。如图5-8所示。

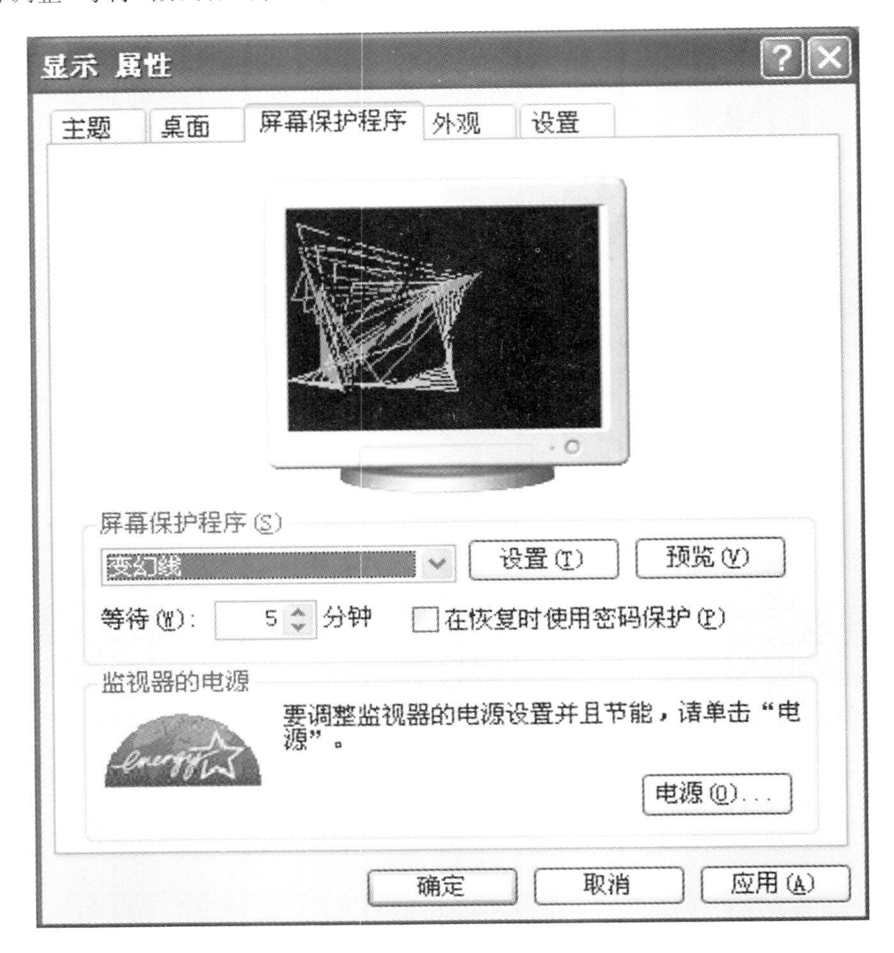

图5-8 设置“屏幕保护程序”启动时间

提示：

如果要为屏幕保护程序加上密码，可启动“在恢复时使用密码保护”复选框。此后如果系统进入了屏幕保护程序，需要输入当前用户和系统管理员的密码，才能返回到Windows桌面。

(5)在“屏幕保护程序”选项区域中，单击“监视器的电源”选项区域中的“电源”按钮，打开“电源选项 属性”对话框，如图5-9所示，系统默认打开的是“电源使用方案”选项卡。

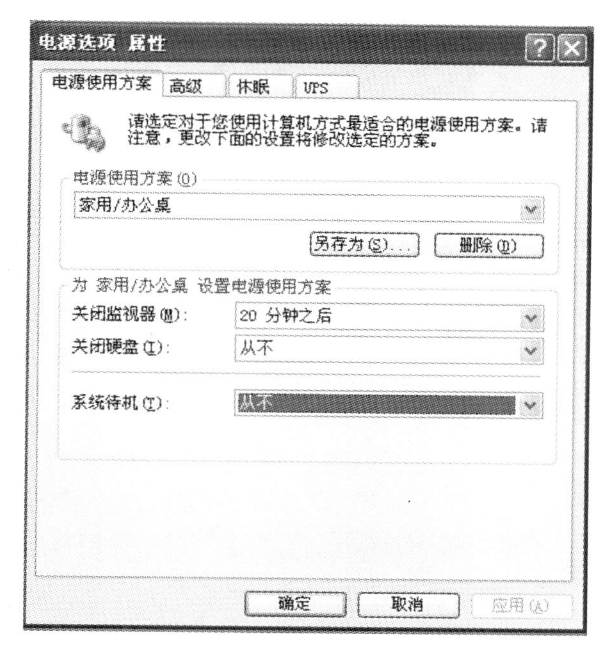

图 5-9 “电源选项 属性”对话框

(6)在“关闭监视器”和“关闭硬盘”下拉列表框中设置时间为“15 分钟之后”，如果计算机在指定的时间内没有进行任何操作，将会自动关闭显示器和硬盘，这一设置可以有效地提高显示器或硬盘的使用寿命。

(7)在“系统待机”下拉列表框中设置时间为“20 分钟之后”，如果计算机在指定的时间内没有进行任何操作，将显示待机状态。如图 5-10 所示。

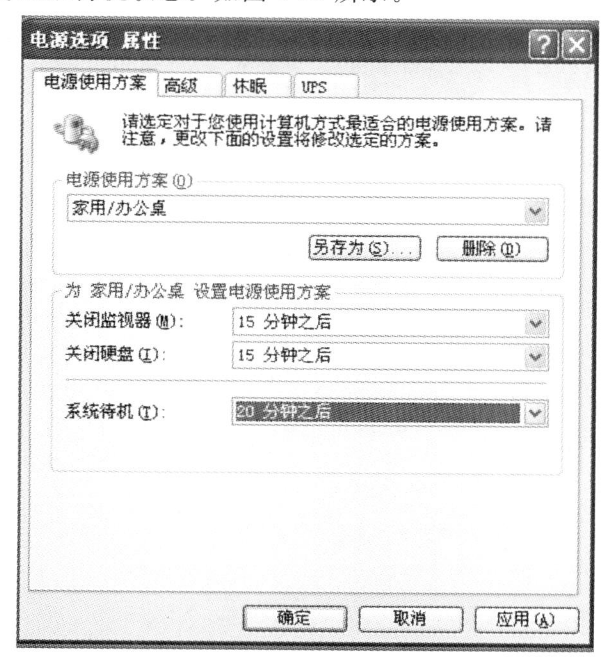

图 5-10 设置电源使用方案

(8)单击“确定”按钮，返回“屏幕保护程序”选项卡。单击“确定”按钮，即可完成所有操作。

5.1.4 设置 Windows XP 显示外观

设置显示外观能够改变 Windows 在显示字体、图标和对话框时所使用的颜色和字体大小，在默认的情况下，系统默认的是“Windows 标准”的颜色和字体大小。用户可以选择其他的颜色和字体搭配方案，或者根据自己的喜好设计方案。

(1)在“显示 属性”对话框中，单击“外观”标签，打开“外观”选项卡，如图 5-11 所示。

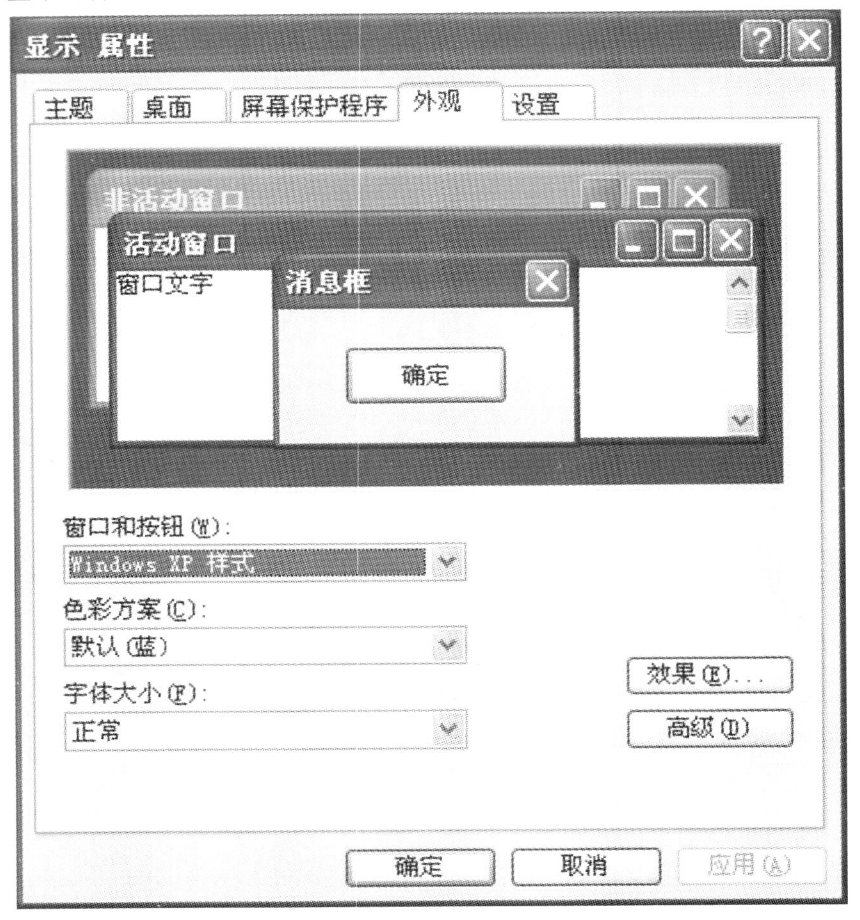

图 5-11 “外观”设置选项卡

(2)从“窗口和按钮”下拉列表框中，选择“Windows XP 样式”选项。

(3)从“色彩方案”下拉列表框中，选择“银色”。

(4)从“字体大小”下来列表框中选择“正常”。

(5)单击“确定”按钮，完成外观设置。

5.1.5 调整显示设置

在“显示 属性”对话框中的“设置”选项卡中，用户可以选择屏幕，也能选择能够支持的颜色数目、屏幕区域大小，显示字体大小及适配器的刷新频率等参数。其中屏幕分辨率是指屏幕

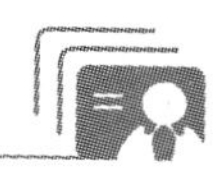

所支持的像素的多少，在屏幕大小不变的情况下，分辨率的大小决定屏幕显示的内容的多少，大的分辨率将使屏幕显示更多的内容。

(1)在“显示 属性”对话框中，单击“设置”选项卡，如图 5-12 所示。

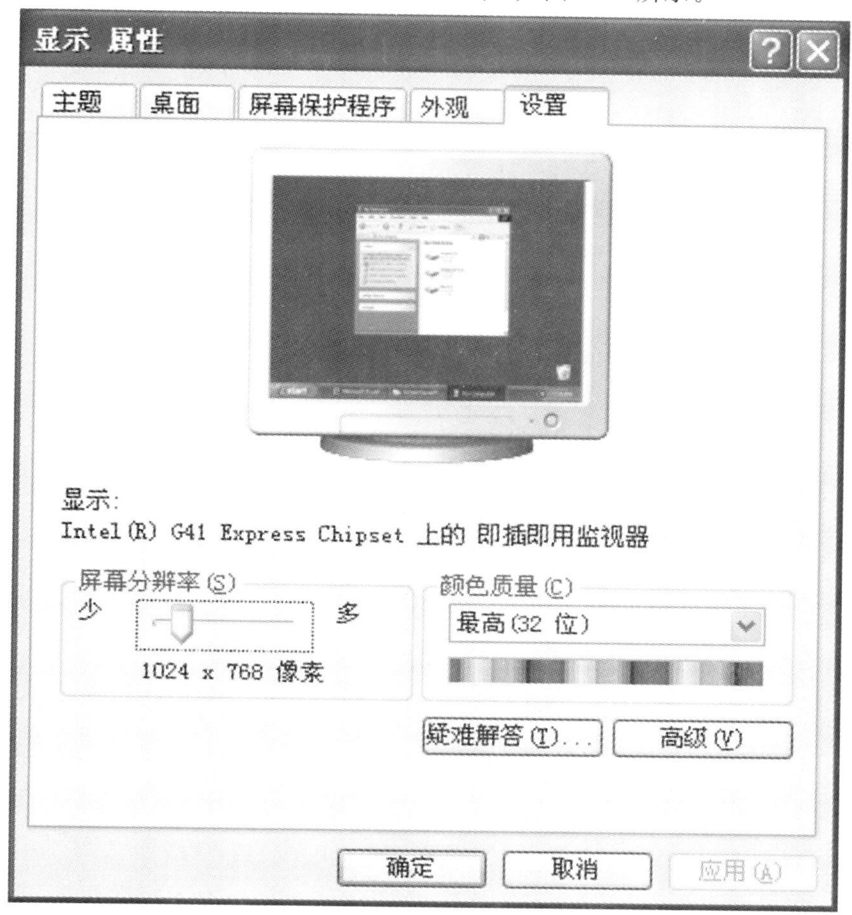

图 5-12 “设置”选项卡

(2)在“颜色质量”下来列表框中选择“最高(32 位)”。

(3)在“屏幕分辨率”选项区域拖动滑块，设置分辨率为“1024×768”。

提示：

在显卡和显示器能够支持的情况下，推荐用户使用增强色(16 位)或者真彩色(32 位)，这样能显示所有图像的颜色效果。

屏幕的分辨率是由显示适配器和监视器的性能参数共同决定的，在设置分辨率时应参考显示设备的说明书，以免过高的分辨率损坏显示适配器或监视器。

5.2 任务二　定制“开始”菜单

Windows XP 的“开始”菜单分“Windows XP 样式”和“Windows XP 经典样式”，用户可以根据自己的喜好选择相应的样式。

5.2.1 设置“开始”菜单样式

(1)右单击“任务栏”,在弹出的快捷菜单中选择“属性”命令,打开“任务栏和「开始」菜单属性”对话框,如图 5-13 所示。

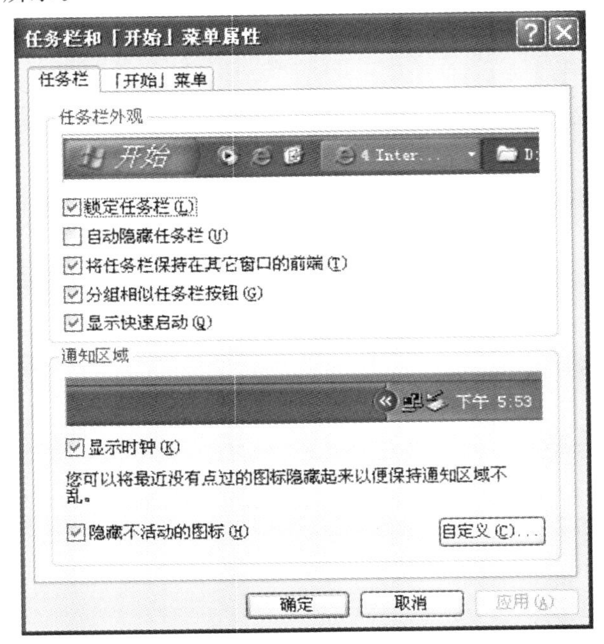

图 5-13 “任务栏和「开始」菜单属性”对话框

(2)单击“「开始」菜单”标签,打开“「开始」菜单”选项卡。

(3)选择“经典「开始」菜单”前的单选按钮。如图 5-14 所示。

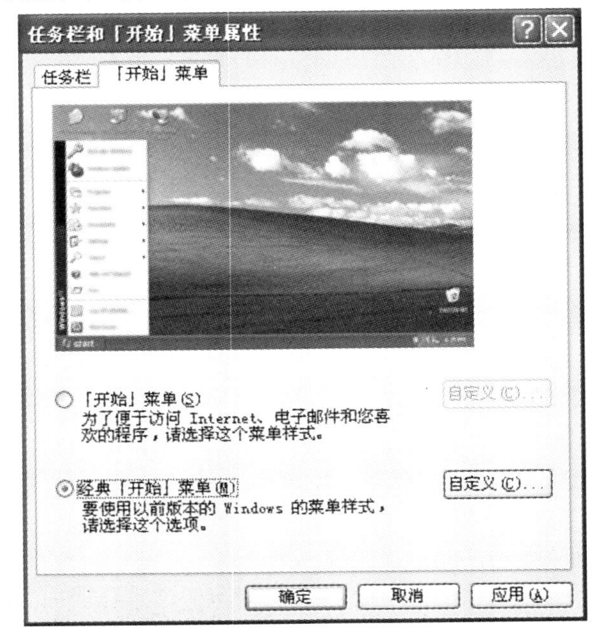

图 5-14 选择“经典「开始」菜单”

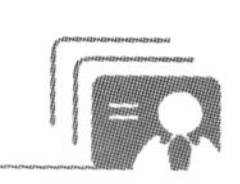

(4)单击“确定”按钮,单击任务栏上的“开始”按钮,打开 Windows XP 经典“开始”菜单,如图 5-15 所示。

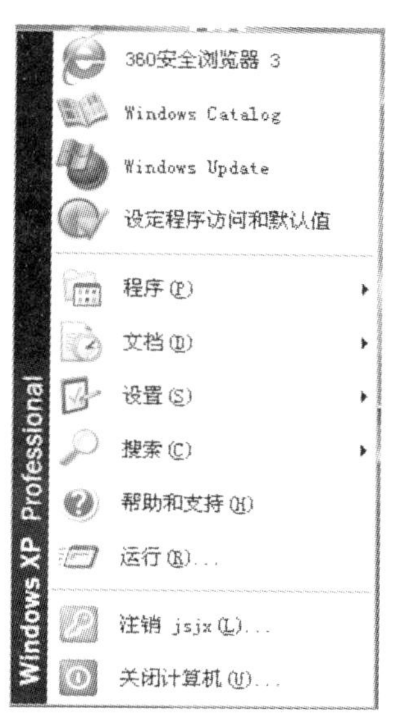

图 5-15 Windows XP 经典“开始”菜单

5.2.2 删除菜单中用户最近使用的文档记录

用户可以根据自己的需要,设置“开始”菜单中所包含的内容,如添加或删除某个应用程序的快捷方式、添加或删除菜单上的选项和展开选项的更多内容等。

(1)右单击“任务栏”,在弹出的快捷菜单中选择“属性”命令,打开“任务栏和「开始」菜单属性”对话框。

(2)单击“经典「开始」菜单”后的“自定义”按钮,打开“自定义经典「开始」菜单”对话框,如图 5-16 所示。

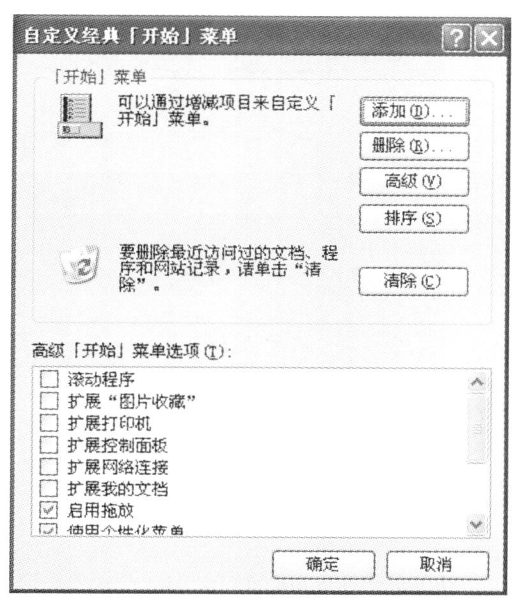

图 5-16 “自定义经典「开始」菜单”对话框

(3)在"「开始」菜单"选项域中,单击"清除"按钮,即可清楚"开始"菜单中用户最近使用过的文档记录。

5.3 任务三　更新时间和日期

在 Windows XP 系统中,任务栏显示当前的系统时间和日期,默认的时间和日期是根据计算机中的 CMOS 中的设置得到的。对于用户来说,日期和时间往往需要经常调整。例如,有些计算机病毒是按照系统内的时间和日期发作的,用户可以通过在病毒发作的前一天调整日期来避免病毒的发作。

(1)双击任务栏上的"时间"按钮 15:51 ,出现如图 5-17 所示的"日期和时间 属性"对话框。

图 5-17 "日期和时间 属性"对话框

(2)在"日期"选项区域中,打开"月份"下拉列表框,选择"五月",调整"年份"后面微调的按钮,选择年份为"2011",在下面的日历上选择"6 号"。

(3)单击"确定"按钮,完成设置。

提示:

在"时间"区域中可以进行小时、分钟、秒的更新。例如,要更改小时的值,可以用鼠标制定小时对应的值,然后通过后面的微调器增加或者减少该值。

5.4 本项目涉及的主要知识点

1. Windows XP 桌面

Windows XP 的桌面由桌面图标、"开始"菜单、任务栏等部分组成。它模拟了人们的实际

工作环境，把经常使用的快捷方式图标放在桌面上，也可以根据需要对桌面进行设置。

(1)桌面图标

桌面上的图标通常是 Windows 环境下，可以执行的一个应用程序，用户可以通过双击其中的任意图标打开一个相应的应用程序窗口进行具体的操作。

"图标"是指在桌面上排列的小图像，它包含图形、说明文字两部分，如果用户把鼠标放在图标上停留片刻，桌面上会出现对图标所表示内容的说明或者是文件存放的路径，双击图标就可以打开相应的内容。

- "我的文档"图标：它用于管理"我的文档"下的文件和文件夹，可以保存信件、报告和其他文档，它是系统默认的文档保存位置。
- "我的电脑"图标：用户通过该图标可以实现对计算机硬盘驱动器、文件夹和文件的管理，在其中用户可以访问连接到计算机的硬盘驱动器、照相机、扫描仪和其他硬件以及有关信息。
- "网上邻居"图标：该项中提供了网络上其他计算机上文件夹和文件访问以及有关信息，在双击展开的窗口中用户可以进行查看工作组中的计算机、查看网络位置及添加网络位置等工作。
- "回收站"图标：在回收站中暂时存放着用户已经删除的文件或文件夹等一些信息，当用户还没有清空回收站时，可以从中还原删除的文件或文件夹。
- "Internet Explorer"图标：用于浏览互联网上的信息，通过双击该图标可以访问网络资源。

(2)桌面图标的排列

当用户在桌面上创建了多个图标时，如果不进行排列，就会显得杂乱，这样不利于用户选择所需要的项目，而且影响视觉效果。使用排列图标命令，可以使用户的桌面看上去整洁而富有条理。

桌面上的图标可以通过鼠标拖动改变其在桌面的位置，也可以通过鼠标右击桌面空白处，在弹出的菜单中选中"排列图标"项，在其下级菜单中按名字、类型、大小及日期四种方式中的一种，重新排列图标。如图 5-18 所示。

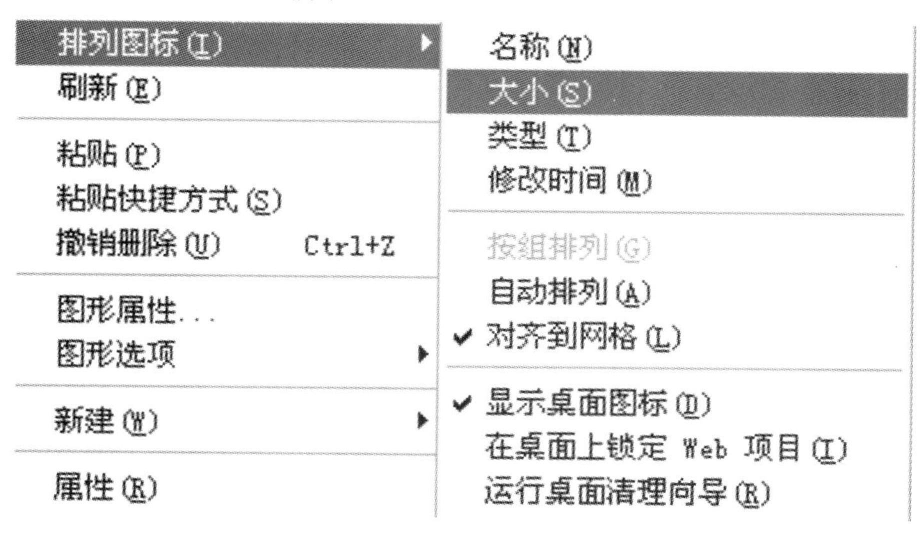

图 5-18 "排列图标"命令

- 名称：按图标名称开头的字母或拼音顺序排列。
- 大小：按图标所代表文件的大小的顺序来排列。
- 类型：按图标所代表的文件的类型来排列。
- 修改时间：按图标所代表文件的最后一次修改时间来排列。

当用户选择“排列图标”子菜单其中几项后，在其旁边出现“√”标志，说明该选项被选中，再次选择这个命令后，“√”标志消失，即表明取消了此选项。

如果用户选择了“自动排列”命令，在对图标进行移动时会出现一个选定标志，这时只能在固定的位置将各图标进行位置的互换，而不能拖动图标到桌面上任意位置。

而当选择了“对齐到网格”命令后，如果调整图标的位置时，它们总是成行成列地排列，也不能移动到桌面上任意位置。

选择“在桌面上锁定 Web 项目”可以使用活动的 Web 页变为静止的图画。

当用户取消了“显示桌面图标”命令前的“√”标志后，桌面上将不显示任何图标。

(3)使用清理桌面向导

如果用户在桌面上创建了多个快捷方式，有的最近不需要使用，用户可以启动“桌面清理向导”来清理桌面，将不常使用的快捷方式放到一个名为“未使用的桌面快捷方式”文件夹中。

使用清理桌面向导，可参考下列操作：

(1)在使用“桌面清理向导”进行操作时，用户可以在桌面空白处右击，在弹出的快捷菜单中选择“排列图标/运行桌面清理向导”命令。

(2)这时将弹出“清理桌面向导”之一对话框，帮助用户清理计算机系统的桌面，如图 5-19 所示，单击“下一步”按钮继续。

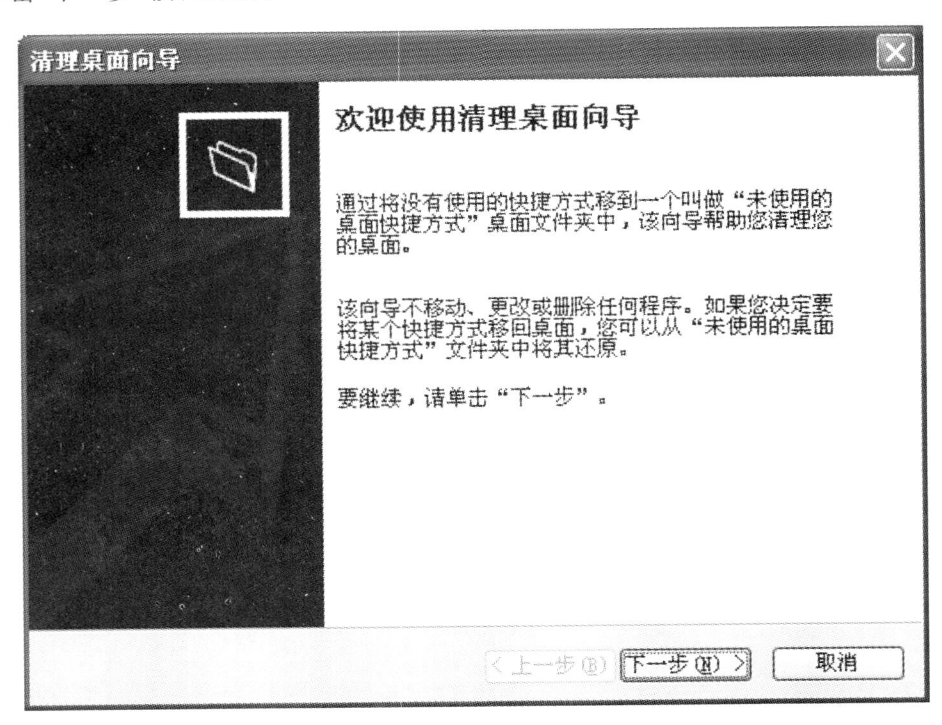

图 5-19 “清理桌面向导”之一对话框

(3)在弹出的"清理桌面向导"之二对话框中,用户可以选择需要清理的快捷方式,所选择的快捷方式将被移动到"未使用的桌面快捷方式"文件夹,如图5-20所示。

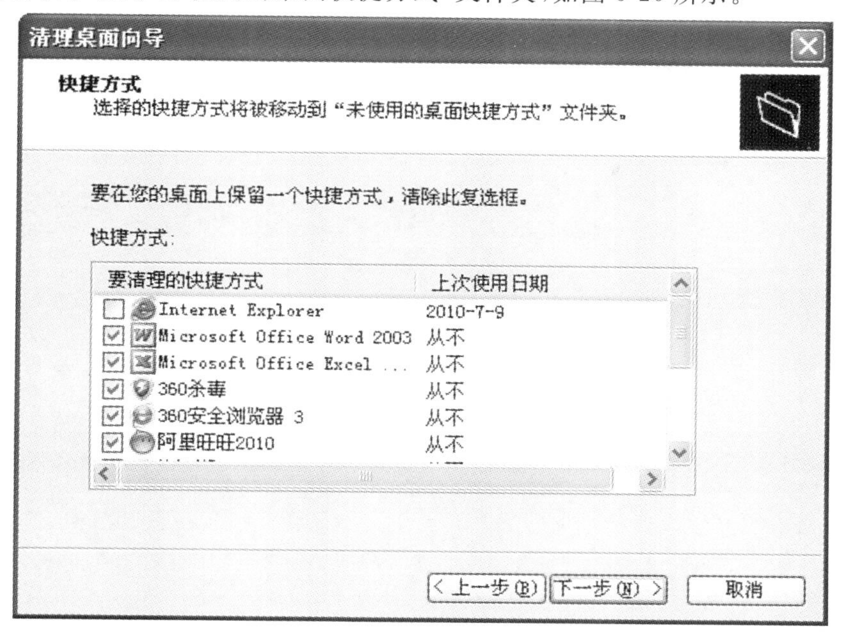

图5-20 "清理桌面向导"之二对话框

(4)当用户根据向导提示操作完成后,所选的快捷方式在桌面上消失,而在桌面上出现一个"未使用的桌面快捷方式"文件夹。

提示:

该向导不会移动、更改或删除任何程序,只是将其快捷方式暂时放入了一个名为"未使用的桌面快捷方式"文件夹中。

(5)如果用户需要撤销以前的操作,使清理掉的快捷方式重新恢复到桌面,可以在桌面上双击"未使用的桌面快捷方式"文件夹,在"未使用的桌面快捷方式"对话框中选择"编辑/撤销移动"命令,即可还原已清理的快捷方式,如图5-21所示。

图5-21 撤销清理

2. 任务栏

任务栏是位于桌面最下方的一个小长条，它显示了系统正在运行的程序和打开的窗口、当前时间等内容，用户通过任务栏可以完成许多操作，而且也可以对它进行一系列的设置。

(1)任务栏的组成

任务栏可分为“开始”菜单按钮、快速启动工具栏、窗口按钮栏和通知区域等几部分，如图5-22所示。

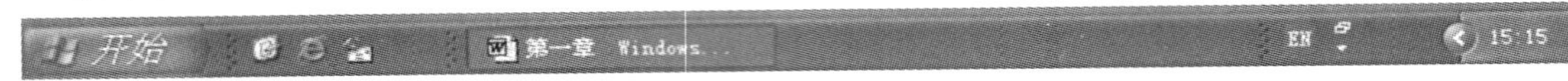

图 5-22　任务栏

• “开始”菜单按钮：单击此按钮，可以打开“开始”菜单，在用户操作过程中，要用它打开大多数的应用程序。

• 快速启动工具栏：它由一些小型的按钮组成，单击可以快速启动程序，一般情况下，它包括网上浏览工具 Internet Explorer 图标、收发电子邮件的程序 Outlook Express 图标和显示桌面图标等。

• 窗口按钮栏：当用户启动某项应用程序而打开一个窗口后，在任务栏上会出现相应的有立体感的按钮，表明当前程序正在被使用，在正常情况下，按钮是向下凹陷的，而把程序窗口最小化后，按钮则是向上凸起的，这样可以使用户观察更方便。

• 语言栏：在此用户可以选择各种语言输入法，单击“EN”按钮，在弹出的菜单中进行选择可以切换为中文输入法，语言栏可以最小化以按钮的形式在任务栏显示，单击右上角的还原小按钮，它也可以独立于任务栏之外。

• 隐藏和显示按钮：按钮“ ”的作用是隐藏不活动的图标和显示隐藏的图标。如果用户在任务栏属性中选择“隐藏不活动的图标”复选框，系统会自动将用户最近没有使用过的图标隐藏起来，以使任务栏的通知区域不至于很杂乱，它在隐藏图标时会出现一个小文本框提醒用户。

• 音量控制器：即桌面上小喇叭形状的按钮，单击它后会出现一个音量控制对话框，用户可以通过拖动上面的小滑块来调整扬声器的音量，当选择“静音”复选框后，扬声器的声音消失，如图 5-23 所示。

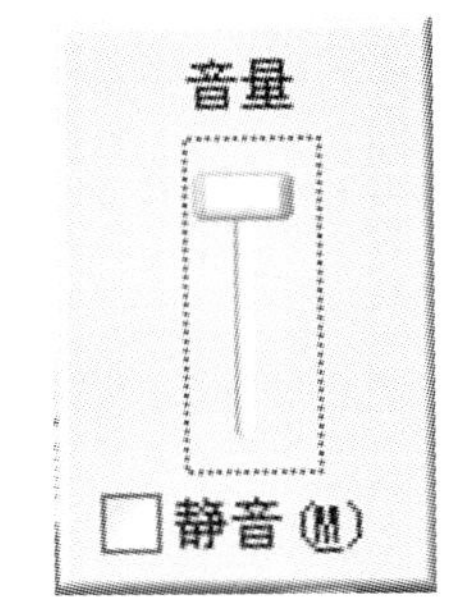

图 5-23　音量按钮器

当用户双击音量控制器按钮或者右击该按钮，在弹出的快捷菜单中选择“打开音量控制”命令，可以打开“音量控制”窗口，用户可以调整音量控制、波形、软件合成器等各项内容，如图 5-24 所示。

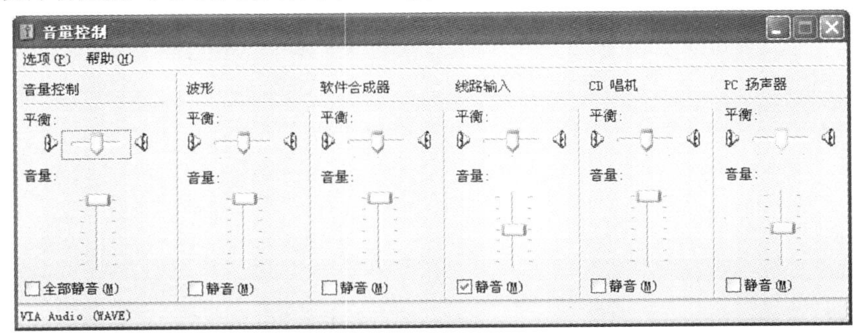

图 5-24　“音量控制”窗口

• 日期指示器：在任务栏的最右侧，显示了当前的时间，把鼠标在上面停留片刻，会出现当前的日期，双击后打开“日期和时间属性”对话框，在“时间和日期”选项卡中，用户可以完成时间和日期的校对，在“时区”选项卡中，用户可以进行时区的设置，而使用与 Internet 时间同步可以使本机上的时间与互联网上的时间保持一致。

• Windows Messenger 图标：双击这个小图标，可以打开“Windows Messenger”窗口，如果用户已连入了 Internet，可以在此进行登录设置，用户既可以用“Windows Messenger”进行像现在流行 OICQ 所能实现的网上文字交流或者语音聊天，也可以轻松地实现视频交流，看到对方的即时图像，还能够通过它进行远程控制。

3.“开始”菜单

操作计算机的一切都可以从“开始”菜单开始。单击桌面左下角标有“开始”字样的按钮，将弹出如图所示的界面我们称为“开始”菜单，单击其中的某个图标即可启动相应的程序或打开相应的文件或文件夹。

开始菜单分为四个区，分别为用户账户区、常用菜单区、传统菜单区、退出系统区。如图 5-25 所示。不同用户的“开始”菜单与该图菜单形式不同，这是因为菜单会随着系统安装的应用程序以及用户的使用情况自动进行调整。用户也可以单击“开始→控制面板(任务栏和开始菜单)”在弹出的对话框里边设置“开始”菜单的模式。单击“开始”菜单可以选择“开始”菜单是“普通”的还是“经典”的。

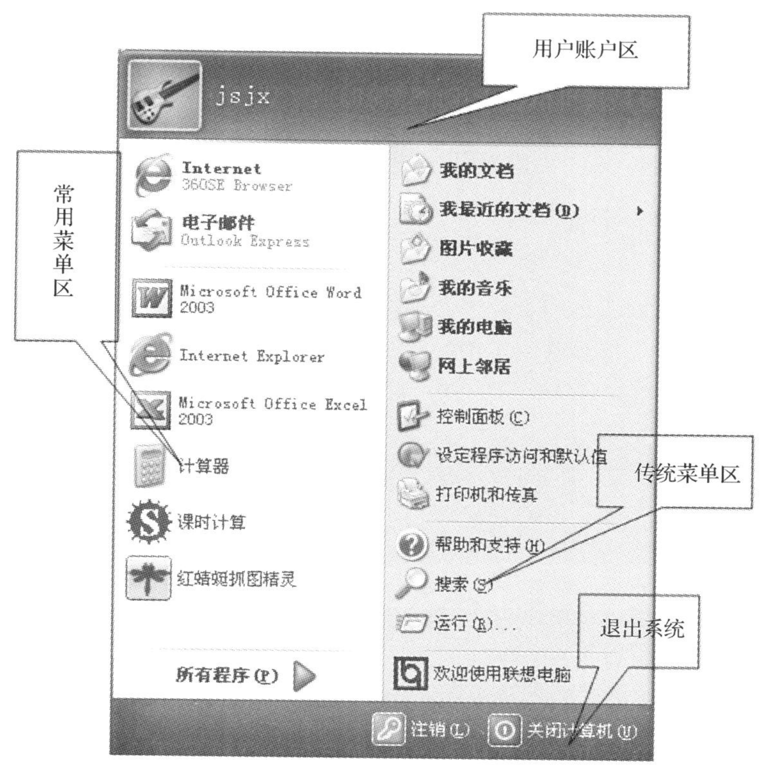

图 5-25 “开始”菜单

• 用户账户区：显示用户在启动系统时选择的用户名称和图标，单击该图标将打开“用户账户”窗口，可在其中重新设置用户图标和名称等。

• 常用菜单区：位于“开始”菜单左边，其中显示了用户最常用的命令和“所有程序”菜单项。单击就可以启动该程序。

• 所有程序(P)：用户安装的所有应用软件，系统软件，工具软件和系统自带的一些程序和工具都可从这里启动，将鼠标移动到绿色箭头上，就会自动将下拉箭头展开。

• 运行(R)：通过输入 DOS 命令来运行某些程序。

• 搜索(S)：主要用于搜索计算机中的文件和文件夹。用户可以使用该命令按钮查找文件或文件夹(知道计算机中有此文件/文件夹，但是回忆不起来放在何处)，单击该按钮就会在当前窗口的左侧出现搜索对话框，在“要搜索的文件或文件夹名为(M)：”中输入你要搜索的文件或文件夹的名称；在“搜索范围(L)：”输入你要搜索的范围(D 盘——代表只在 D 盘里边寻找)，如果知道它的日期、类型、大小的话就单击前面的方格进行更进一步的设置，这样查找速度就会很快！最后单击“立即搜索”，计算机就会查找该文件/文件夹，查找成功的话就会在右边空白处显示出来。

• 帮助和支持(R)：系统自带的帮助程序，用户在操作时遇到问题可以通过它来解决。

• 打印机和传真：显示系统添加的打印机和传真，并可以添加新的。

• 控制面板：主要进行整个系统的设置。

• 最近打开的文档：显示用户最近一段时间打开过的文件或文件夹。

• 我的文档 图片收藏 我的音乐 我的电脑：和桌面上的图标一致，单击可以直接打开。

• 收藏夹：用户可以将登录的网站添加到收藏夹里边，以后登录的时候就可以直接从收藏夹里打开而不用记网址。

5.5 课后作业

1. 填空题

(1)设置屏幕的分辨率，应在对话框的__________选项卡中进行设置。

(2)右击任务栏，在弹出的快捷菜单中选择__________命令，从中可设置自动隐藏任务栏。

(3)为了使桌面的外观更个性化，用户可以使用自己的 BMP 或 JPEG 格式的图像文件作为 Windows XP 的____________。

(4)Windows XP 最下方的任务栏的最左端的按钮是____________。

(5)单击“开始”菜单，选择__________/__________/__________即可打开计算器窗口。

2. 操作题

(1)设置屏幕保护程序。设定在 3 分钟内，鼠标、键盘无任何操作后，将在屏幕上出现滚动字幕“Windows XP”。

(2)设置 Windows XP 的外观为经典样式。

项目 6　文件与文件夹的操作

6.1　任务一　新建文件夹和文件

6.1.1　新建文件夹

(1)在“我的电脑”中找到创建文件夹的位置本地磁盘 D 的根目录。

(2)在窗口中右击，在弹出的快捷菜单中选择“新建/文件夹”命令。如图 6-1 所示。

图 6-1　快捷菜单创建文件夹

(3)在窗口中新增了一个名为“新建文件夹”的新文件夹，文件夹的名称的背景颜色为蓝色，直接输入文件名可以对它的名字进行更改。如果不需要更改文件名，只需在空白处单击即可。至此，文件夹创建完毕。

6.1.2　新建文件

双击打开“新建文件夹”，在打开的“新建文件夹”任意空白处右键单击，在弹出的快捷菜单中选择“新建/文本文档”，如图 6-2 所示。默认的文件名为“新建 文本文档.txt”。

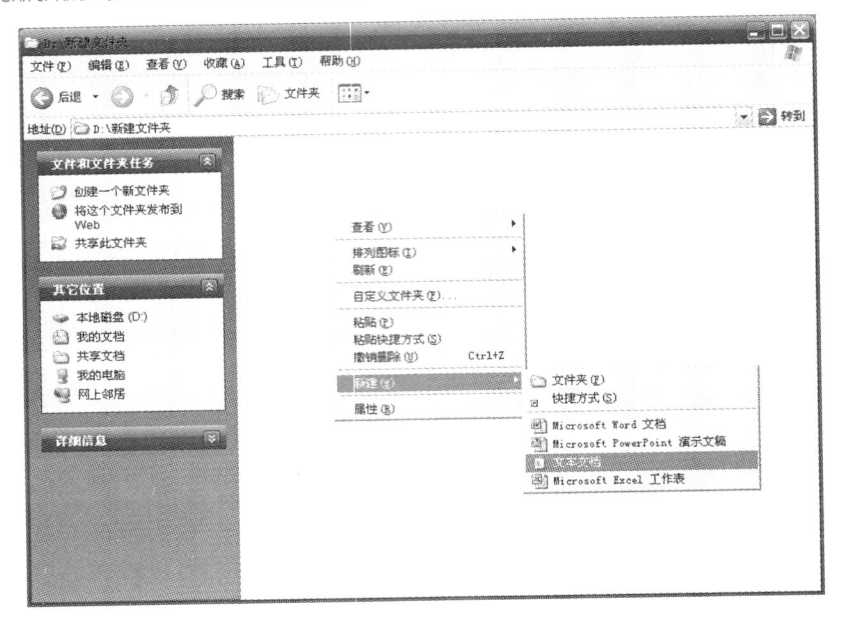

图 6-2 快捷菜单创建新文件

6.2 任务二 重命名文件或文件夹

6.2.1 重命名文件夹

(1)右单击刚才新创建的文件夹，在弹出的快捷菜单中，选择“重命名”命令。如图 6-3 所示。这时原名称的背景颜色为蓝色，表明可以对它进行更改。

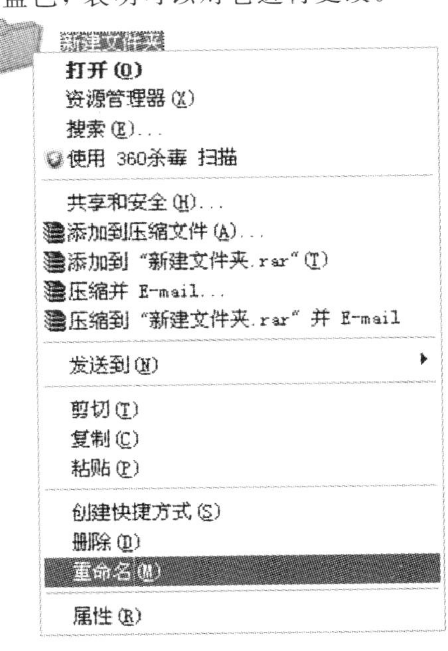

图 6-3 快捷菜单重命名文件夹

(2)输入新名称“student”后，按 Enter 键或用鼠标在输入的名称之外的窗口内单击即完成文件名的重命名。

6.2.2 重命名文件

(1)文件夹重命名后，双击打开“student”文件夹，左键单击刚才新创建的文本文件，选择“文件/重命名”。如图 6-4 所示。这时原名称的背景颜色为蓝色，表明可以对它进行更改。

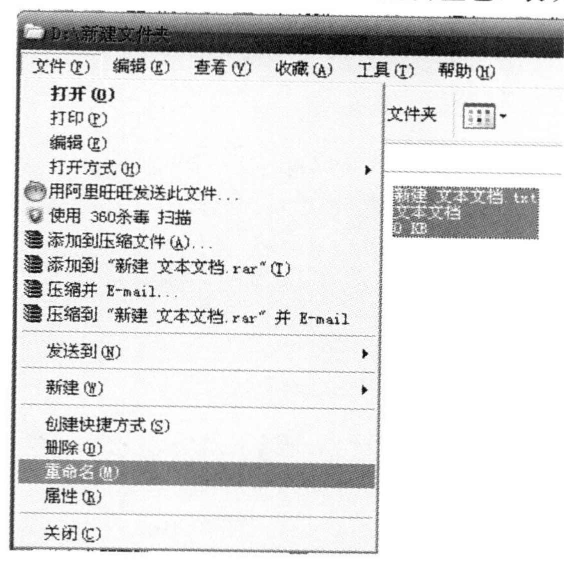

图 6-4 “文件”工具栏重命名文件

(2)输入新名称“myfile1.txt”，按 Enter 键或用鼠标在输入的名称之外的窗口内单击即完成文件的重命名。

(3)在“student”文件夹中新建一文件夹，重命名为“student1”。在“student1”文件夹中新建一个 word 文档和一个文件夹，分别重命名为“myfile2.doc”和“student2”。

现在的目录结构如图 6-5 所示。

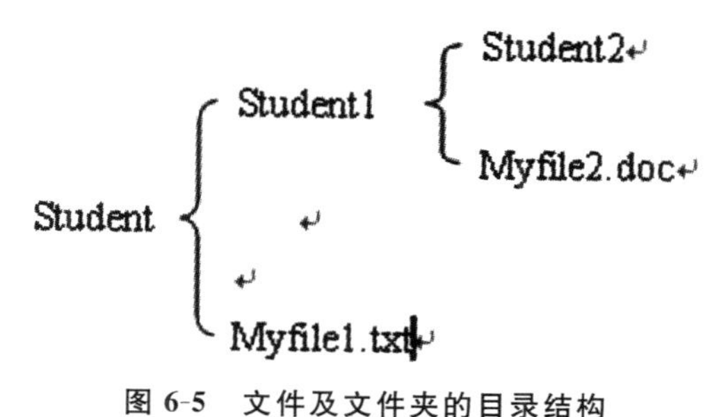

图 6-5 文件及文件夹的目录结构

6.3 任务三 复制和移动文件及文件夹

6.3.1 复制文件夹

(1)双击打开文件夹“Student”，单击选中“Myfile.txt”文件，右键打开快捷菜单，选择“复制”命令。如图 6-6 所示。

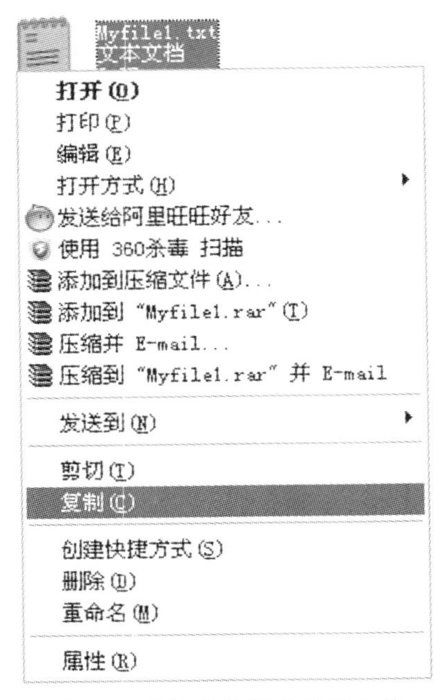

图 6-6　右键快捷菜单复制文件

(2)双击打开“Student1”文件夹，在空白处右键单击，在弹出的快捷菜单中选择“粘贴”命令。如图 6-7 所示。

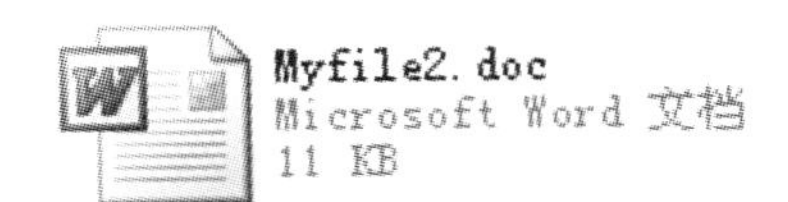

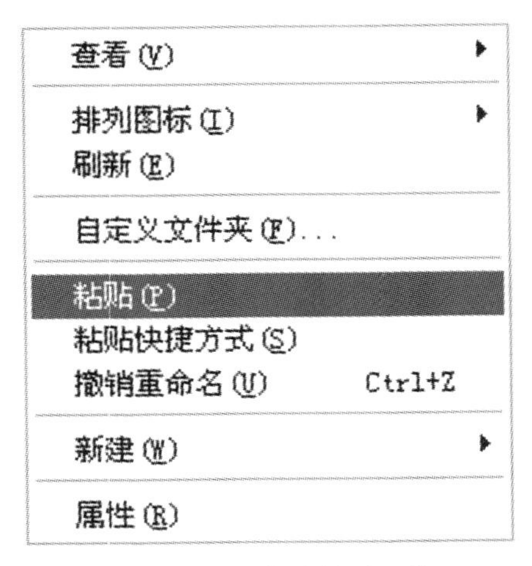

图 6-7　右键快捷菜单粘贴文件

6.3.2　剪切文件

(1)选中“Myfile2.doc”，选择“编辑/剪切”命令。如图 6-8 所示。

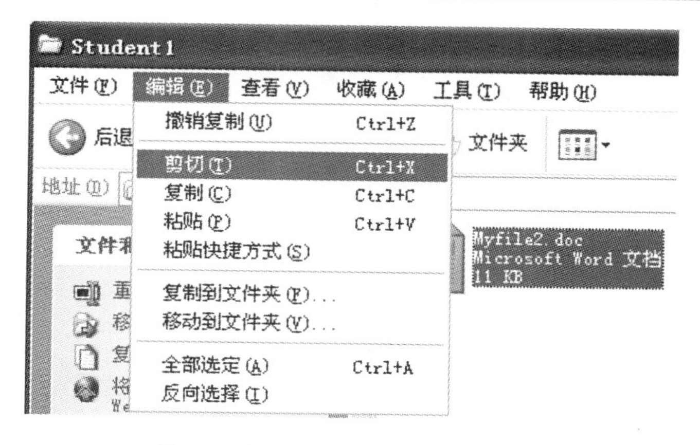

图6-8 “编辑”菜单中的“剪切”命令

(2)双击打开“Student2”,选择“编辑/粘贴”命令。如图6-9所示。

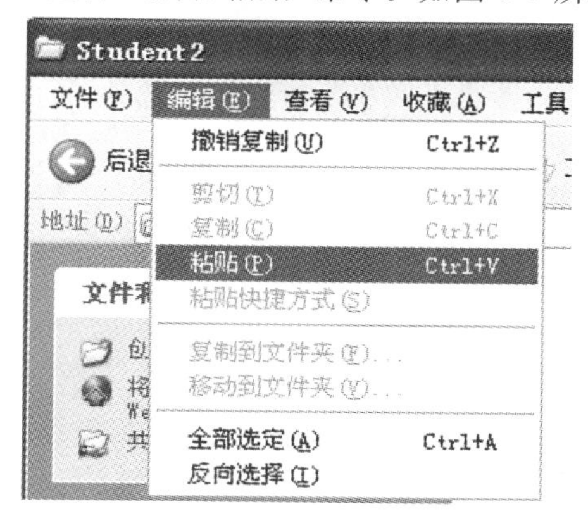

图6-9 “编辑”菜单中的“粘贴”命令

此时文件及文件夹的目录结构如图6-10所示。

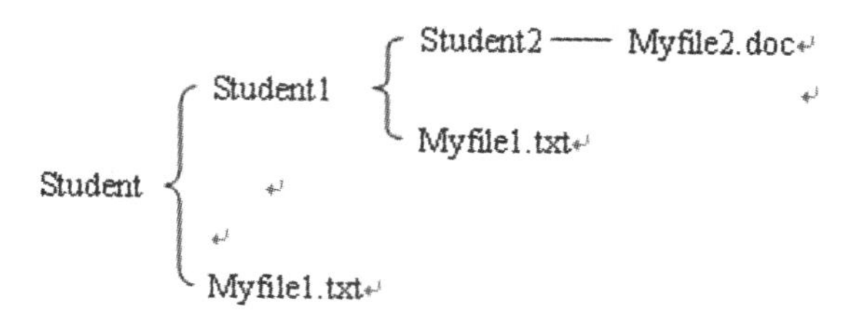

图6-10 复制、粘贴后的文件及文件夹目录结构

6.4 任务四 文件和文件夹的删除及恢复

6.4.1 删除文件

(1)双击打开“Student1”文件夹,单击选中“Myfile1.txt”,右键单击,在弹出的快捷菜单中,按住“Shift”键的同时选择“删除”命令。系统提示是否要删除文件,选择“是”将文件彻底

删除，如图 6-11a 所示。

图 6-11a　按“Shift”键彻底删除文件

(2)双击打开“Student2”文件夹，单击选中“Myfile2.doc”，右键单击，在弹出的快捷菜单中，选择“删除”命令。系统提示是否将文件放回“回收站”，选择“是”，文件将放回回收站，如果有需要还可以恢复此文件。如图 6-11b 所示。

图 6-11b　将删除的文件放入回收站

此时，文件及文件夹的目录结构如图 6-12 所示。

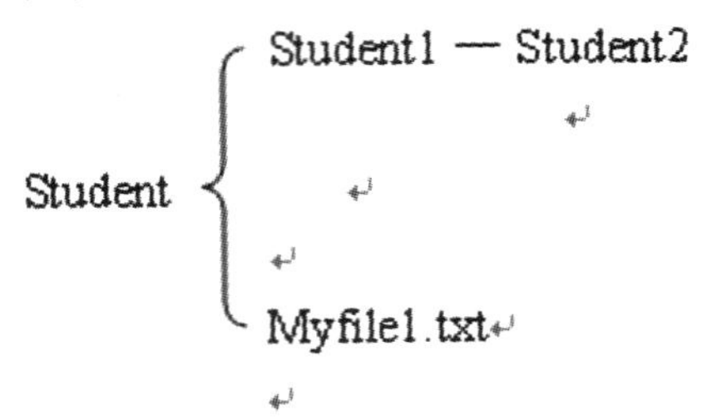

图 6-12　删除后的文件及文件夹目录结构

6.4.2　恢复文件

(1)回到桌面，双击打开“回收站”，回收站中有一个文件“Myfile2.doc”。如图 6-13 所示。

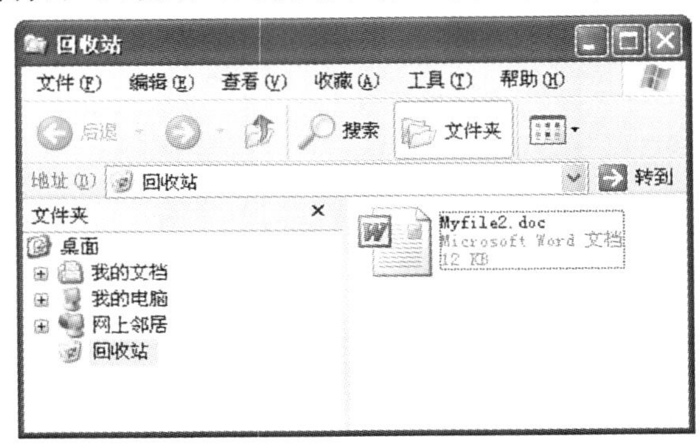

图 6-13　回收站中的文件

(2)右键单击回收站中的"Myfile2.doc"文件,在弹出的快捷菜单中选择"还原"命令,如图6-14所示。文件"Myfile2.doc"又回到了原来的"Student2"文件夹中。此时文件及文件夹的目录结构如图6-15所示。

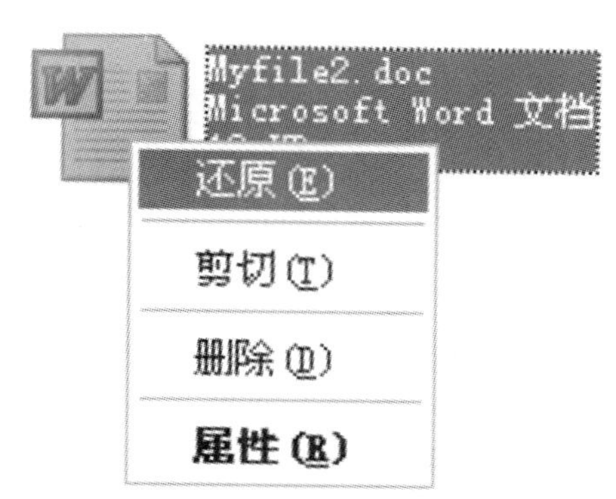

图6-14　还原回收站中的文件

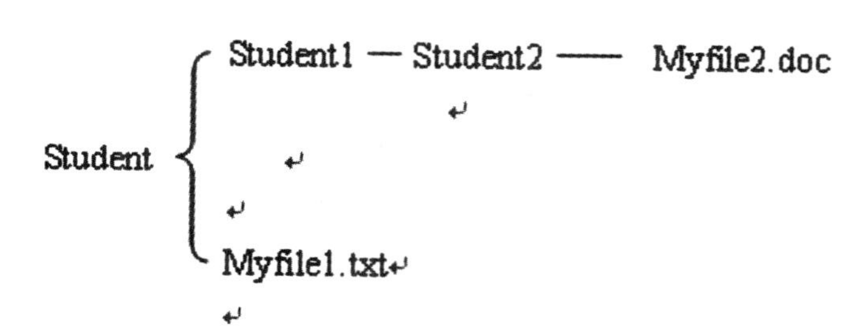

图6-15　还原后的文件及文件夹目录结构

6.5　本项目涉及的主要知识点

1. 鼠标的操作

(1)单击:一般指按一次鼠标左键并松开左键的过程。常用于选中文件,文件夹和其他对象,也用于选择菜单中某项命令,对话框中某个选项等。

(2)双击:一般指快速地按两次鼠标左键。常用于启动某个程序,打开一个窗口,打开一个文件或文件夹。

(3)右单击:指将鼠标指针指向对象(文件、文件夹、快捷方式,驱动器等)后,用中指按一下鼠标右键并快速松开的过程。该操作常用于打开目标对象的快捷菜单。

(4)拖动:指将鼠标指针指向对象后,按住鼠标左键不放,然后移动鼠标到指定位置后再松开。该操作常用于移动对象。

2. Windows系统的常用操作

(1)新建文件夹

在桌面、驱动器(C、D等盘、文件夹)空白处右单击就会出现如图6-16情景。

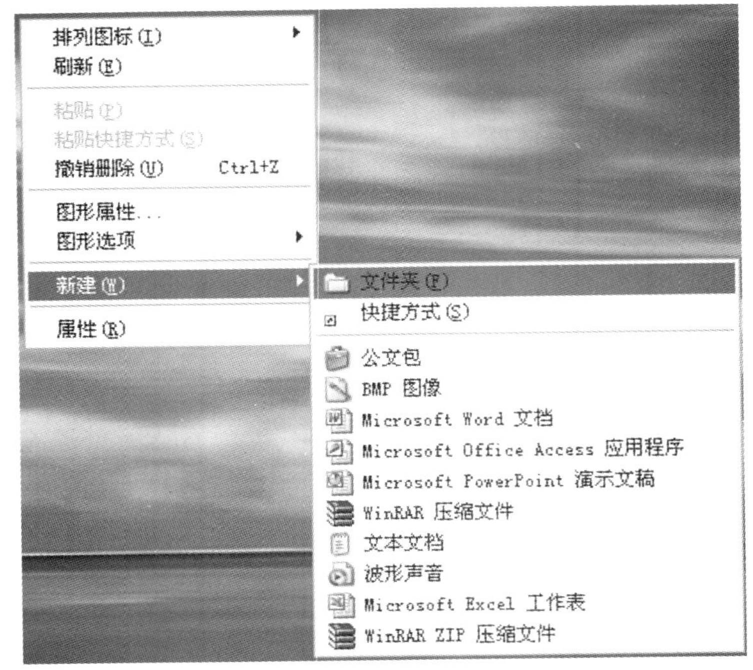

图 6-16　右击桌面出现的快捷菜单

- 选择“新建→文件夹”就可以创建文件夹并在此时可以对文件夹进行重命名。
- 选择“新建→快捷方式”可以对磁盘上任意一个文件或文件夹创建快捷方式。
- 选择“新建→Microsoft Word 文档”就可以创建一个 Word 文档(其他应用程序同理)。
- 选择“新建→公文包”就可以创建一个公文包(作用和文件夹一样)。

在驱动器(C 盘、D 盘……)和文件夹里新建和上面方法相同。

(2)复制,粘贴,剪切,删除,重命名,属性

上面几种操作是针对某一个文件夹/文件而言的(桌面上部分图标有些不同),以文件夹(文件也适用)为例说明。选中某个文件夹右单击就会出现如图6-17所示。

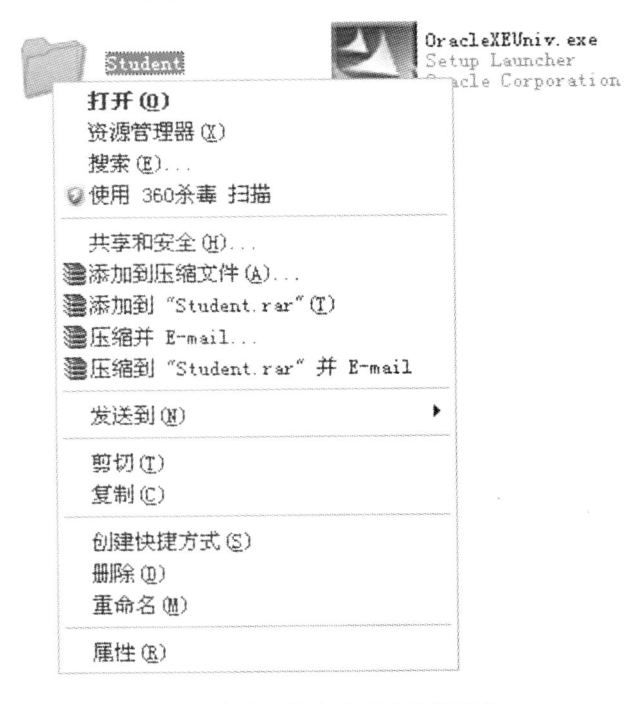

图 6-17　右击文件夹出现的快捷菜单

- 选择“打开”就会将选中的文件夹打开。
- 选择“资源管理器”就会打开“资源管理器”。
- 选择“剪切”后,该文件夹颜色就会变浅,然后选择要存放的位置,右单击选择“粘贴”,就可以将该文件夹从原来的存储位置转移到您所选择的新位置。特别要注意的是原来位置上的那个文件夹

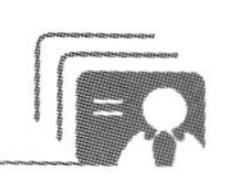

将会不存在！

• 选择"复制"后，然后选择要存放文件或文件夹的位置，右单击选择"粘贴"，那么这个文件或文件夹就会复制在你所选的位置，和剪切不同的是，原来位置上的文件夹依然存在！只是将其"克隆"了一份而已！

• 选择"删除"就可以将所选的文件夹或文件删除，这里的删除只是将该文件夹或文件转移到回收站里边，删除到回收站里的所有文件、文件夹、快捷方式均可以还原到删除之前的状态，具体的方法就是右单击欲还原的文件，选择"还原"即可。如果选择"删除"该文件就从磁盘上彻底删除了，就无法还原了，所以这一步需谨慎。用户还可以使用下边的方法将选中的文件、文件夹彻底、一次性从磁盘上删除。具体方法就是单击要操作的对象后，先按住键盘上的"Shift"，再按一下键盘上的"Delete"。但是提醒操作者的是该操作是无法还原的。

• 选择"重命名"就可以对该文件或文件夹进行重新命名。

• 选择"属性"就可以查看文件或文件夹的位置、大小、创建的时间以及文件的共享。右单击驱动器盘符(如C盘)选择属性可以查看C盘的存储状况，选择"格式化"就会将该盘上所有的数据全部清除，用户对其要慎重。切不可对C盘进行"格式化"操作，否则就会毁坏系统。

• 选择"发送到"命令，就会展开子命令，可以将选中的文件发送到子命令的选项里面。如将其发送到桌面，还可以将其发送到U盘(相当于复制)。

3. 选择文件文件夹

(1)单个文件和文件夹

对于单个文件和文件夹，只要用鼠标单击它就可以选择它。

(2)多个文件和文件夹

对于多个文件或文件夹，选取的方式也不同。

• 选择连续的文件或文件夹，可在选择第一个文件或文件夹之后，按住Shift键不放，单击最后一个文件或文件夹。

• 选择非连续的多个文件或文件夹，可在选择第一个文件或文件夹后，按住Ctrl键不放，再单击选择其他文件或文件夹。

• 选择窗口中的所有文件可按"Ctrl＋A"。

• 有时在整个窗口中，除了少数几个文件和文件夹不选外，其余的都要选，就可以先选择不需要选的几个文件和文件夹，然后使用"编辑"下拉菜单中的"反向选择"命令来选择所需要选择的文件。

• 另外一种选择文件以及文件夹的方法，就是用鼠标直接拉出的框来选择文件和文件夹。

(3)放弃已选的文件和文件夹

要放弃已选的文件或文件夹，只要在已选对象之外的窗口内空白处单击鼠标即可；对于非连续文件或文件夹的选择，按住Ctrl键，单击对象选择，再击一次已选对象则放弃选择。

4. 复制或移动文件和文件夹

对文件或文件夹管理，复制和移动是常见的操作。复制指的是在不删除源文件或文件夹的前提下，将其克隆一份放到另一目的地；而移动文件，则是将源文件或文件夹搬到另外一个目的地，原位置已不再有这些文件或文件夹。

(1)目的地可见的复制或移动

可以使用拖放技术来复制或移动文件和文件夹。

打开需要复制或移动的文件或文件夹的源窗口和目标窗口，使得它们同时可以看见；或者在同一窗口中可见的不同文件夹之间的复制或移动。选定想要复制或移动的文件和文件夹，按住鼠标左键，将文件和文件夹拖到目的地，然后释放鼠标左键，则完成移动文件和文件夹的操作；先按住 Ctrl 键，再按住鼠标左键，将文件或文件夹拖到目的地，则完成复制文件和文件夹操作。

注意：将文件和文件夹拖动到其他磁盘驱动器时，Windows XP 的移动是复制。

(2)目的地不可见的复制或移动

与复制和移动相对应的三种操作命令是“复制”、“剪切”和“粘贴”。复制文件时，我们需要先执行“复制”命令，再执行“粘贴”命令；移动文件时，需要先执行“剪切”命令，再执行“粘贴”命令。操作步骤如下：

① 选择需要复制或移动的源文件和文件夹。

②右击选择的文件，弹出快捷菜单。若要复制文件，则在快捷菜单中选择“复制”命令，若要移动文件，则在快捷菜单中选择“剪切”命令。

③找到需要复制或移动到的目的文件夹，然后右击弹出快捷菜单，选择“粘贴”命令即可。

提示：与“复制” 命令相对应的快捷键是“Ctrl＋C”，与“剪切”相对应的快捷键是“Ctrl＋X”，与“粘贴”相对于的快捷键是“Ctrl＋V”，使用快捷键操作文件和文件夹的复制或移动更为便捷。

(3)“发送到”命令的使用

复制文件和文件夹还有一条命令可以使用，也非常方便，省去了切换窗口和执行“复制”与“粘贴”命令的繁琐。“发送到”命令可以把文件或文件夹的复制发送到很多目的地：3.5 软盘(通常是 A：驱动器)、桌面、邮件接收者 (E-mail 发送)或“我的文档”等。具体的操作如下 ：

①右击需要复制的源文件和文件夹，在弹出的快捷菜单中选择“发送到”命令选项，如图 6-18 所示。

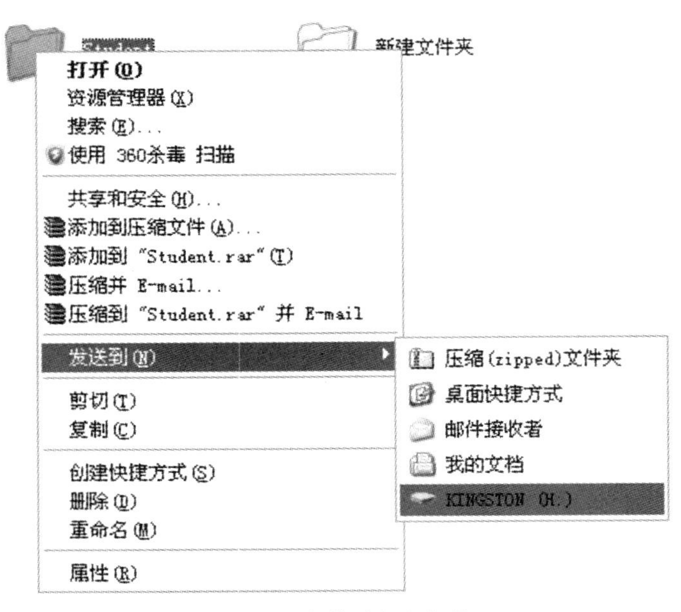

图 6-18 发送到命令选项

②选择需要发送的目的地，即执行相应的复制操作。

5. 删除与恢复文件和文件夹

(1)删除文件和文件夹

删除文件和文件夹分为两种：一是逻辑删除，需要时还可以从回收站恢复被删除的文件和文件夹，另一种是物理删除，腾出磁盘空间，无法再恢复已删除的文件和文件夹。

①逻辑删除文件和文件夹

逻辑删除文件和文件夹有很多种方法，下面仅介绍两种常用的方法。

方法一：

a 选择要删除的文件和文件夹。

b 在选择的文件和文件夹上右击，并在弹出的快捷菜单中选择“删除”命令。

c 在出现的“确认文件删除”对话框中，单击“是”。

方法二：

把需要删除的文件和文件夹直接拖到“回收站”，然后释放鼠标。

②物理删除文件和文件夹

物理删除文件和文件夹也有两种方法。

方法一：

a 先进行逻辑删除，然后双击桌面“回收站”图标，打开“回收站”窗口。

b 选择要进行物理删除的文件和文件夹，打开“文件”下拉菜单，执行“删除”命令。

c 在弹出的“确认文件删除”对话框中，单击“是”按钮即完成物理删除。

也可以不加选择地在回收站窗口执行“清空回收站”命令，物理删除回收站内的所有文件和文件夹。

方法二：

选择需要删除的文件和文件夹，按住 Shift 键，再加按 Delete 键。并在弹出的“确认删除”对话框上，单击“是”。此操作应特别小心，因为是进行物理删除，这些文件和文件夹将不能被恢复。

注意：在删除文件夹时，该文件夹中的所有文件和子文件夹都将被删除。另外如果一次性删除的文件过多，容量过大，回收站中有可能装不下时，系统会出现提示“确认删除”对话框，提示用户所删除的文件太大，无法放入回收站，此时单击“是”按钮，则会进行物理删除，将永久地删除这些文件和文件夹。

(2)恢复删除的文件或文件夹

如果需要恢复被逻辑删除的文件和文件夹，可按下列步骤操作：

①双击桌面上的“回收站”图标，打开“回收站”窗口。

②选择已被删除而欲还原的文件和文件夹。

③单击窗口左侧的“还原此项目”命令。

当你执行完上述各步骤时，所选文件和文件夹从回收站窗口中消失，并回到原来的地方。当然，如果你要把回收站中的全部文件和文件夹还原到原来的地方，可单击“回收站”窗口左侧的“恢复所有项目”命令，就可以看到被逻辑删除的文件和文件夹将全部回到原来的地方去。

6.6　课后作业

1. 在 D 盘上新建一个“test”文件夹，然后将其移到 E 盘。

2. 新建一个文件夹，并将其命名为“课后练习”，将其移动至“回收站”，再将其恢复到原来位置。

项目7　用户账户与权限管理

7.1　任务一　创建用户账户

在安装好 Windows XP 后，系统有个默认的管理员账户 administrator，这个账户拥有最高权限，一般看不见这个账户，而用户在安装 Windows XP 时输入的用户名也会被默认设置成具有管理员权限的账户。使用拥有管理员权限的用户账户，可以在系统中创建新账户。

（1）选择“开始/控制面板”命令，打开“控制面板”窗口。

（2）双击“用户账户”图标，打开“用户账户”对话框，如图 7-1 所示。

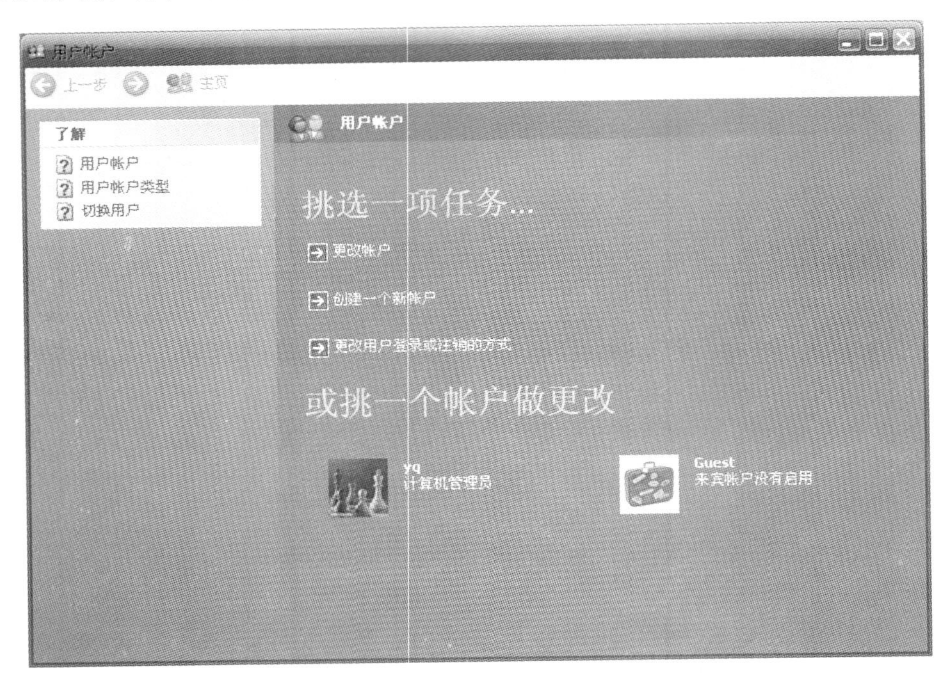

图 7-1　“用户账户”对话框

（3）在“挑选一项任务”选项区域中，单击“创建一个新账户”按钮，打开“为新账户起名”对话框，如图 7-2 所示。

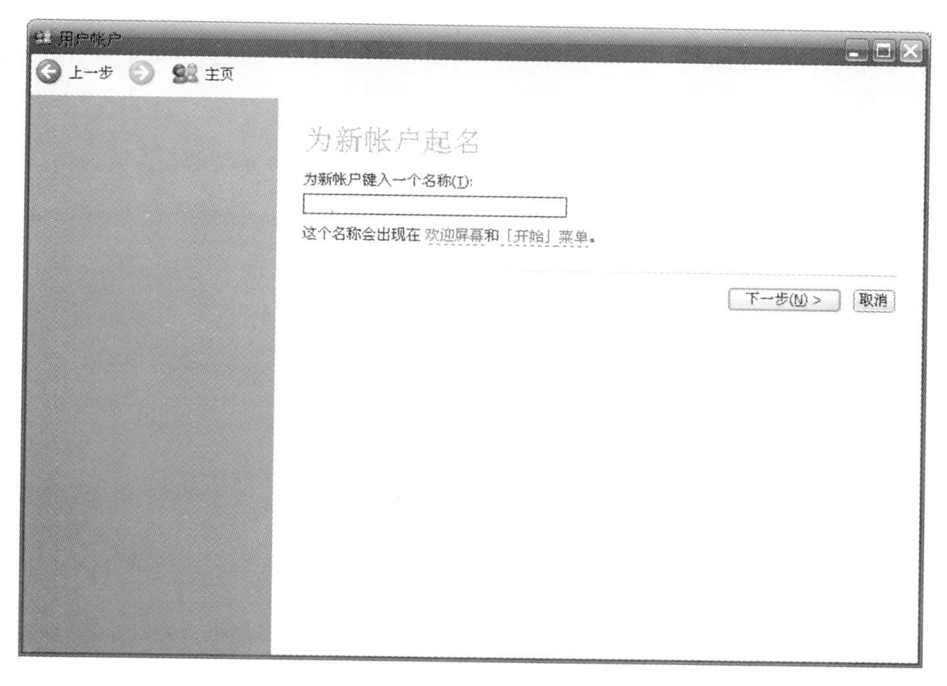

图 7-2 “为新账户起名”对话框

(4)在“为新账户键入一个名称”下面的文本框中输入新创建用户的名称“yiyi”,单击“下一步”按钮,打开“挑选一个账户类型”对话框,如图 7-3 所示。

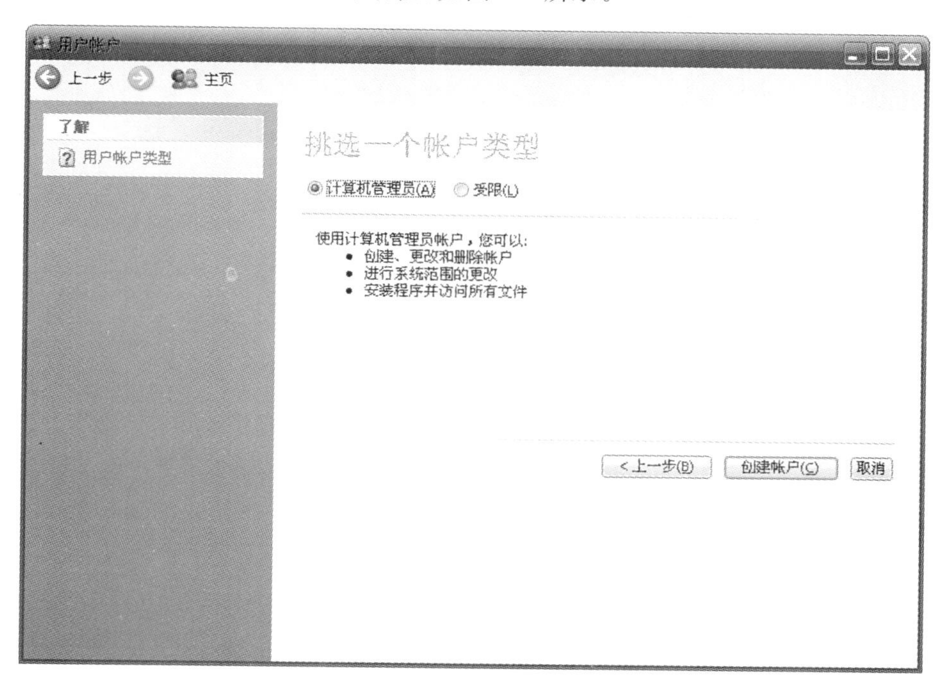

图 7-3 “挑选一个账户类型”对话框

(5)选择“计算机管理员”前的单选按钮,单击“创建账户”按钮,开始创建名为“yiyi”的新账户。此时返回到“用户账户”对话框,可以看到新创建的名为“yiyi”的用户已经出现在“用户账户”对话框中。

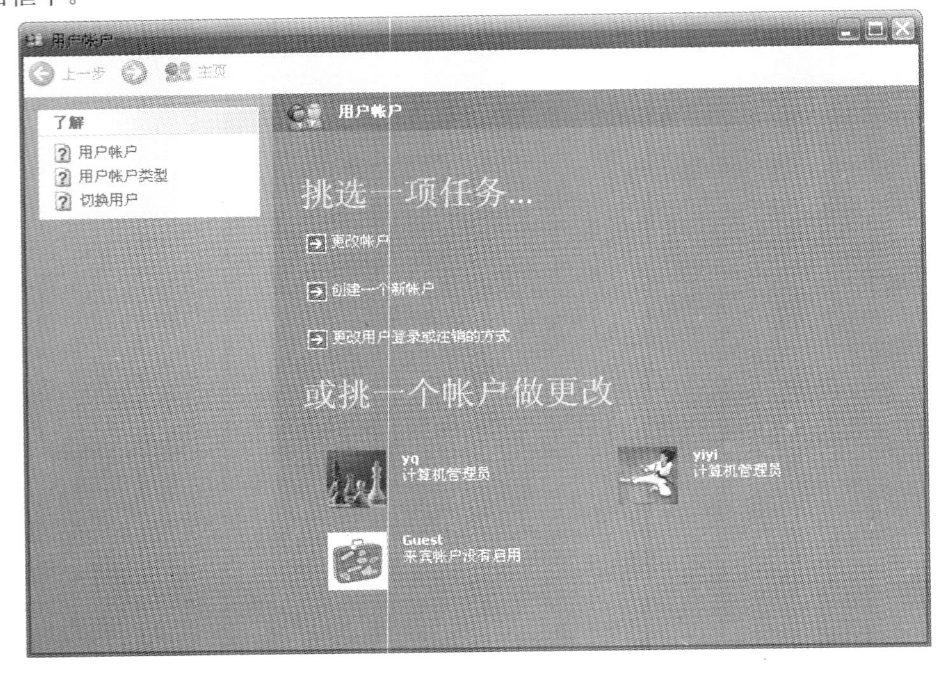

图 7-4　创建新账户名后的“用户账户”对话框

提示:

用户在创建新账户时,应使用具有管理员权限的用户账户登录系统,才能创建新用户。Windows账户按照权限的不同可以分为管理员账户、普通账户和特殊账户。其中,管理员账户的权限最大,可以完全控制计算机,访问计算机上的所有资源,创建和删除其他账户。普通账户又称为受限账户,只能访问部分资源;特殊账户一般用于系统开发和测试,普通用户不会使用他们,其权限也受一定限制。

7.2　任务二　　修改用户账户

在创建新账户后,用户可以根据自己的需要修改账户的名称、密码、图片以及权限等。

7.2.1　修改账户名称

账户名称是用户账户的标志,通过它可以区别不同的账户。用户账户的名称在启动Windows XP的欢迎屏中和“开始”菜单的顶部都有显示。

(1)选择“开始/控制面板”命令,打开“控制面板”窗口。

(2)双击“用户账户”图标,打开“用户账户”对话框。

(3)在“或挑选一个账户做更改”区域中,单击“yiyi”用户账户图标,打开更改用户账户属性的对话框,如图7-5所示。

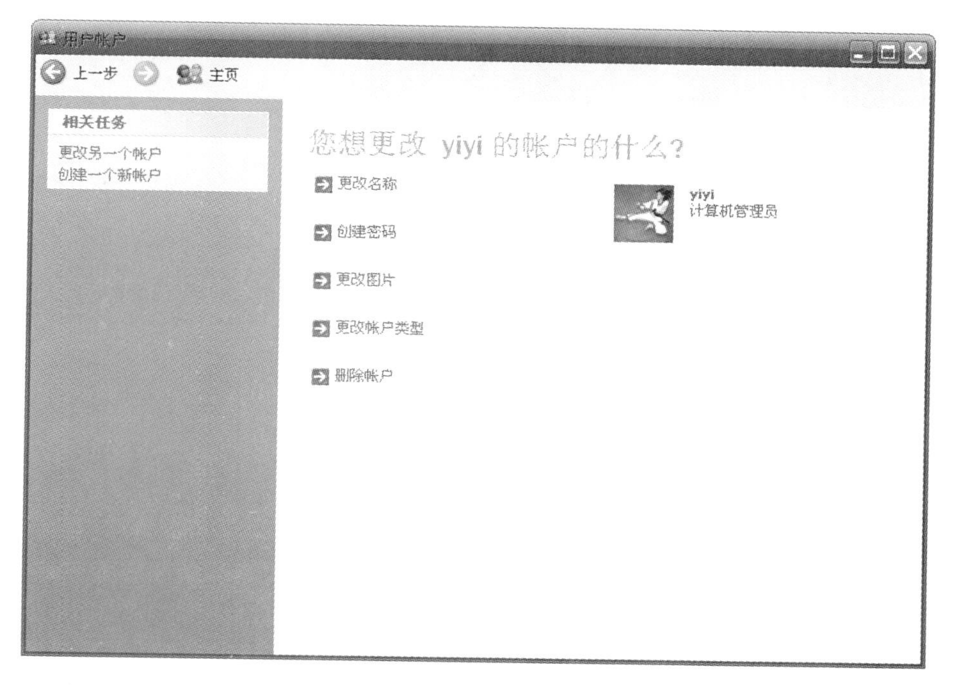

图 7-5　更改账户属性

(4)单击“更改名称”按钮,打开一个为账户提供新名称的对话框,如图 7-6 所示。

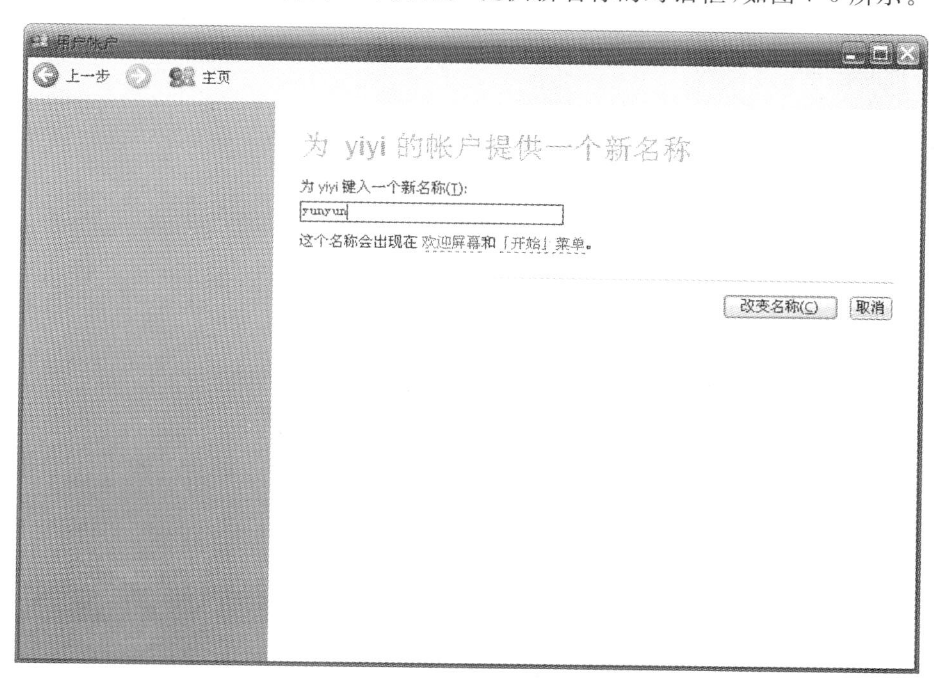

图 7-6　输入账户更改后的名称

(5)在文本框中输入新名称“yunyun”,单击“改变名称”按钮,回到更改账户属性对话框。如图 7-7 所示,账户的名称已改为“yunyun”。

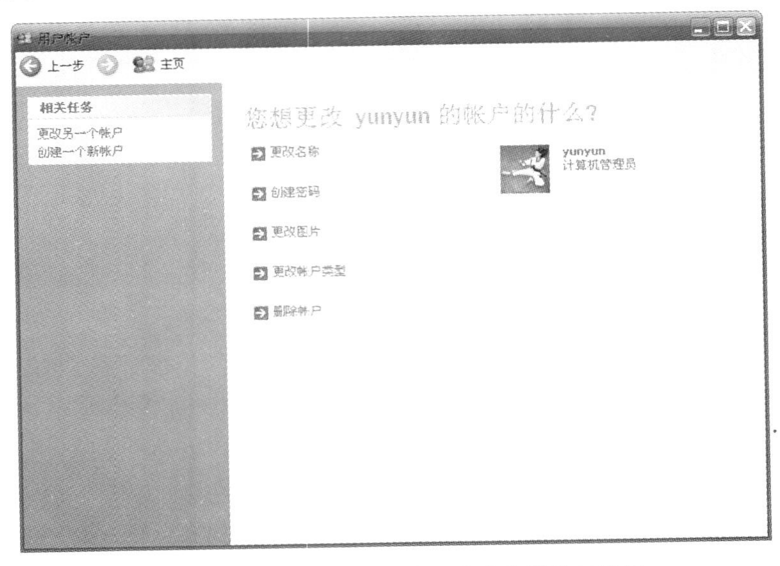

图 7-7　更改账户名称后的更改账户属性对话框

7.2.2　创建账户密码

为了保护账户安全,用户可以为自己的账户设置密码。在创建用户密码后,通过密码进入系统后,还可以修改此密码。

(1)选择“开始/控制面板”命令,打开“控制面板”窗口。

(2)双击“用户账户”图标,打开“用户账户”对话框。

(3)在“或挑选一个账户做更改”区域中,单击“yunyun”用户账户图标,打开更改用户账户属性的对话框。

(4)单击“创建密码”按钮,打开创建账户密码对话框,如图 7-8 所示。

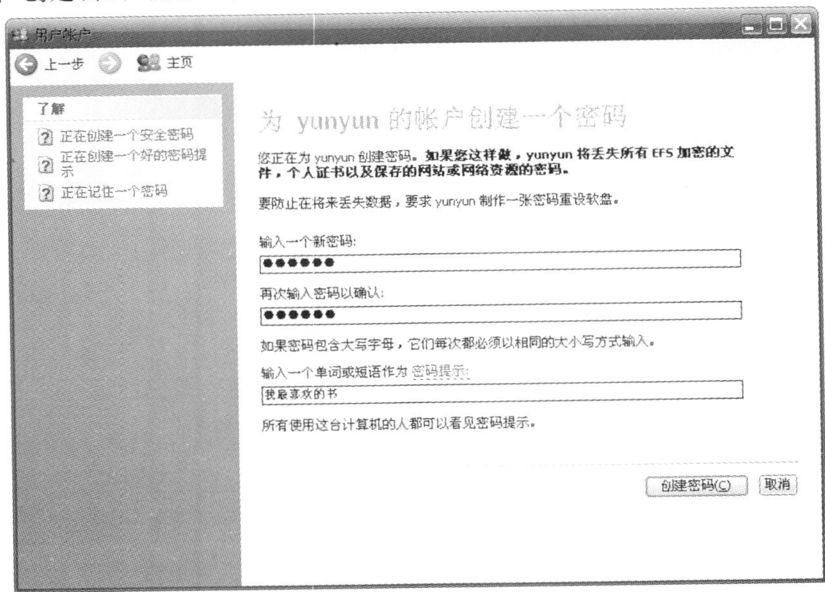

图 7-8　创建账户密码

(5)设定“yunyun”账户的密码为“123456”,密码提示为“我最喜欢的书”。单击“创建密码”,密码设置完成。

提示:

账户密码设置完成后,更改属性对话框也相应发生了变化,原来的“创建密码”改成了“更改密码”。如图 7-9 所示。

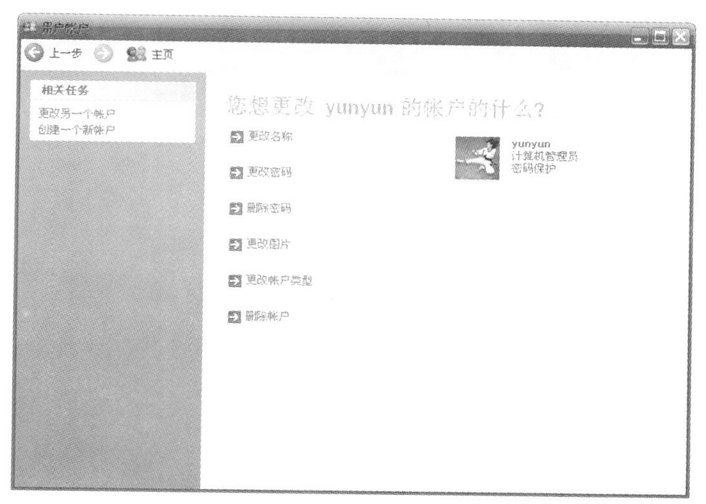

图 7-9 设置密码后的更改属性对话框

7.2.3 更改账户图片

在 Windows XP 中,用户可以为自己的账户设置图片。和账户名一样,账户图片在启动 Windows XP 的欢迎屏中和“开始”菜单的顶部显示。用户可以设置自己喜欢的图片。

(1)选择“开始/控制面板”命令,打开“控制面板”窗口。

(2)双击“用户账户”图标,打开“用户账户”对话框。

(3)在“或挑选一个账户做更改”区域中,单击“yunyun”用户账户图标,打开更改用户账户属性的对话框。

(4)单击“更改图片”按钮,打开选择新图片的对话框,如图 7-10 所示。

图 7-10 为账户选择新图片

(5)在对话框中选择“蝴蝶”图片作为账户的新图片，如果觉得系统提供的图片都不满意，可以选择本地磁盘中的图片作为新图片，单击“浏览图片”按钮，找到相应的图片路径即可。单击“更改图片”按钮，完成账户更改图片设置。如图 7-11 所示。

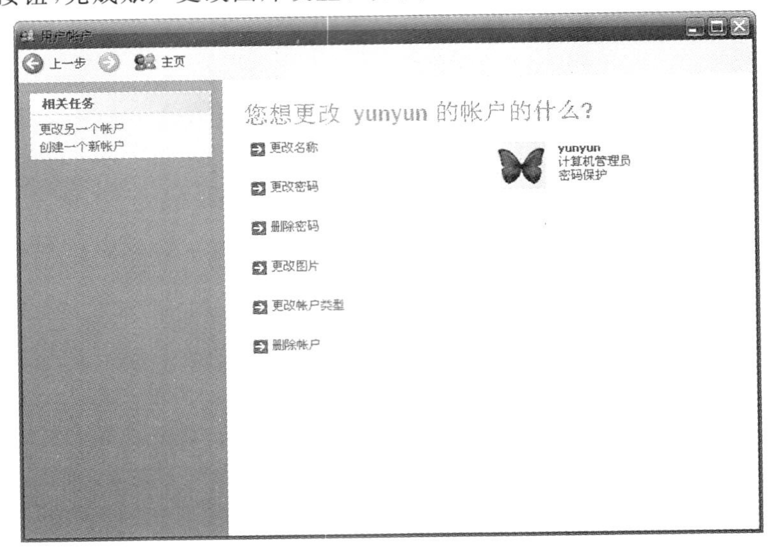

图 7-11　更改账户图片更改成功

7.2.4　更改账户权限

(1)选择“开始/控制面板”命令，打开“控制面板”窗口。

(2)双击“用户账户”图标，打开“用户账户”对话框。

(3)在“或挑选一个账户做更改”区域中，单击“yunyun”用户账户图标，打开更改用户账户属性的对话框。

(4)单击“更改账户类型”按钮，打开挑选新用户账户类型的对话框，如图 7-12。

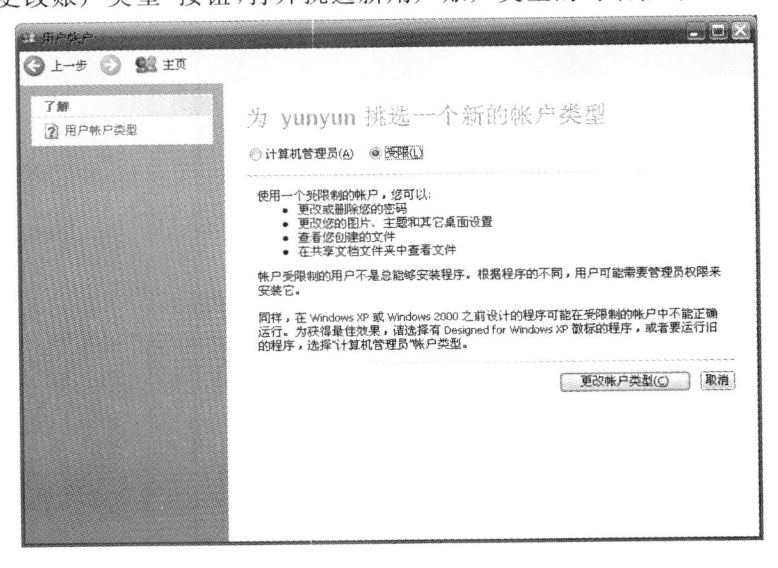

图 7-12　挑选新账户类型对话框

（5）将“yunyun”账户更改为“受限”账户，单击“更改账户类型”按钮，完成账户类型的更改。

7.2.5　删除用户账户

（1）选择“开始/控制面板”命令，打开“控制面板”窗口。

（2）双击“用户账户”图标，打开“用户账户”对话框。

（3）在“或挑选一个账户做更改”区域中，单击“yunyun”用户账户图标，打开更改用户账户属性的对话框。

（4）单击“删除账户”按钮，打开提示用户是否保存该账户的文件的对话框，如图 7-13 所示。

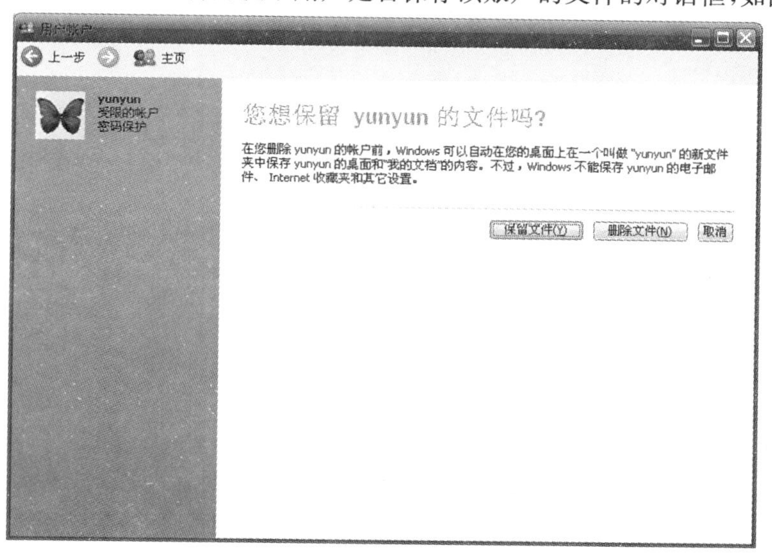

图 7-13　是否保存该用户的文件对话框

（5）单击“删除文件”按钮，打开询问用户是否真的要删除账户的对话框，单击“删除账户”按钮，账户即被删除。如图 7-14 所示。

图 7-14　确认是否删除该账户

7.3 本项目涉及的主要知识点

1. 控制面板的使用

控制面板是 Windows 系统的一个重要组成部分，通过控制面板可以对系统进行相关的系统设置。在这部分主要介绍普通用户经常涉及的部分。

打开控制面板：单击“开始”菜单→“控制面板”，打开如图 7-15 所示的窗口。

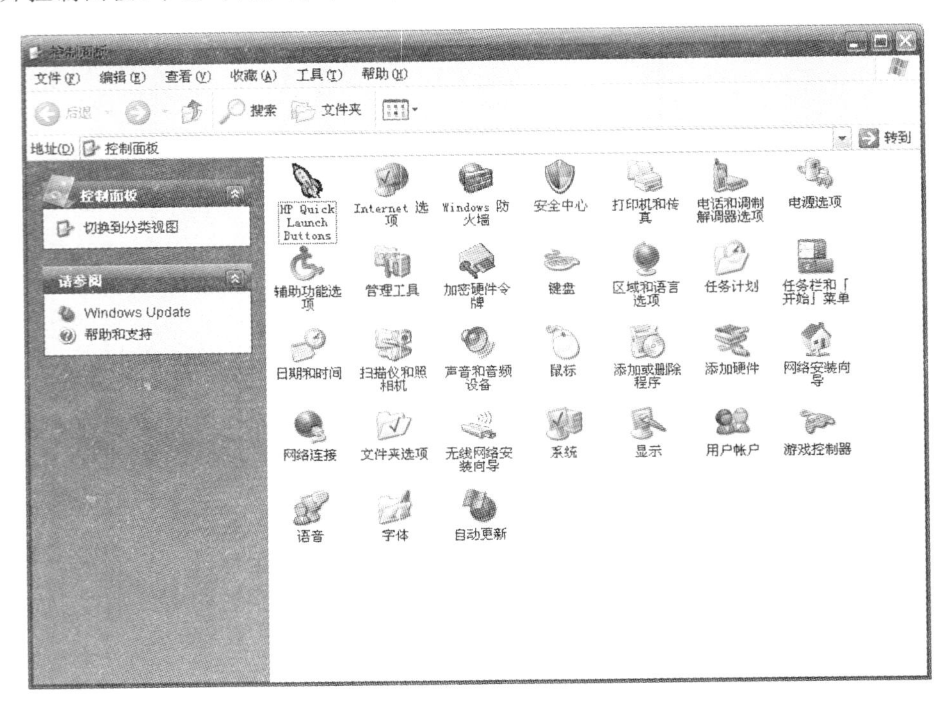

图 7-15 控制面板

(1)声音和音频设备：主要管理系统的声音和音频，用户可以根据具体情况来设定，有的时候我们在桌面的右下角找不到控制音量的喇叭图标，这就需要在此进行修改和设定了。双击“声音和音频设备”——单击“音量”，将“将音量图标放入任务栏”选中，然后单击“应用”和“确定”就可以了。

(2)鼠标：双击“鼠标”——选择“鼠标键”，在“鼠标键配置”单击“切换主要和次要按钮”就可以将鼠标左键和右键的功能互换；在“双击速度”里按住鼠标左键不放，并左右移动小滑块就可以调节双击的反应速度。

(3)添加删除程序：Windows 系统安装的应用程序和系统程序以及硬件驱动程序都可以在这里修复(部分软件支持该功能)和删除(删除不需用的软件)。当然有些软件自带有卸载程序就不用在控制面板里边删除。单击“开始”菜单的“所有程序”并找到相应的软件卸载程序即可进行删除操作。如下图 7-16 所示，现在要卸载删除“360 杀毒”，首先将鼠标指针移动到“360 杀毒”上并单击将其选中(如下图所示状态)，然后单击“修改/删除”按钮，之后就根据提示完成即可。

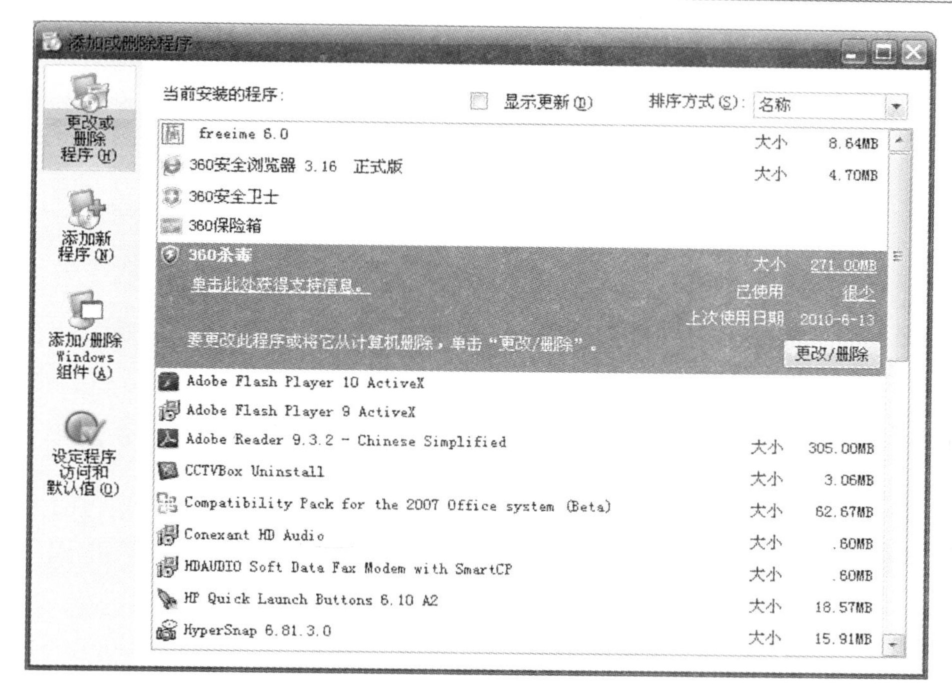

图 7-16 添加或删除程序

(4)用户账户:通过用户账户我们可以更改账户、创建账户、修改登录密码、更改图片。双击“控制面板”里的“用户账户”就可以打开用户账户窗口。

7.4 课后作业

1. 填空题

(1) Windows 的账户按照权限的不同可以分为________________、________________、________________。

(2)用户账户的名称在________________和________________都有显示。

(3)在系统中没有用户账户的任何用户访问计算机都可以通过________________来访问系统。

(4)启用________________功能,用户可以在不关闭运行程序的情况下,切换到另一用户账户。

2. 操作题

(1)创建一个名为“sun”的用户账户,并为其设置密码为“abcdef”。

(2)启用来宾账户。

项目 8　安装和使用打印机

8.1　任务一　　安装和设置打印机

8.1.1　安装打印机

(1)在桌面上选择"开始/控制面板",打开"控制面板"对话框。

(2)选择"切换到分类视图",单击"打印机和其他硬件",单击"添加打印机"选项。打开"添加打印机向导"对话框。如图 8-1 所示。

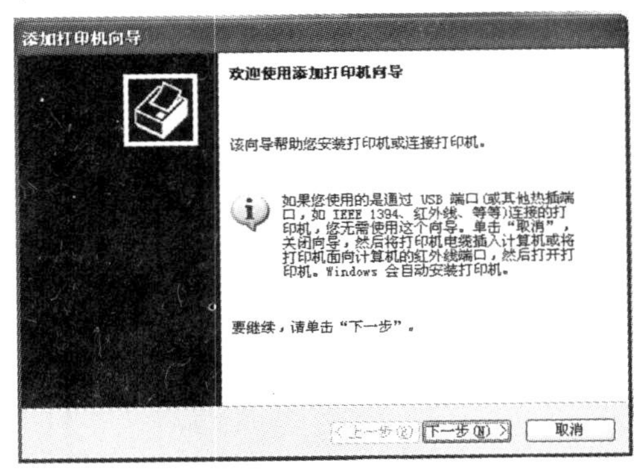

图 8-1　"添加打印机向导"对话框

8.1.2　添加本地打印机

(1)单击"下一步"按钮,打开图 8-2 所示的"本地或网络打印机"对话框,可以选择是安装本地打印机或是网络打印机。本例中选择"连接到此计算机的本地打印机"单选按钮。如果要安装网络打印机,则需要选中"网络打印机或连接到其他计算机的打印机"单选按钮。

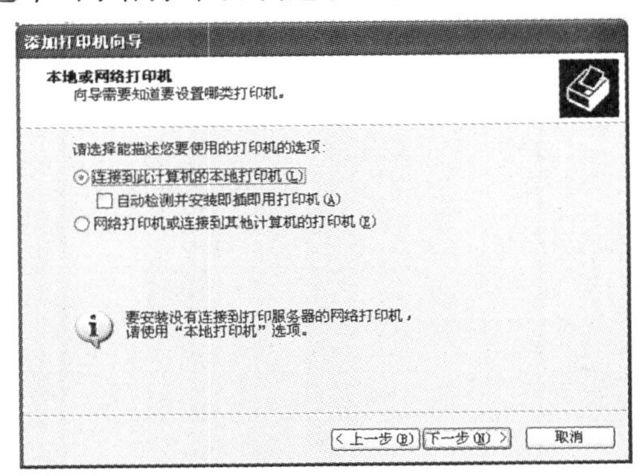

图 8-2　"本地或网络打印机"对话框

（2）单击“下一步”按钮，打开向导的“选择打印机端口”对话框。这里一般应使用默认值“LPT8：推荐的打印机端口”。如图 8-3 所示。

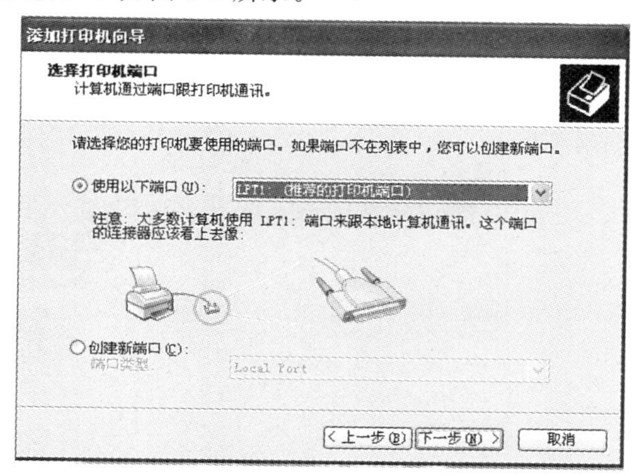

图 8-3　选择端口

（3）继续单击“下一步”按钮，打开“安装打印机软件”对话框，从中选择打印机制造商和打印机型号。

（4）在“厂商”列表框中选择本地打印机的生产厂商“长城”，在“打印机”列表框中选择打印机的型号“Great wall 4000”。如图 8-4 所示。

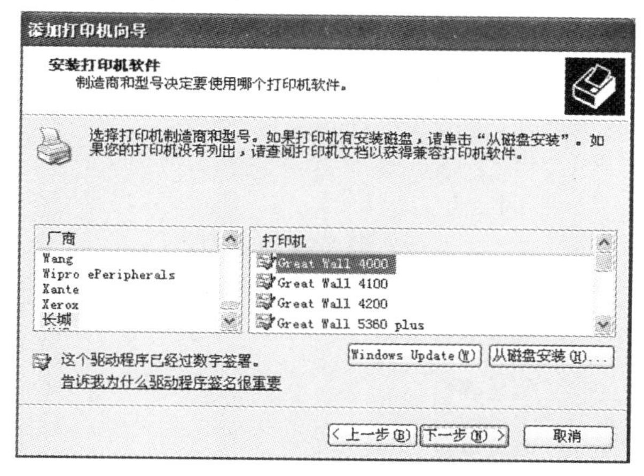

图 8-4　选择“厂商”和“型号”

提示：

一般情况下，每台打印机都附带程序，如果用户手中持有打印机的附带驱动程序，可以单击“从磁盘安装”按钮，打开“从磁盘安装”对话框。在“从磁盘安装”对话框中的“厂商文件复制来源”下拉菜单中选择装有打印机驱动程序的磁盘。也可以通过单击“浏览”按钮打开“查找文件”对话框，搜索驱动程序所在的位置。选择后，单击“确定”按钮，所选中的打印机名称及型号显示在“打印机”列表框中。

8.1.3 设置打印机名称

(1)单击“下一步”按钮,打开“命名打印机”对话框。在“打印机名”文本框中显示的是通过磁盘安装的打印机的名称,将打印机名更改为“printer1”。并且将此打印机设置成系统默认的打印机,选择单选框“是”。如果不希望将其设置为系统默认的打印机,选中“否”单选按钮。如图 8-5 所示。

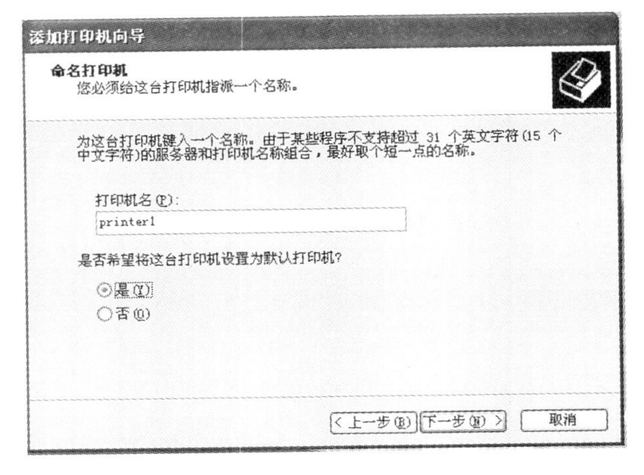

图 8-5 “命名打印机”对话框

(2)单击“下一步”按钮,打开向导的“打印测试页”对话框,选择“是”,打印一张测试纸,以确认该打印机是否已正常安装。如果测试页不正常或者不能正确打印,则需要重新安装打印机驱动程序。

(3)单击“下一步”按钮,打开向导的“正在完成添加打印机向导”对话框,如图 8-6 所示。在此对话框中显示出已安装打印机的名称、型号、端口等内容,如果对某些设置不满意,还可以通过单击“上一步”按钮,返回到相应的对话框中重新设置。

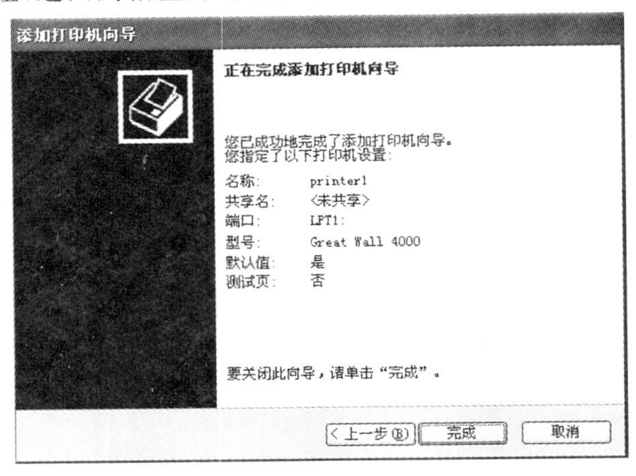

图 8-6 “正在完成添加打印机向导”对话框

(4)单击“完成”按钮,完成“添加打印机向导”,并开始从指定的驱动器中复制需要的文件。稍后,已安装的打印机图标即会出现在“打印机”窗口中。

8.2 任务二 打印 word 文档

8.2.1 打印预览

(1)打开要打印的 word 文档,在菜单栏中选择“文件/打印预览”命令,打开打印预览窗口,查看打印效果,如果 8-7 所示。

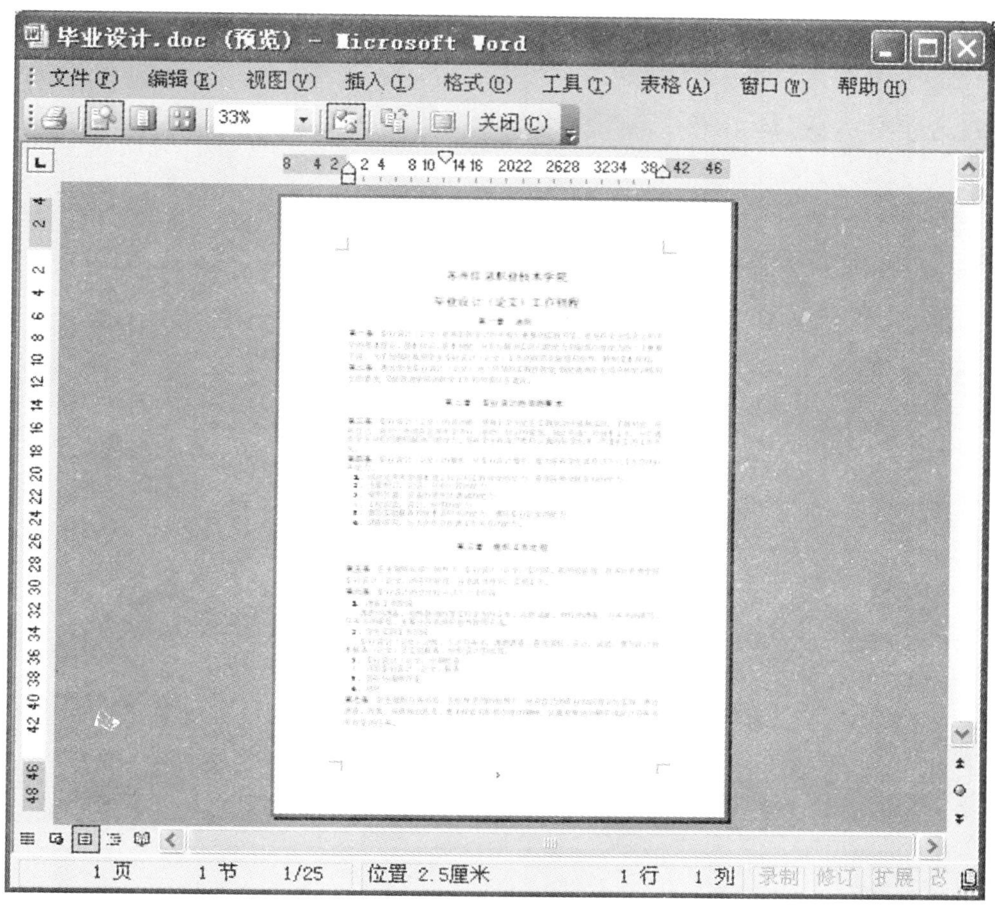

图 8-7 打印预览

(2)单击窗口左上方的“关闭”按钮☒,关闭打印预览窗口。

8.2.2 打印 Word 文档

(1)在 word 菜单栏中选择“文件/打印”命令,打开“打印”对话框,如图 8-8 所示。

(2)在“打印机”选项区域中的“名称”下拉列表框中选择要使用的打印机;在“页面范围”选项区域中,选择“全部”单选按钮;在“副本”选项区域的“份数”文本框中输入 2;若想要具体设置打印机与纸张属性,则可以在“打印机”选项区域中单击“属性”按钮,打开设置对话框来进行具体设置。

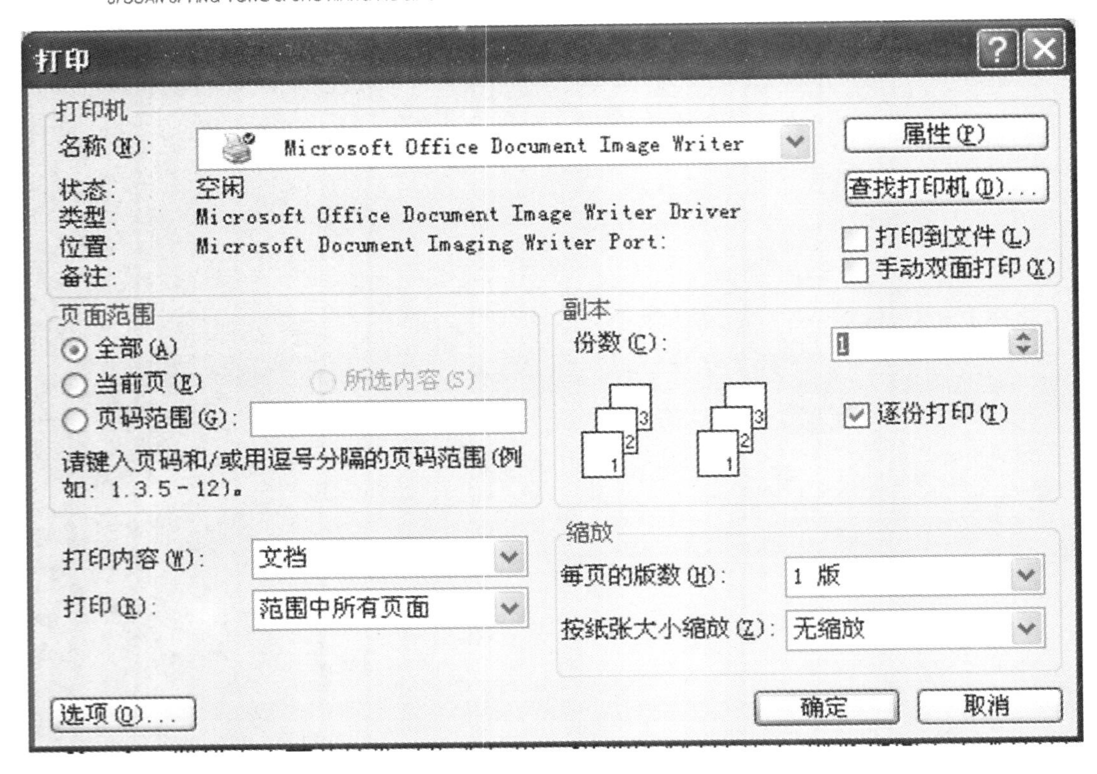

图 8-8 “打印”对话框

(3)设置完成后单击“确定”按钮即可开始打印 word 文档。

提示:

完成安装打印机后,在打印文件之前,一般要对打印机的属性进行一些设置,只有设置合适的打印机属性才能获得理想的打印效果。打印机中可以设置的内容很多,而且根据打印机的型号不同,其属性选项也会有所不同。

8.3 本项目涉及的主要知识点

1. 打印预览

单击“常用”工具栏中的“打印预览”按钮或者执行菜单栏中的“文件/打印预览”命令,可进入文件打印预览状态。

“打印预览”工具栏如图 8-9 所示,从左至右各个按钮功能如下:

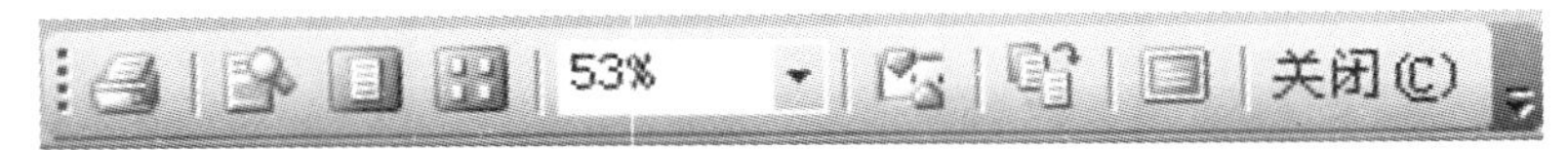

图 8-9 打印预览工具栏

“打印”按钮,可立即开始文稿打印。

“放大镜”按钮,可对文档进行 100%放大或缩小显示。

“单页”按钮，文档将以单页进行预览显示。

“多页”按钮，将弹出下拉列表，在这6种形式中可选择显示的页数。

“显示比例”按钮右侧的下拉黑箭头，可以设置预览比例。

“查看标尺”按钮，将在预览界面中显示或隐藏标尺。

“缩小字体填充”按钮，系统将自动缩减文档页数，避免将较少的文字排在单独的一页上。

“全屏显示”按钮，文档将以全屏方式显示。

“关闭”按钮，回到正常文档窗口。

2. 打印文档

在Word软件中，有两种打印方法，一种是直接单击“常用”工具栏中的“打印”按钮进行打印，这种打印方法是将全部的文档打印一份。另一种方法是通过菜单栏中的“打印”命令来完成。

执行菜单栏中的“文件/打印”命令，弹出“打印”对话框。现对“打印”对话框中某些选项作如下说明：

“打印机”选项，是用来选择打印文稿的打印机。

“页面范围”选项，是用来设置打印文档的内容范围。

“副本”选项，是设置要打印的份数。

“打印内容”选项，是用来指定要打印文档的某个部分。

“打印”选项，包含了三个选项，它们是用来设定打印的奇偶数页。

如文档有80页，设置“打印”选项为“奇数页”，则只打印1，3，…7，9页。奇数页打印完以后，把已经打印纸张的反面放到打印机里，再进行偶数页的打印。打印的文稿便是双页打印效果。

“缩放”选项中有“每页的版数”和“按纸张大小缩放”两种选项。它们的作用是将文档内容以缩放的形式打印在纸张中。

设置完成，单击对话框中的 按钮，即可进行文档的打印。

在中文版Windows XP中，用户不但可以安装并共享本地打印机，以供本地用户和网上其他用户使用，而且还可以添加和配置网络打印机，使用网络上其他用户的共享打印机来打印文档。另外，在打印过程中，用户还可以通过打印作业管理窗口来管理打印作业，以使打印机快速有效地打印文档内容。

8.4 课后作业

1. 打开素材中的Word文档，打印该文档，要求正反面打印，并打印两份。

项目 9　共享文件

9.1　任务一　　共享文件夹

(1)双击桌面上的图标"我的电脑",打开资源管理器。

(2)打开"D"盘,在右边窗口中选中要共享的文件夹"vfp 实训内容"。

(3)打开"文件"菜单并选定"共享和安全"项,如图 9-1 所示。

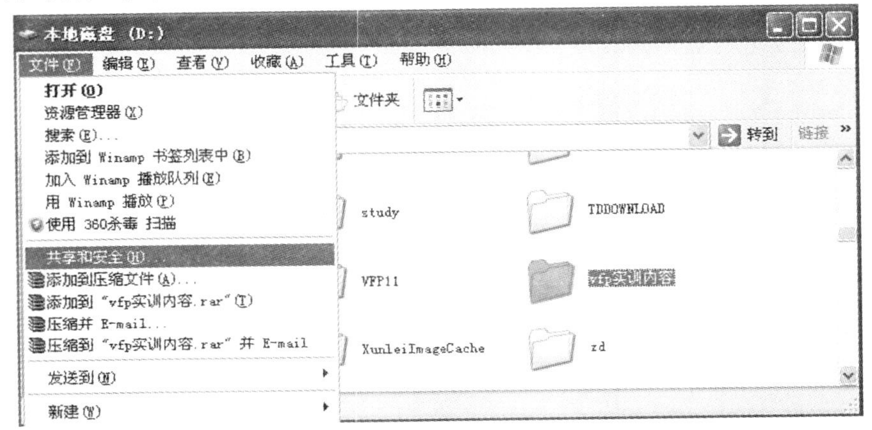

图 9-1　设置共享

(4)选定"共享和安全"项后,将直接打开该文件夹属性对话框。如图 9-2 所示。

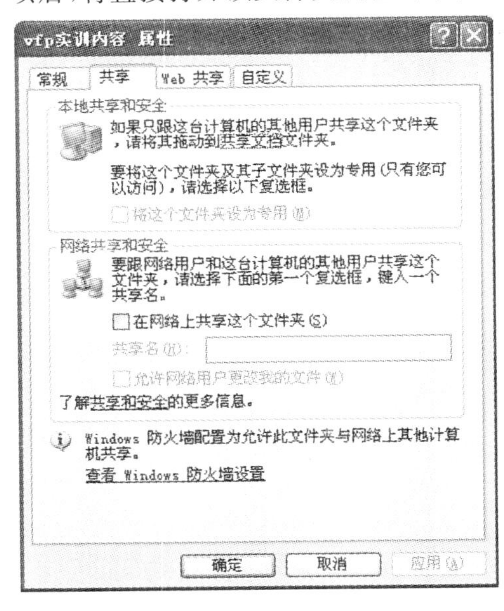

图 9-2　共享属性框

(5)单击“共享”选项卡,在“网络共享和安全”框中选中“在网络上共享这个文件夹”项。

(6)在“共享名”文本框中输入“08计信共享”。(更改后的名称只显示在网络上,并不影响本机上文件夹的原有名称。)

(7)单击“允许网络用户更改我的文件”项,取消该选项的选定,使其他网络用户只能读取该文件夹的文件,而无权对其进行修改。如图9-3所示。

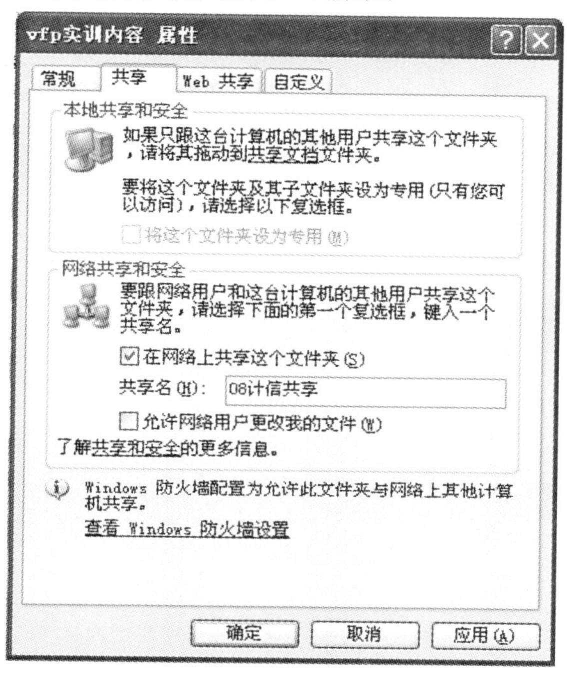

图9-3　设置共享属性框

(8)单击“应用”按钮,可以看到文件夹“vfp实训内容”被一只小手托起,如图9-4所示。

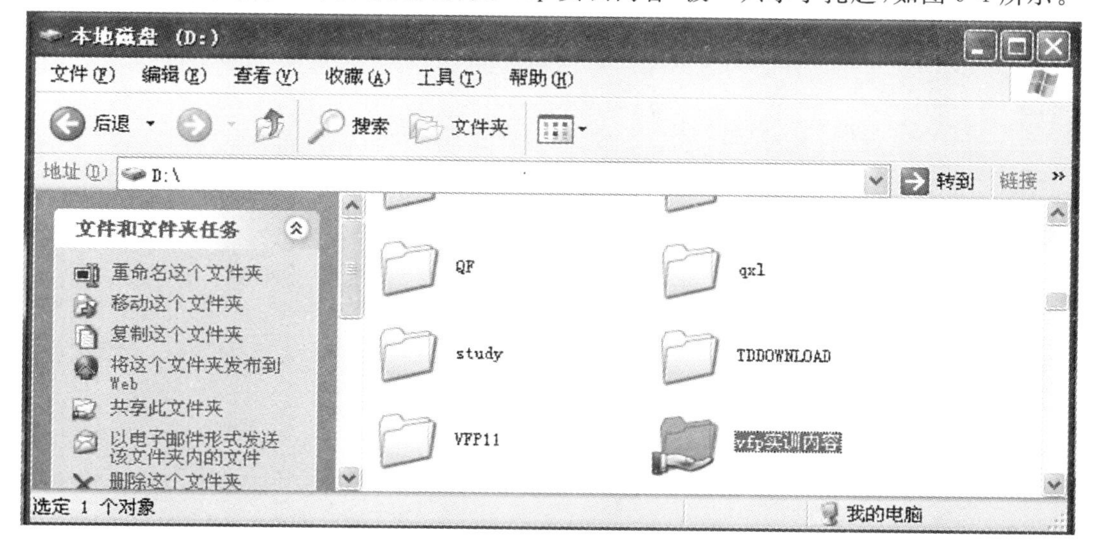

图9-4　共享文件夹的显示

(9)单击“确定”按钮,关闭对话框。

9.2　本项目涉及的主要知识点

如果不设置共享文件夹的话,网内的其他机器无法访问到你的机器。设置文件夹共享的方法有三种。

第一种是“工具——文件夹选项——查看——使用简单文件夹共享”。这样设置后,其他用户只能以 Guest 用户的身份访问你共享的文件或者是文件夹。

第二种方法是“控制面板——管理工具——计算机管理”,在“计算机管理”这个对话框中,依次点击“文件夹共享——共享”,然后在右键中选择“新建共享”即可。

第三种方法最简单,直接在你想要共享的文件夹上点击右键,通过“共享和安全”选项即可设置共享。

9.3　课后作业

在一个局域网内,同学 A 将自己电脑的 C 盘上的“Documents and Settings”文件夹设置成共享文件夹,同学 B 将 A 同学“Documents and Settings”文件夹中的“Administrator”文件夹下载到自己的电脑上。

项目 10　Windows XP 之间远程桌面的设置

10.1　任务一　　被控制端电脑设置

(1)由于远程桌面连接的被控制端必须有密码，因此先在被控制端电脑上创建一个新用户名"yiyi"，设置密码为"yiyi"。过程略。

提示：

用于远程控制的用户不能使用空密码。

(2)右单击"我的电脑"图标，选择"属性"命令，在"系统属性"对话框中选择"远程"选项卡。将"远程桌面"中的"允许用户远程连接到此计算机"前的复选框选中。如图 10-1 所示。

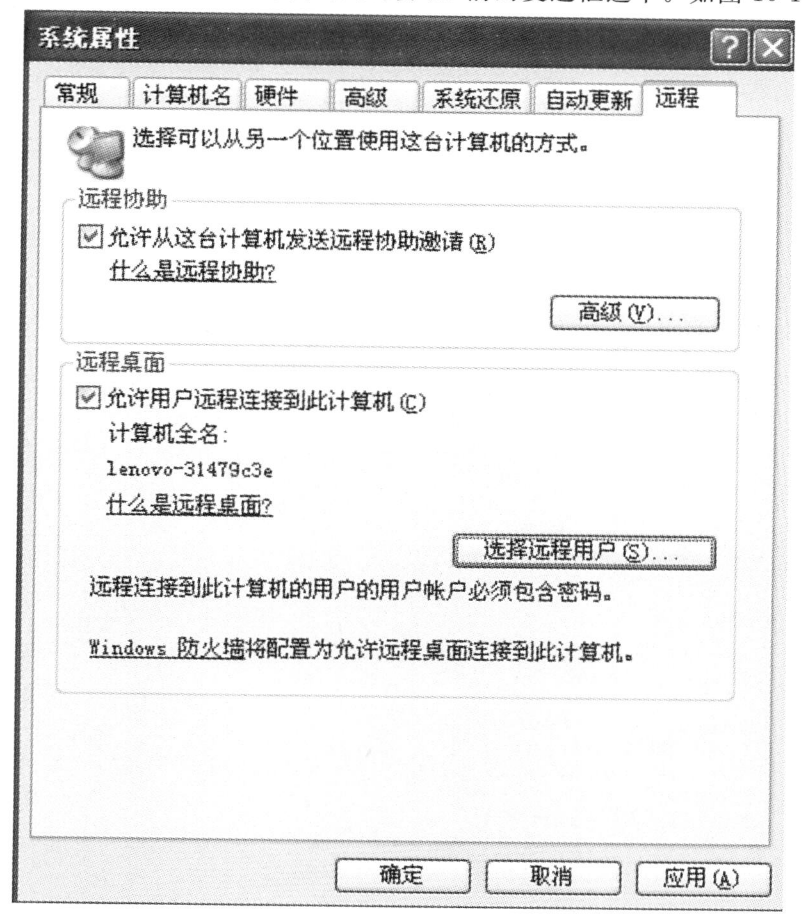

图 10-1　"远程"选项卡设置

(3)单击打开“选择远程用户”，出现“远程桌面用户”，如图 10-2 所示。

远程桌面用户
下面所列的用户可以连接到这台计算机。另外，管理员组中的任何成员都可以进行连接(即使没有列出)。
Administrator
yiyi 已经有访问权。
添加(D)...
删除(R)
要创建新用户帐户或将用户添加到其他组，请转到“控制面板”，打开用户帐户。
确定
取消

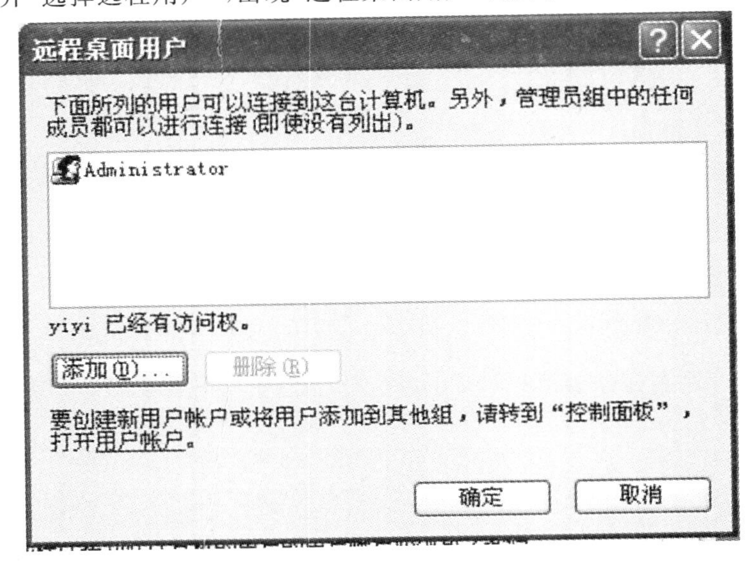

图 10-2 “远程桌面用户”对话框

(4)单击 “添加”—“高级”—“立即查找”按钮，选择“yiyi”用户，如图 10-3 所示。连续点击“确定”，完成选择。如图 10-4 所示。

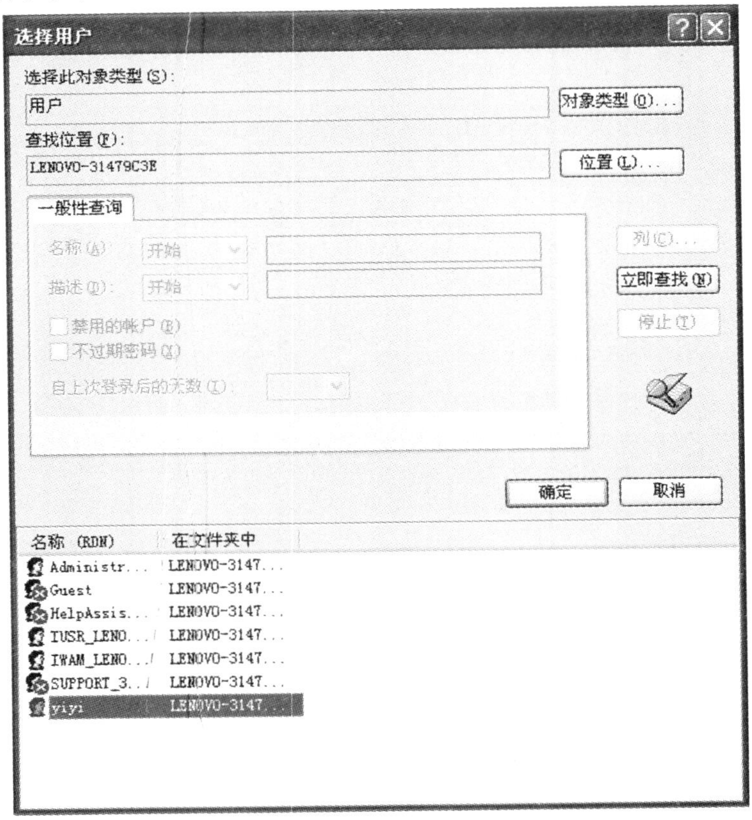

选择用户
选择此对象类型(S):
用户
对象类型(O)...
查找位置(F):
LENOVO-31479C3E
位置(L)...
一般性查询
名称(A):
开始
描述(D):
开始
禁用的帐户(B)
不过期密码(X)
自上次登录后的天数(I):
列(C)...
立即查找(N)
停止(T)
确定
取消
名称 (RDN)
在文件夹中
Administr...
LENOVO-3147...
Guest
LENOVO-3147...
HelpAssis...
LENOVO-3147...
IUSR_LENO...
LENOVO-3147...
IWAM_LENO...
LENOVO-3147...
SUPPORT_3...
LENOVO-3147...
yiyi
LENOVO-3147...

图 10-3 “添加用户”对话框

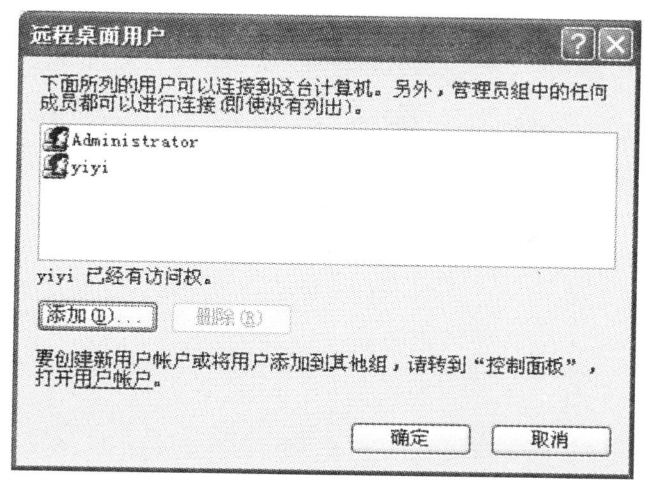

图 10-4　远程桌面用户添加完成

(5)连续点击"确定",完成被控制端配置。

10.2　任务二　　控制端电脑设置

(1)打开"开始/所用程序/附件/远程桌面连接"命令。如图 10-5 所示。

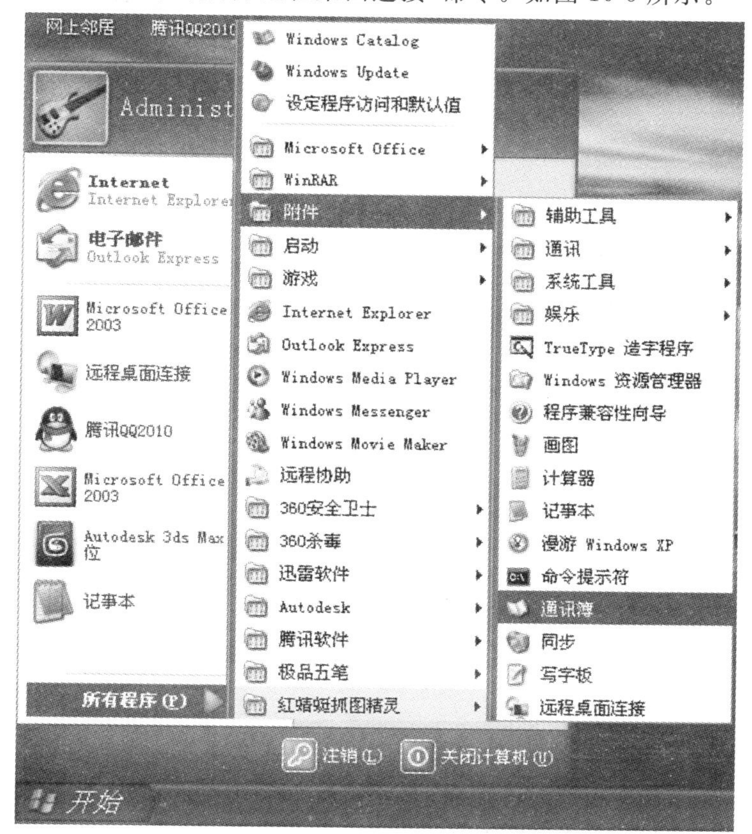

图 10-5　从"开始"菜单打开远程桌面连接

(2)出现“远程桌面连接”对话框，在“计算机”后的文本框中输入IP“172.16.3.113”，如图10-6所示。

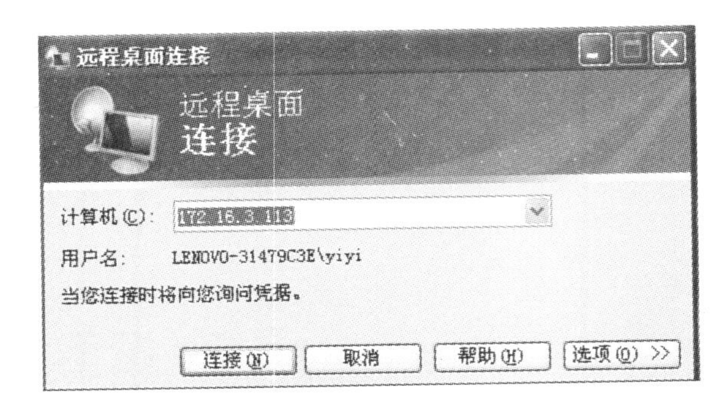

图 10-6 设置远程桌面连接的IP地址

(3)单击“连接”按钮，出现“登录到 Windows”对话框，输入用户名“yiyi”，密码“yiyi”。(此用户名和密码是被控制端电脑的用户名和密码。)如图10-7所示。

图 10-7 输入被控制端电脑的“用户名”和“密码”

(4)单击“确定”，打开“yiyi”用户登录被控制端的桌面，此时控制端具有管理员的权限去操作被控制端。(与在被控制端使用“yiyi”用户登录界面、权限一样。)如图10-8所示。

图 10-8 被控制端“yiyi”用户登录界面

而此时，被控制端将退出原登录用户，到切换用户界面。

(5)如需要关闭远程控制，单击“远程桌面”右边的按钮，弹出“断开连接终端服务对话”对话框，单击“确定”即可退出远程控制。如图 10-9 所示。

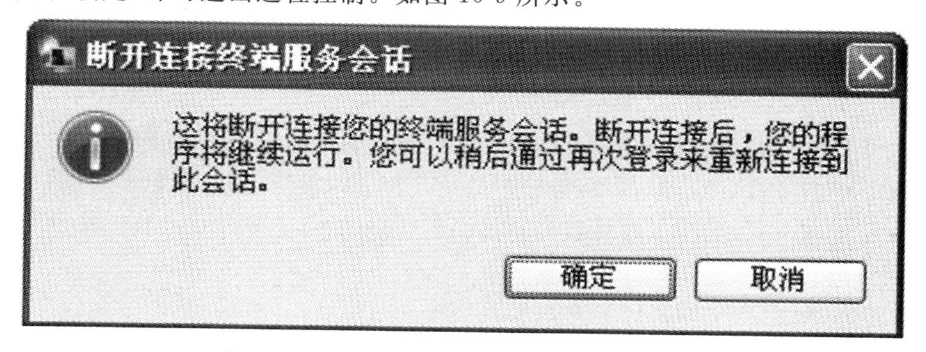

图 10-9 “断开连接终端服务会话”对话框

10.3 本项目涉及的主要知识点

对于 Windows XP Professional，现阶段用户通过网络远程桌面功能登录系统时，系统的本地已经登录的用户会被注销，这是一个系统特性，无法解决。Windows Server 2003 的远程桌面则没有这个限制。

另外，只有 Professional 版的 Windows XP 才有远程桌面的功能，Home 版没有。不过 Home 版可以作为远程登录的客户端。

出于安全方面的考虑，没有密码的用户账户不能拿来进行远程桌面登录。

10.4 课后作业

A 同学的电脑作为被控制端，B 同学通过远程控制连接到 A 同学电脑，并修改 A 同学电脑的盘符名称，将 D 盘改成“工作”盘。

项目 11　制作毕业生个人简历

每位大学生在毕业之际，都要制作一份精美、合格的求职简历推销自己。在人才交流会上，或大学毕业生供需洽谈会上，向招聘单位递送几份个人简历，以争取更多录用机会。总之，在人才竞争激烈的时代，简历具有其他方式不可替代的功能与作用。作为一种自我宣传与自我推销的媒介，其功用也日益为人们所重视。

现制作如图 11-1 所示的毕业生个人简历。

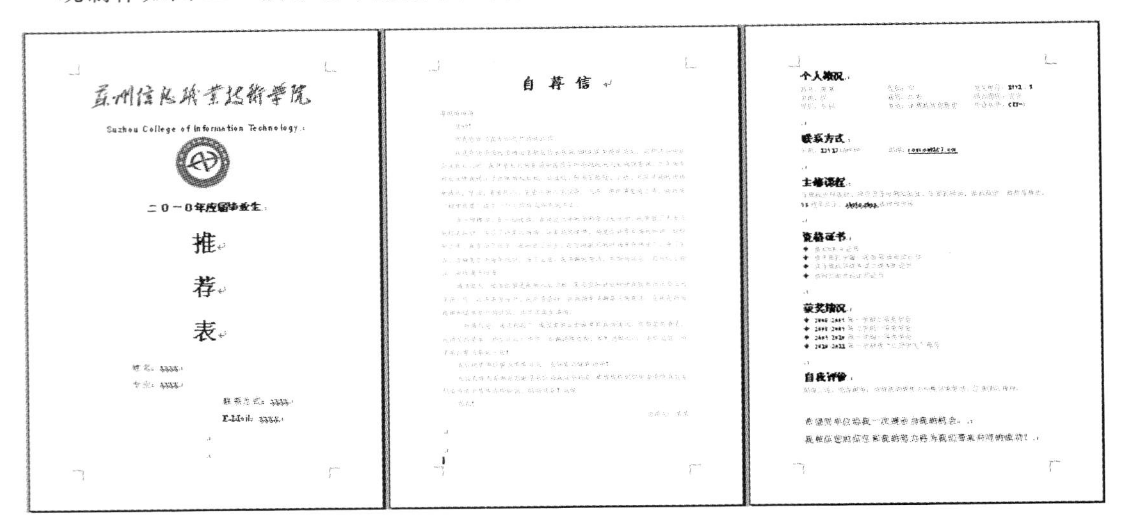
苏州信息职业技术学院
Suzhou College of Information Technology
二〇一〇年度届毕业生
推
荐
表
自荐信
个人概况
联系方式
主修课程
资格证书
获奖情况
自我评价

图 11-1　毕业生求职简历样张

11.1　任务一　　毕业生个人简历封面制作

11.1.1　Word 文档的建立

新建 word 文档“个人简历. doc”，并保存在 E 盘的文件夹下。操作步骤如下。

(1)启动 word，打开一个空白文档。

(2)打开“文件”下拉菜单，选择“保存”按钮，打开“另存为”对话框。

(3)在“保存位置”下拉列表框中，选择目的驱动器“E 盘”，双击目标文件夹“个人信息”，在“文件名”下拉列表框中输入“个人简历”字样，“保存类型”为当前默认的“word 文档(＊. doc)”，如图 11-2 所示，单击保存按钮。

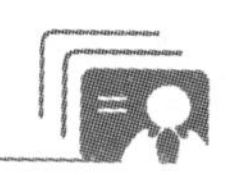

图 11-2　“另存为”对话框

提示：

输入或编辑一个文档时，应随时做保存文档的操作，以免计算机发生意外故障时，丢失当前文档。

11.1.2　页面设置

设置“个人简历”的纸张、页边距等。操作步骤如下。

使用计算机编辑文档时，应先进行页面设置，即确定编辑区的尺寸和规格，这关系到文档以后的输出效果。

(1)在 Word 文档中，打开“文件”菜单，选中“页面设置”项，弹出页面设置对话框，如图11-3所示。

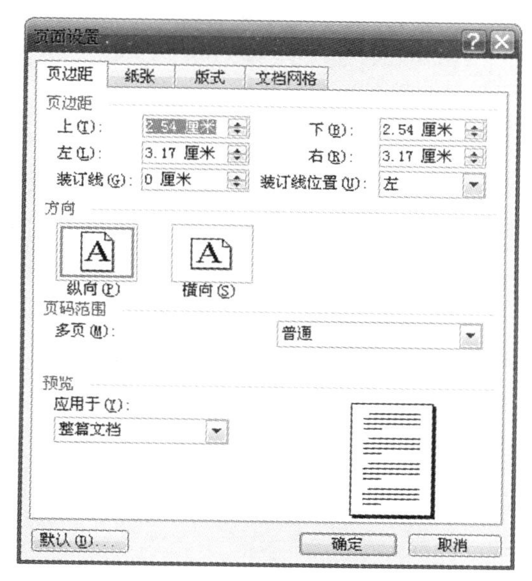

图 11-3　“页面设置”对话框

(2)在“页边距”选项卡中，设置页边距上、下、左、右各为2.5厘米，方向为“纵向”。

(3)打开“纸张”选项卡，选择纸张规格为“A4”纸，其他默认设置。

11.1.3 图片设置

1.在“个人简历.doc”文档的第一页中分别插入图片“校名.gif”、“校徽.gif”。操作步骤如下。

(1)将插入点定位于第一页，单击“插入”、“图片/来自文件夹”命令，打开“插入图片对话框”。

(2)在该对话框中的“查找范围”下拉列表框中找到图片所在的文件夹，单击“视图”按钮旁的下拉箭头，选择缩略图，即可浏览文件夹中所有图片，如图11-4所示。

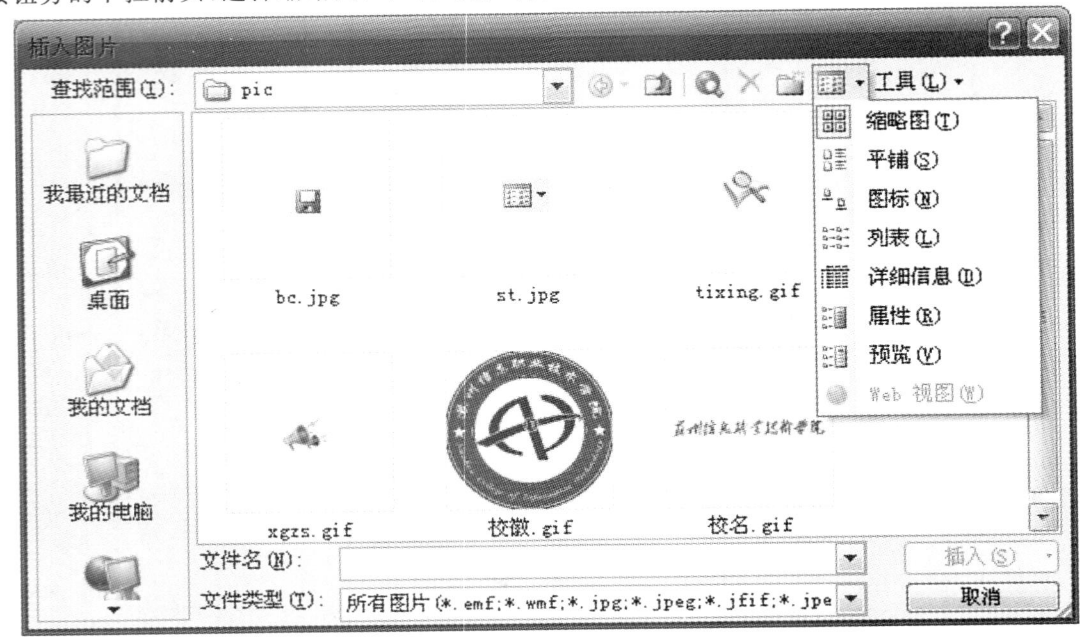

图11-4 “插入图片”对话框

(3)选中“校名.gif”图片，单击插入按钮。

(4)使用相同的方法，将“校徽 .gif”插入文档中。

提示：

(1)单击“绘图”工具栏上的“插入图片”按钮，可打开“插入图片”对话框。

(2)“绘图”工具栏通常位于文档窗口的底部，打开“绘图”工具栏可执行下列操作之一：

- 单击“视图/工具栏/绘图”命令。
- 单击“常用”工具栏上的“绘图”按钮，使之处于选中状态。
- 鼠标右击工具栏任意处，在弹出的快捷菜单中单击“绘图”命令。

2.在封面页中调整“校名.gif”和“校徽.gif”两张图片的位置，调整图片“校徽.gif”的大小。操作步骤如下：

(1)分别选中两张图片。

(2)单击工具栏上的“居中”按钮。

(3)选中“校徽.gif”图片，单击鼠标右键，在弹出的快捷菜单中单击“设置图片格式”命令，

或双击“校徽.gif”图片，打开“设置图片格式”对话框。

(4)选择“大小”选项卡，在“缩放”选项组中设置“宽度”数值为60%，如图11-5所示。单击“确定”按钮。

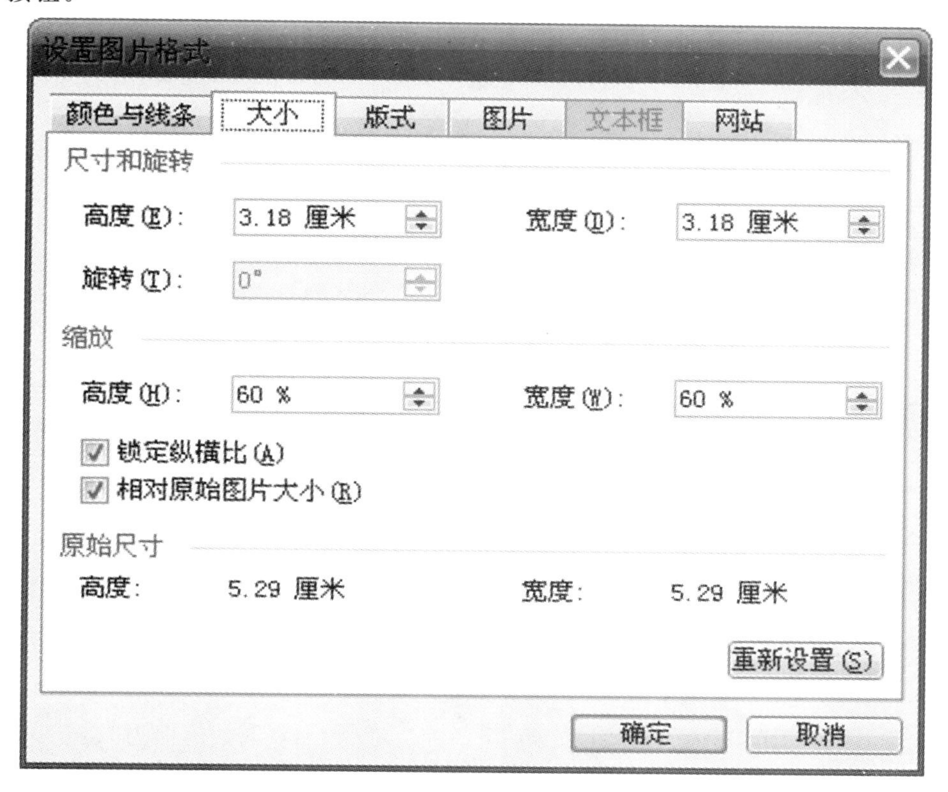

图 11-5 “设置图片格式”对话框

提示：

(1)选择“设置图片格式”对话框中的“大小”选项卡，可以通过“尺寸”和“缩放”相应数值框的设置来精确设置图片大小。图片大小的精确调整有以下两种情况：

- 选中“锁定纵横比”：此时设置“尺寸”和“缩放”相应数值框，图片将按原始纵横比调整大小。
- 未选中“锁定纵横比”：此时设置“尺寸”和“缩放”相应数值框，图片将不按原始纵横比调整大小，而根据设置的固定数值调整大小。

(2)图片大小也可以非精确调整，同样有两种情况：

- 将鼠标指针移到图片四角的任意一个句柄上，鼠标指针变成双向箭头“⤢”或“⤡”，按住鼠标左键向外或向内拖动直到虚线方框大小合适为止，释放鼠标左键，可成比例地调整图片的高度和宽度。
- 将鼠标指针移动到图片的上、下边中间的句柄上，当鼠标指针变成“↕”时，按住鼠标左键，上下拖动鼠标，只调整图片的高度；将鼠标指针移动到图片的左、右边中间的句柄上，当鼠标指针变成“↔”时，按住鼠标左键，左右拖动鼠标，只调整图片的宽度。

11.1.4 文字设置

1. 在封面页中输入文字“Suzhou College of Information Technology”，并将字体设置为

“Arial Narrow、三号、字符间距为加宽 2 磅，居中对齐”。

（1）将插入点定位在“校名.gif”图片后面，按 Enter 键，在新的一行输入文字“Suzhou College of Information Technology”，并利用鼠标拖拽的方法选中刚才输入的文字。

（2）单击“格式/字体”命令，打开“字体”对话框，选择“字体”选项卡，设置“西文字体”下拉列表框为“Arial Narrow”，“字号”列表框中选择“三号”，如图 11-6 所示。

图 11-6 “字体”选项卡

（3）选择“字符间距”选项卡，设置“间距”下拉列表框为“加宽”，数值框为“2 磅”，如图 11-7 所示。单击“确定”按钮。

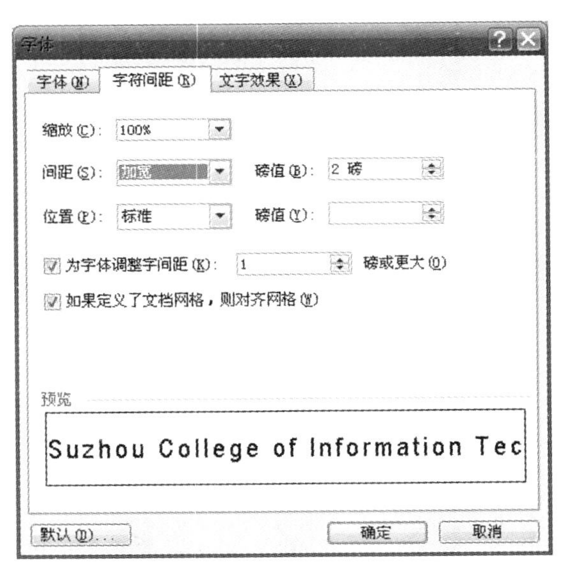

图 11-7 “字符间距”选项卡

（4）单击“格式/段落”命令，打开“段落”对话框，选择“缩进和间距”选项卡，在“常规”选项组中设置“对齐方式”下拉列表框为“居中”，如图 11-8 所示。单击确定按钮。

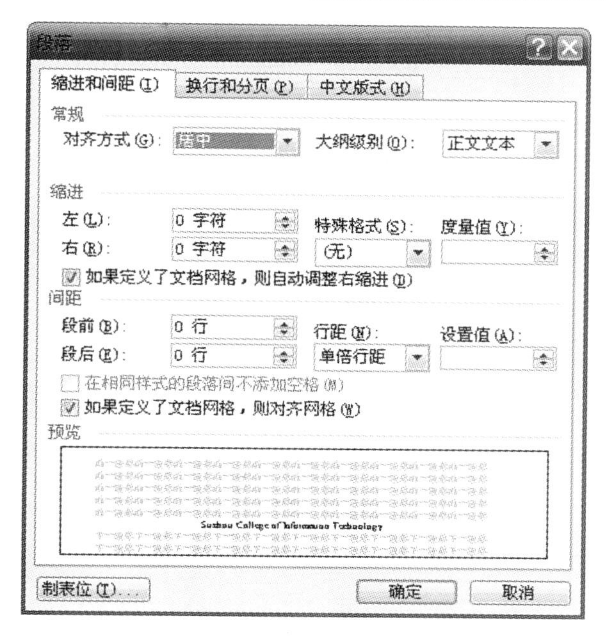

图 11-8　“缩进和间距”选项卡

2. 在“校徽. gif”的下一行，输入文字“二 O 一 O 年应届毕业生”，将字体设置为“宋体、加粗、小二，文本居中对齐”。操作步骤如下：

(1)在“校徽. gif”图片后面按 Enter 键，进入新的一行，单击“格式”工具栏上“居中”按钮 。

(2)在插入点处输入文字“二 O 一 O 年应届毕业生”，并利用鼠标拖拽的方法选中刚才输入的文字，单击鼠标右键，弹出如图 11-9 所示的快捷菜单，选择“字体”，在弹出的“字体”对话框中设置相应的内容。

图 11-9　右键快捷菜单

3. 输入文字“推荐表”，将字体设置为“宋体、加粗、初号”。操作步骤如下：

(1)光标定位在相应位置，选择“居中对齐”方式，输入“推”，按 Enter 键；输入“荐”，按 Enter 键；输入“表”，按 Enter 键。

(2)选中“推荐表”三个字，参照图 11-1 所示，在“格式”工具栏中进行相应设置。

4. 在封面页的适当位置输入“姓名：”、“专业：”、“联系方式：”、“E-Mail：”，将字体设置为“宋体、加粗、三号”。操作步骤如下：

(1)在新的一行中单击“两端对齐”按钮 。

(2)在插入点处输入“姓名：”，按 Enter 键；输入“专业：”，按 Enter 键；输入“联系方式：”，按 Enter 键；输入“E-Mail：”，按 Enter 键。

(3)将插入点定位于文字“姓名：”前，在水平标尺的刻度“8”上单击，将出现一个“左对齐方式制表符”,按 Tab 键,文字“姓名:”将对齐到制表符标记处,如图 11-10 所示。

8 6 4 2 2 4 6 8 10 12 14 16 18 20 22 24 26 28 30 32 34 36 38 40 42 44 46 48

姓名：xxxx

专业：xxxx

联系方式：xxxx

E-Mail：xxxx

图 11-10 “添加制表符”

(4)按照图 11-10 所示,用(3)所述方法,分别将“姓名:”、“专业:”、“联系方式:”、“E-Mail:”添加制表符标记,精确调整文字位置。

11.2 任务二 “自荐信”制作

“自荐信”的制作包括文字录入、字符格式化、段落格式化,目的是使自荐信的内容在页面中分布合理。

11.2.1 输入“自荐信”内容

1. 在“自荐信”页中输入如图 11-11 所示的内容。操作步骤如下:

(1)在文档中,将插入点定位于新的一页(封面页的下一页),输入文字(自荐信)。

(2)在文字“自荐信”后按 Enter 键,进入新的段落。

(3)输入所有内容后,文中的“某某”可改为自己的姓名。

自荐信
尊敬的领导:
您好!
首先感谢您在百忙之中阅读此信。

我是即将毕业的苏州信息职业技术学院 2010 届专科毕业生。在即将叩响社会这扇大门时,我怀着无比的真诚和高度责任感把我的人生向您靠拢。三年的专科生活使我树立了正确的人生观,价值观,形成了热情、上进、不屈不挠的性格和诚实、守信、有责任心、有爱心的人生信条。三年,厚积薄发的三年,给我的“轻叩柴扉”留下一个自信而又响亮的声音。

多一分耕耘,多一分收获。在将近三年的专科学习生活中,我掌握了本专业的相关知识,学习了计算机网络、计算机软硬件、动漫设计等方面的知识。短短的三年,我学会了很多,也知道了很多。在日趋激烈的市场竞争环境下,为了生存,在瞬息万变的年代中,为了上进,我不懈地努力,不断地追求。因为从小相信:成功属于勤者。

诚实做人,踏实做事是我的人生准则,复合型知识结构使我能胜任社会上的多种工作。在莘莘学子中,我并非最好,但我拥有不懈奋斗的意志,愈战愈强的精神和踏实肯干的作风,这才是最重要的。

“知遇之恩,涌泉相报”,诚望贵单位全面考察我的情况,若能蒙您垂青,我将深感荣幸,并在日后工作中,不懈拼搏之劲,不失进取之心,克尽己能,为贵单位事业奉献一切!

最后祝贵单位事业蒸蒸日上,全体员工健康进步!

无论录用与否都很感激贵单位给我这个机会,希望能得到您的垂青使我能有机会为这个集体添砖加瓦,敬盼回音!此致
敬礼!

自荐人:某某

图 11-11 “自荐信”内容

11.2.2 设置“自荐信”字体格式

1. 将标题“自荐信”设置为“楷体_GB2312、加粗、三号,字符间距为加框 12 磅”。操作步骤如下:

(1)选中标题“自荐信”，打开“格式”下拉菜单，选择“字体”选项，在打开的字体对话框中选择字体选项卡，设置字体为“楷体_GB2312”；字形为“加粗”；字号为“一号”，其他设置默认。

(2)在该对话框中选择“字符间距”选项卡，设置“间距”下拉列表为“加框”，设置“磅值”数值为“12 磅”。单击确定按钮。

2. 将“尊敬的领导”、“自荐人：某某”设置为“楷体_GB2312、四号”。将“你好……敬礼”设置为“楷体_GB2312，小四号”操作步骤如下：

(1)选中文本“尊敬的领导：”，设置其“字体”为“楷体_GB2312”，“字号”为“四号”。

(2)继续选中文本“尊敬的领导：”，单击“常用”工具栏上的“格式刷”按钮（如工具栏上未出现“格式刷”按钮，打开工具栏隐藏按钮，单击图标便可启用“格式刷”）。

(3)当鼠标指针变成格式刷形状时，选择目标文本“自荐人：某某”，复制格式完成，同时“格式刷”按钮自动弹起，表明格式复制功能自动关闭。

(4)选中文本“你好……敬礼”，打开“字体”对话框，设置为“楷体_GB2312，小四号”。

提示：

要对已经输入的文字进行字符格式化设置，必须先选中要设置的文本。

11.2.3　“自荐信”的段落格式化

将标题“自荐信”设置为“居中对齐”、“段前 2 行”、“段后 1 行”，将正文段落“您好……敬礼”设置为“两端对齐、首行缩进 2 个字符、1.25 倍行距”。操作步骤如下：

(1)将插入点位于标题“自荐信”段落中，快速双击鼠标左键，即可选中标题段落。

(2)打开“段落”对话框。

(3)仍然选中标题“自荐信”段落。在“段落”的“缩进和间距”选项卡中，设置“对齐方式”为“居中”；设置“间距”选项组中“段前”和“段后”数值框分别为“2 行”和“1 行”。单击确定按钮。

(4)选定正文段落“您好……敬礼”。在“段落”的“缩进和间距”选项卡中，设置“对齐方式”下拉列表框为“两端对齐”；设置“缩进”选项组中“特殊格式”下拉列表框为“首行缩进”，“度量值”数值框为“2 字符”设置“间距”选项组中“行距”下拉列表框为“多倍行距”，“设置值”数值框为“1.25”，如图 11-12 所示。单击“确定”按钮。

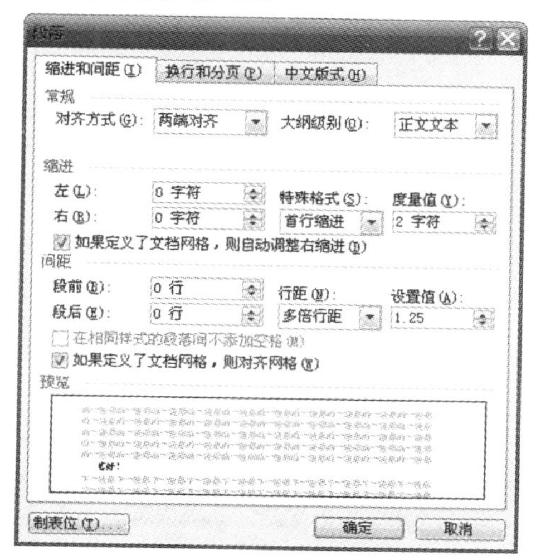

图 11-12　段落对话框

提示：

对齐方式是指位于左右缩进钮间的一行文字在编排时起始端（左、右、居中等）的选定。Word 2003 的段落有 5 种对齐方式，功能分别如下：

两端对齐：Word 2003 的默认对齐方式，是同时以标尺的左、右缩进位置为起始端，键入字符后将向中心位置自动展开。多用于中文文档。

左对齐：以标尺的左缩进位置为起始端，键入字符后将向另一端自动展开。多用于英文文档。

右对齐：以标尺的右缩进位置为起始端，键入字符后将向另一端自动展开。多用于文档末尾的签名和日期等。

居中对齐：以标尺的左、右缩进位置的中心为起始端，键入字符后将向两侧自动展开。一般用于文档标题。

分散对齐：使段落内容平均分散至左、右缩进之间。多用于制作特殊效果。

11.3 任务三　制作“个人简历”

11.3.1 输入并设置“个人简历”字体格式

输入第三页内容，设置“个人概况”、“联系方式”、“主修课程”、“资格证书”、“获奖情况”、“自我评价”字体为“宋体”；字形为“加粗”；字号为“小二”。设置文字“希望贵单位给我一次展示自我的机会，我相信您的信任和我的努力将为我们带来共同的成功！”字体为“宋体”；字形为“加粗”；字号为“三号”。操作步骤略。

11.3.2 添加项目符号

在页面中相应位置添加项目符号。操作步骤如下：

(1)选中“资格证书”下面的四段内容，选中“格式/项目符号和编号…”，打开“项目符号和编号”对话框，选择“项目符号”选项卡，选中相应的项目符号，单击确定完成。如图 11-13 所示。

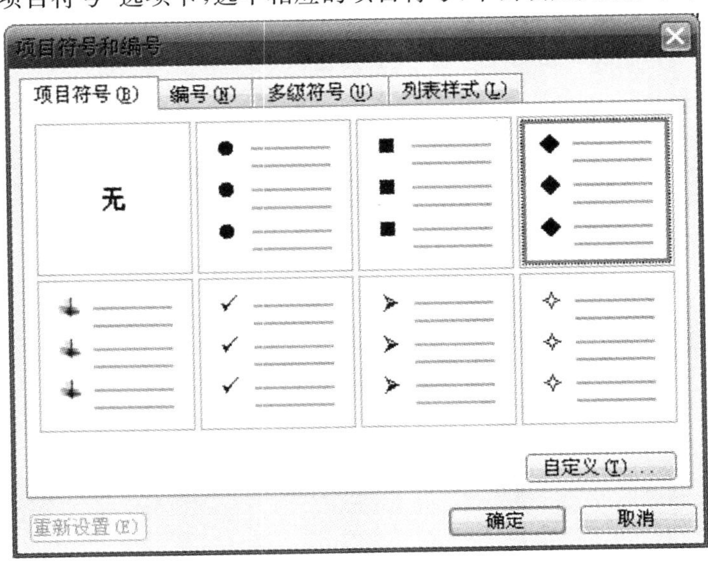

图 11-13 “项目符号和编号”对话框

(2)对“获奖情况”中的内容添加项目符号，操作如上所示。

11.4　本项目涉及的主要知识点

1. 启动 word，新建空白文档的几种常用方法：

- 在 Windows XP 系统下，打开“开始”菜单“程序/Microsoft Office”，在其展开的子菜单中单击“Microsoft Office Word 2003”，就可启动 Word，打开一个空白文档。
- 如果桌面上有“Microsoft Office Word 2003”快捷图标，则用鼠标双击该图标，即可启动 word，打开一个空白文档。

2. 保存新建文档

文档输入完后，文档的内容驻留在内存中，为了永久保存所建立的文档，在退出 word 前应将其作为磁盘文件保存起来。文档的保存分手动保存和自动保存两种。

手动保存有以下几种方法：

- 单击常用工具栏中的“保存”按钮
- 单击“文件”下拉菜单中的“保存”命令
- 直接按快捷键“Ctrl＋S”

当对新建的文档第一次进行保存操作时，此时的“保存”命令相当于“另存为”命令，会出现“另存为”对话框，用户应在对话框的“保存位置”列表框中选定所要保存文档的文件夹，在“文件名”列表框中键入具体的文件名，然后单击“保存”按钮，执行保存操作，文档保存后，该文档窗口并没有关闭，还可以继续进行编辑。

自动保存：可以通过设置确定文档保存的时间。单击“工具/选项”命令，打开“选项”对话框，选择“保存”选项卡，勾选“自动保存时间间隔”复选框，在其后的数值框中设置保存时间间隔，例如“1 分钟”。单击确定按钮。如图 11-14 所示。

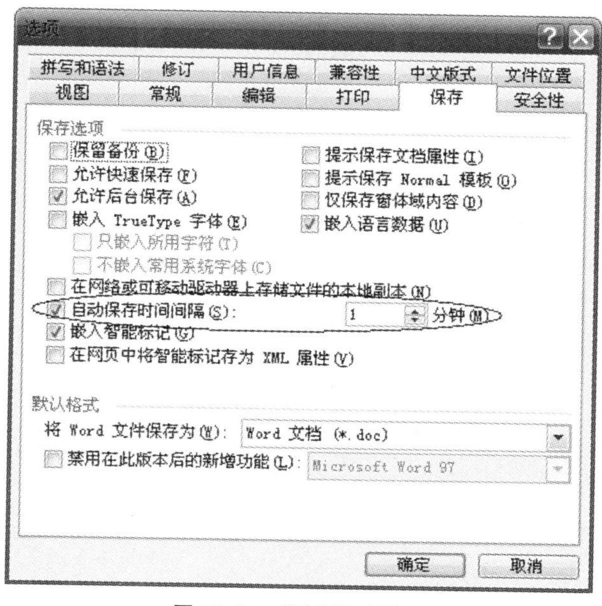

图 11-14　“选项”对话框

3. 保存已有的文档

对已有的文档打开和修改后，同样可用上述方法将修改后的文档以原来的文件名保存在原来的文件夹中，此时不再出现“另存为”对话框。

4. 用另一文档名保存文档

单击“文件/另存为…”命令可以把一个正在编辑的文档以另一个不同的名字保存在指定的文件夹下。例如：当前正在编辑的文档名为 wendang. doc，如果既想保存原来的文档，又想把编辑修改后的文档另存为一个名为 newwendang. doc，那么就可以使用“另存为”命令，执行“另存为”命令后，其操作与保存新建文件一样。

5. 保存多个文档

如果想要一次操作保存多个已编辑修改了的文档，最简便的方法是：按住 Shift 键的同时单击“文件”菜单项打开下拉菜单，这时菜单中的“保存”命令已改为“全部保存”命令。单击“全部保存”命令就可以实现一次操作保存多个文档。

6. 制表位

制表位是水平标尺上的位置，它可以指定文字缩进的距离或一栏文字开始之处。制表位能够向左、向右或居中对齐文本，也可以将文本与小数字符或竖线字符对齐。制表位的使用也是为了使文档中的内容纵向对齐。

设置制表位可以使用水平标尺或“制表位”对话框完成。水平标尺适合制表位不需要精确定位时使用。如果需要精确定位，就要使用“格式”下拉菜单中的“制表位”来完成。

在水平标尺最左端有一个制表符按钮，每单击一次就变换成下一个制表符，见表 11-1。

表 11-1

制表符按钮	对齐方式
	左对齐制表符
	居中对齐制表符
	右对齐制表符
	小数对齐制表符
	竖线对齐制表符

7. 标尺

标尺有水平标尺和垂直标尺两种，用来确定文档在屏幕及纸张上的位置。也可以利用水平标尺上的缩进按钮进行段落缩进和边界调整。还可以利用标尺上制表符来设置制表位。标尺的显示或隐藏可以通过单击“视图”菜单中的“标尺”命令来实现。

8. 格式刷

(1)如果想多次使用格式刷，应双击“常用”工具栏中的“格式刷”，此时“格式刷”就可以使用多次。如果要取消“格式刷”功能，只要再次单击“常用”工具栏中的“格式刷”按钮一次即可。

(2)如果对所设置的格式不满意，那么可以清除该格式，恢复到 word 默认的状态。逆向使用格式刷可以清除已设置的格式。也就是说，把 word 默认的字体格式复制到已设置格式

的文字上去。另外也可使用组合键清除格式，首先选定要清除格式的文字，再按组合键“Ctrl+Shift+Z”。

(3)如果选中的文本范围包括几种字符格式，系统只复制选中的第一个字符的字符格式。

11.5　课后作业

制作如图 11-15 所示的个人简历。其中字体等不作相应要求，只需美观即可。

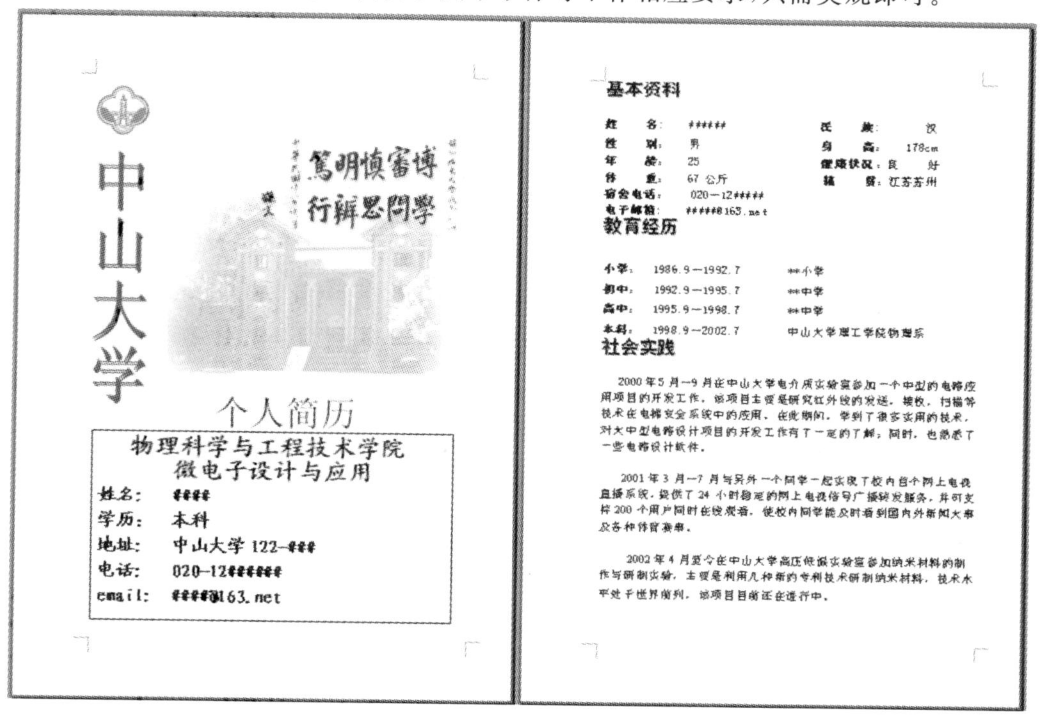

中山大学

个人简历

物理科学与工程技术学院
微电子设计与应用

姓名：　####
学历：　本科
地址：　中山大学 122-###
电话：　020-12######
email:　#####@163.net

基本资料

姓　名：	######	民　族：	汉
性　别：	男	身　高：	178cm
年　龄：	25	健康状况：	良　好
体　重：	67 公斤	籍　贯：	江苏苏州
宿舍电话：	020-12#####		
电子邮箱：	#####@163.net		

教育经历

小学：	1986.9—1992.7	**小学
初中：	1992.9—1995.7	**中学
高中：	1995.9—1998.7	**中学
本科：	1998.9—2002.7	中山大学理工学院物理系

社会实践

2000 年 5 月—9 月在中山大学电介质实验室参加一个中型的电路应用项目的开发工作，该项目主要是研究红外线的发送、接收、扫描等技术在电梯安全系统中的应用。在此期间，学到了很多实用的技术，对大中型电路设计项目的开发工作有了一定的了解；同时，也熟悉了一些电路设计软件。

2001 年 3 月—7 月与另外一个同学一起实现了校内首个网上电视直播系统，提供了 24 小时稳定的网上电视信号广播转发服务，并可支持 200 个用户同时在线观看，使校内同学能及时看到国内外新闻大事及各种体育赛事。

2002 年 4 月至今在中山大学高压低温实验室参加纳米材料的制作与研制实验，主要是利用几种新的专利技术研制纳米材料，技术水平处于世界前列，该项目目前还在进行中。

图 11-15　个人简历样张

项目 12　制作教师工作量记录卡

12.1　任务一　制作记录卡标题

在页面中输入表格两行标题“苏州信息职业技术学院教师工作记录卡”及“20　\20　学年第　学期”，分别设置字体为“宋体、小二、加粗”和“宋体、四号、加粗”。两行标题均居中显示。操作步骤略。

12.2　任务二　创建表格

12.2.1　新建表格

创建一个 16 行 10 列的表格。操作步骤如下：

(1)选择菜单栏“表格/插入/表格…”，打开“插入表格”对话框，在“表格尺寸”中设置行数为“16”，列数为“10”。如图 12-1 所示。

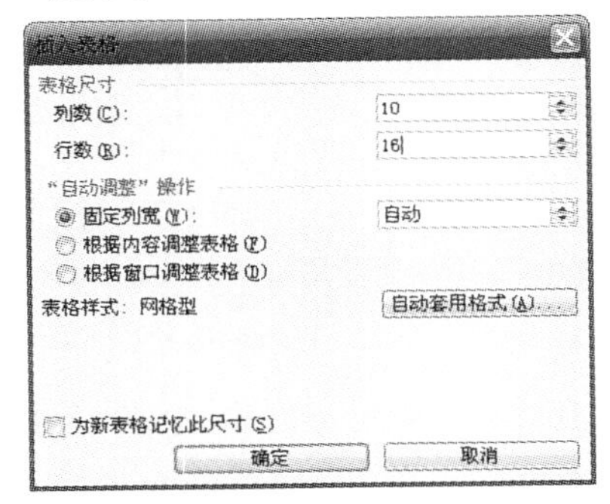

图 12-1　“插入表格”对话框

(2)单击“确定”按钮，完成表格创建。如图 12-2 所示。

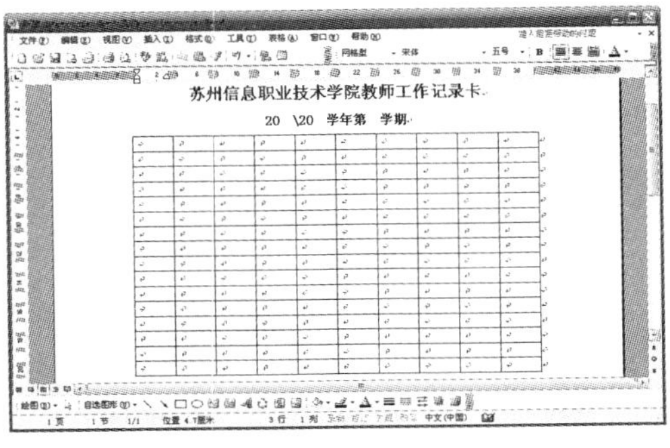

图 12-2　创建表格后的记录卡页

12.2.2　合并单元格

1. 合并表格第三行，输入文字“教学工作量”，居中显示。操作步骤如下：

(1)选中第三行中的所有单元格。

(2)选择标题栏“表格/合并单元格”，此时，将第三行中的 10 个单元格合并成一个单元格。

(3)在合并后的单元格中输入文字“教学工作量”，并且居中显示，图 12-2 变成图 12-3 所示。

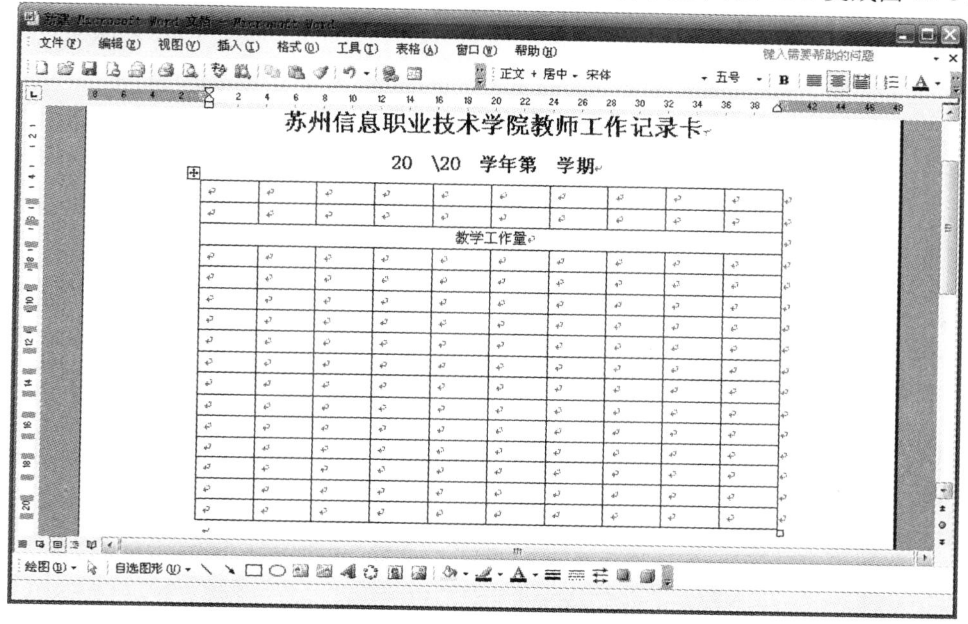

图 12-3　修改后的表格

2. 在第四行中的 10 个单元格中分别输入“课程名称”、“总学时”、“讲课学时”、“实验学时”、“上机学时”、“实训学时”、“上课班级”、“人数”、“工作量”、“备注”，居中显示，并适当调整行高。将第三至第六单元格中的内容分两行显示。

(1)按要求在第四行的每个单元格中输入相应的文字。

(2)将光标定位在第三个单元格内容“讲课学时”的“课”之后“学”之前。如图 12-4 所示，按 Enter 键。

教学工作量									
课程名称	总学时	讲课学时	实验学时	上机学时	实训学时	上课班级	人数	工作量	备注

图 12-4　将表格中的内容分行

(3)同样的方法，完成第四、第五、第六单元格的分行。完成后的效果如图 12-5 所示。

教学工作量									
课程名称	总学时	讲课 学时	实验 学时	上机 学时	实训 学时	上课班级	人数	工作量	备注

图 12-5　完成分行后的表格

3. 调整“课程名称”等列的宽度，调至相应的宽度即可。

(1)将光标定位在“课程名称”所在的单元格的任意位置，这时 word 主界面的标尺栏上会出现表格列线与行线的调整滑块。如图 12-6 所示。

(2)将鼠标指针移动到滑块上方，鼠标变成双向箭头。

(3)单击鼠标左键，左右拖动鼠标，调整单元格列宽。

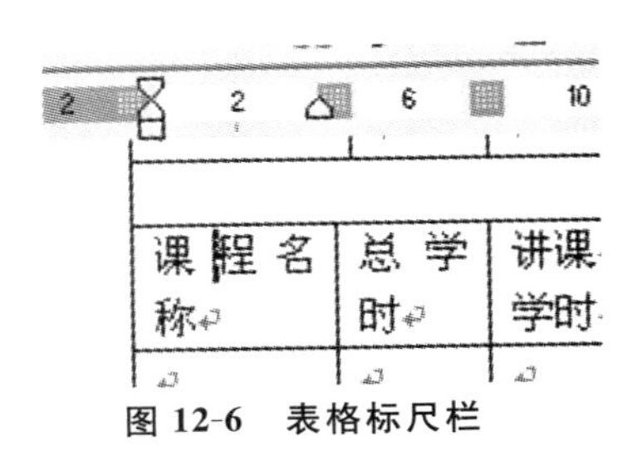

图 12-6　表格标尺栏

苏州信息职业技术学院教师工作记录卡

20　\20　学年第　学期

教学工作量									
课程名称	总学时	讲课学时	实验学时	上机学时	实训学时	上课班级	人数	工作量	备注

图 12-7　调整列宽后的表格

(4)按上面的方法对其他单元格宽度进行设置。结果如图 12-7 所示。

4. 合并第 12 行的单元格，输入文字“本学期工作量总计”，并且在相应位置插入一条竖线。

(1)选中第 12 行中所有单元格，按照前面的步骤完成单元格的合并。

(2)输入文字“本学期工作量总计”。

(3)打开菜单栏“表格/绘制表格”，弹出“表格和边框”对话框，此时，鼠标在文档编辑区域成笔形。在相应的位置为合并后的单元格添加一条竖线。

5. 分别合并第 13、14、15、16 行中除第一个单元格外的其余 9 个单元格，在第一个单元格中分别输入文字“教研室意见”、“系部意见”、“教务部意见”、“本人意见”；在第 13、14、15 行合并后的第二个单元格中都输入文字“负责人：”；在第 16 行合并后的第二个单元格中输入文字“本人签字：”。

(1)选中第 13 行中第二单元格至第 10 单元格，按照上面的方法，将选中的 9 个单元格合并为一个单元格。

(2)在第 13 行中的第一个单元格中输入文字“教研室意见”，在第二个单元格中输入文字“负责人：”。

(3)用同样的方法，完成对第 14、15、16 行的操作，步骤略。结果如图 12-8 所示。

本学期工作量总计	
教研室意见	负责人：
系部意见	负责人：
教务部意见	负责人：
本人意见	本人签字：

图 12-8　完成合并后的表格

6. 将第 13、14、15、16 行中第一个单元格的文字方向改成“从上至下”，调整这四行中第一个单元格的宽度；将这四行所对应的第二个单元格中的内容“底端居中对齐”。

(1)改变文字方向为“从上至下”，就是单元格中每个字自成一段，可参照封面页中的“推荐表”设置，步骤略。

(2)按照前面的步骤设置第 13 行至 16 行的相应宽度。步骤略。

(3)选中第 13 行至 16 行中第二个单元格的内容，右键单击，弹出快捷菜单，在“单元格对齐方式”中选择“底端居中对齐”。如图 12-9 所示。

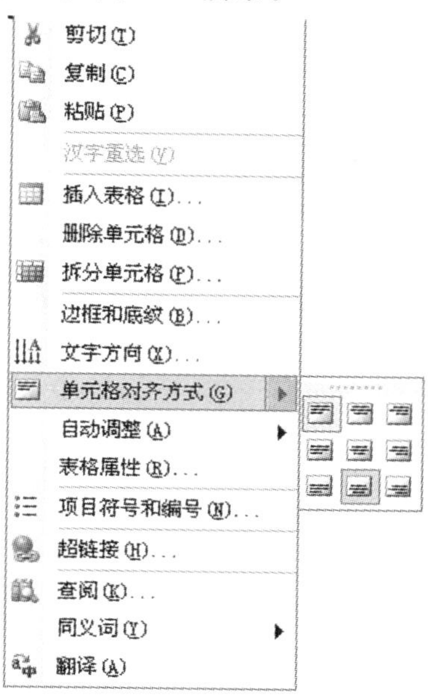

图 12-9　单元格对齐方式

(4)设置后结果如图 12-10 所示。

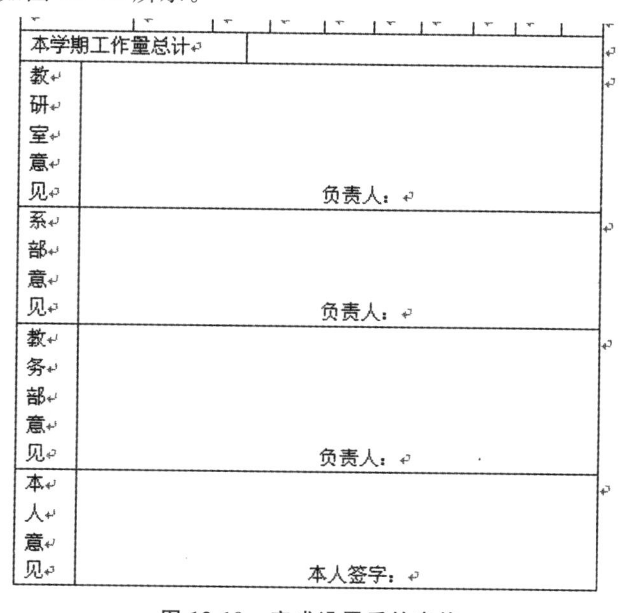

图 12-10　完成设置后的表格

7.分别合并第一行和第二行，使之成为一列。

(1)选中第一行中的所有单元格，选择标题栏“表格/合并单元格”，此时，将第一行中的10个单元格合并成一个单元格。

(2)同样的方法，将第二行所有单元格合并成一列。

12.2.3 绘制表格线

绘制表格线，在新单元格内输入相应的文字。

(1)打开菜单栏“表格/绘制表格”，弹出“表格和边框”对话框，此时，鼠标在文档编辑区域成笔形。在第一行相应的位置为合并后的单元格添加3条竖线。

(2)同样的方法为第二行添加9条竖线。

(3)输入相应的文字。

(4)调整竖线的位置，以及行高。最终结果如图12-11所示。

苏州信息职业技术学院教师工作记录卡

20 \20 学年第 学期

系部				教研室					
姓名		性别		职称		兼任职务		健康状况	
教学工作量									

图12-11 绘制第一、第二行表格

至此，教师工作记录卡已全部完成。

12.3 本项目涉及的主要知识点

word中创建表格的方法及其基本操作。

1.使用工具栏按钮创建表格

(1)将插入点定位在要插入表格的位置。

(2)单击常用工具栏上的“插入表格”按钮，出现一个表格网格显示框。

(3)在网格内从第一个网格开始向右下方移动鼠标，网格会用蓝色方格突出显示要创建表格的行、列数，与此同时在网格底部显示出已经到达的行和列数(行×列)，最后当突出显示的网格行列数达到需要时释放鼠标。如图12-12所示。

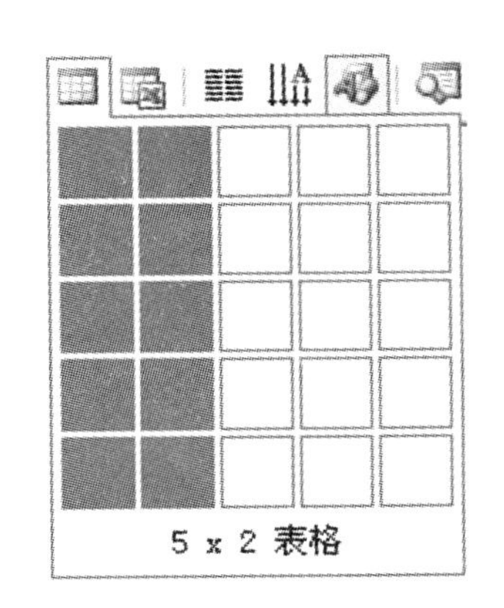

图12-12 使用工具栏创建表格

2.使用菜单栏插入表格

(1)将插入点定位在要插入表格的位置。

(2)执行“表格/插入/表格”命令,出现“插入表格”对话框。如图 12-13 所示。

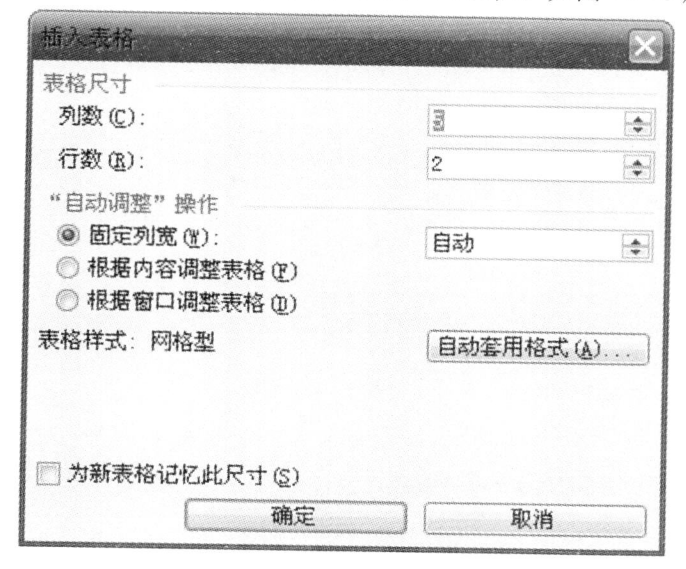

图 12-13　“插入表格”对话框

(3)在该对话框中的“列数”文本框中输入列数,在“行数”文本框中输入行数。

该对话框说明如下:

- “表格尺寸”选项组:可以设置行和列的数目,默认的行数是 5,列数是 2。
- “‘自动调整’操作”选项组,用于选择表格列宽,有以下三种方式:

①固定列宽:若选定本项,则可以在其右侧的文本框中输入列的宽度值。默认状态下是“自动”,系统将按照纸张宽度和列数自动设置列宽。

②根据内容调整表格:若选定本项,则在表格中输入内容时,列宽随输入的内容不同而变化。

③根据窗口调整表格:若选定本项,则创建的表格与页面同宽。

- “表格样式”:目前默认的方式为“网络型”。如果想快速为表格设置格式,可以单击“自动套用格式”按钮,打开“表格自动套用格式”对话框,在该对话框中为用户提供了大量专业的表格格式,从“表格样式”列表框中选定一种样式后,单击“确定”按钮,即可将选定的样式应用与正在创建的表格。

(4)单击“确定”按钮,完成表格的创建。

3. 使用“绘制表格”功能创建表格

当创建的表格结构较为复杂,行列不规则时,可以使用“绘制表格”创建表格。

(1)单击常用工具栏上的“表格和边框”按钮,或者执行“表格/绘制表格”命令,出现“表格和边框”工具栏,如图 12-14 所示。

图 12-14　表格和边框工具栏

(2)单击该工具栏最左端的“绘制表格”按钮 ，这时，鼠标指针变成一支笔形状 。

(3)将鼠标移动到要绘制表格的位置，拖动鼠标，此时出现一个表示表格边框的一个虚线框，松开鼠标左键，即可画出表格的外边框。

(4)表格框内画横线、竖线、对角线等，完成表格的内部线条。

(5)操作结束后，再次单击“表格和边框”工具栏中的 “绘制表格”按钮或 “擦除”按钮，鼠标指针即可恢复正常形状。

提示：

如果要擦除画错的或者不要的线条，单击“擦除”按钮 ，当鼠标指针变为一个橡皮擦，在要擦除的线条上拖动鼠标。

在画线之前可以在“表格和边框”工具栏上为线条选择线型、粗细和颜色等。

4. 表格中的选定、插入与删除操作

(1)选定操作

根据操作需要，可以选定表格中的某一单元格，也可以选定表格中的某一行或某一列，还可以一次性选定整个表格。

将光标置于所需选取表格的左边框上，待鼠标指针变成一个向右上的黑箭头时，单击鼠标左键，可选取整个单元格。单击并拖动可以选定连续的多个单元格。

单击某行的左侧，可以选定该行。单击并拖动鼠标可以选定连续的多行。同理，单击列顶端的虚框或边框，可以选定整列。单击并拖动鼠标可以选定连续的多列。

如果要选定整个表格，只需单击表格左上角的表格选定标记即可，另外，如果需要调整表格的大小，可以单击表格右下角的表格大小控点。如图 12-15 所示。

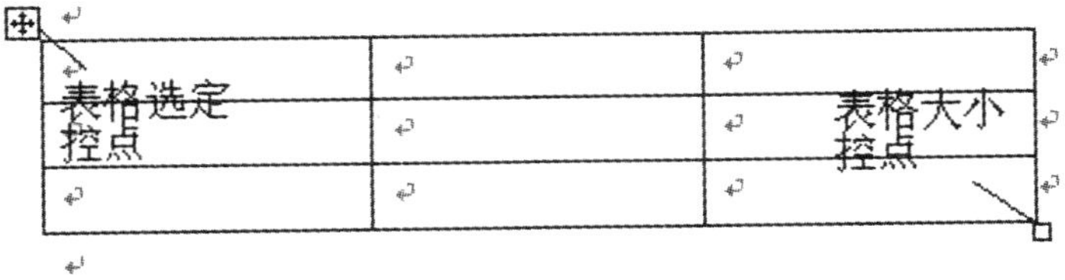

图 12-15 选定整个表格

如果要选定表格中不连续的区域，请先按住 ctrl 键，然后单击所要选定的行、列或单元格。

执行菜单栏中的“表格/选择”命令，在弹出的子菜单中单击相应的命令，可进行表格的选取。

(2)插入与删除行、列或单元格

将光标置于需要插入单元格的位置。执行菜单栏中的“表格/插入”命令，弹出如图12-16所示的下级菜单，可以选择插入表格、列、行、单元格，而且还可以决定行与列的位置。

子菜单中各选项的作用如下：

“列(在左侧)”命令：将在光标所在表格的左侧插入一列。

“列(在右侧)”命令，将在光标所在表格的右侧插入一列。

“行(在上方)”命令，将在光标所在表格的上方插入一行。

“行(在下方)”命令,将在光标所在表格的下方插入一行。

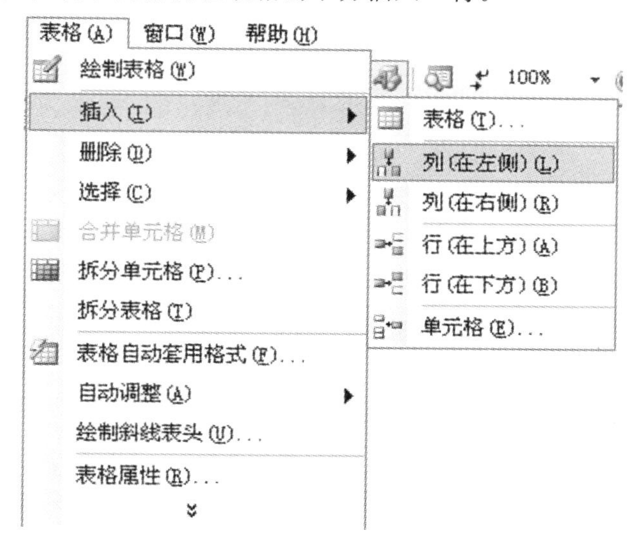

图 12-16　菜单中的插入命令

如果选择“表格/插入/单元格”命令,则打开如图 12-17 所示的“插入单元格”对话框,各选项说明如下:

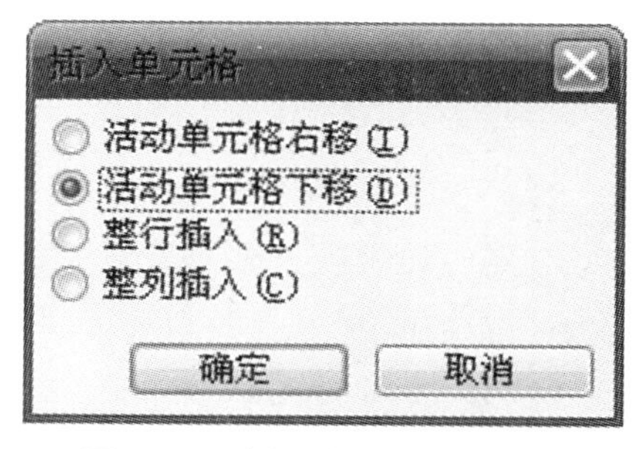

图 12-17　插入单元格对话框

【活动单元格右移】:点选该选项时,光标所在的单元格将向右移动位置。

【活动单元格下移】:点选该选项时,光标所在的单元格将向下移动位置。

【整行插入】:点选该选项时,在光标所在单元格的上方插入一行表格。

【整列插入】:点选该选项时,在光标所在单元格的左方插入一列表格。

根据需要,选取合适的选项,单击“确定”按钮,便插入了单元格。

还有一种插入行、列的方法是选定行或者列后,右键单击,从弹出的快捷菜单中选择插入行、列命令,如图 12-18 所示。

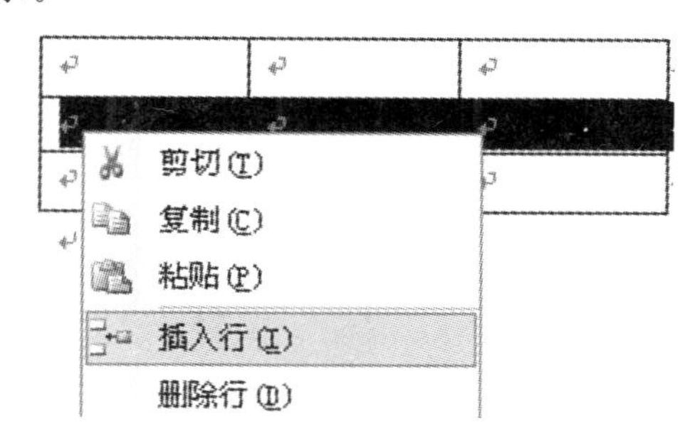

图 12-18　利用快捷菜单插入行

如果需要删除表格、行、列或者单元格,单击菜单栏中的“表格/删除”命令打开如图12-19所示的下级菜单,单击相应的命令即可。

图 12-19 菜单中的删除命令

如果选择的是“单元格”，则弹出“删除单元格”对话框，可根据需要进行相应的选择。如图12-20所示。

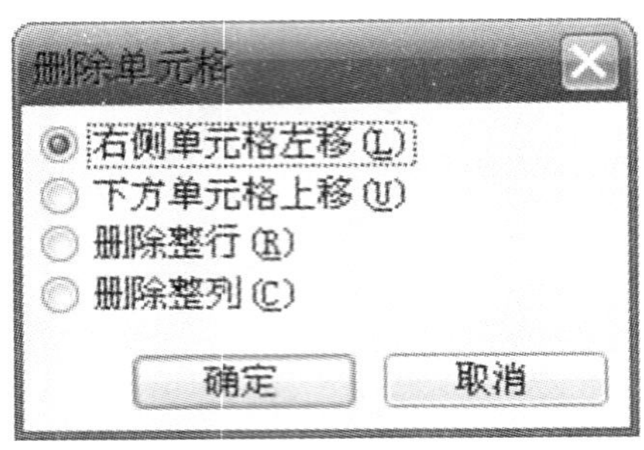

12-20 “删除单元格”对话框

提示：

删除表格、表格中的行、列或单元格时应使用 Backspace 键，而不是 Delete 键，Delete 键只能清楚表格中的内容，不能对表格本身进行删除操作。

5. 调整行高和列宽

方法一：用命令菜单调整行高和列宽。

(1)选定要调整行高或列宽的单元格。

(2)选择“表格/表格属性”选项，打开“表格属性”对话框。

(3)在“行”选项卡中指定单元格高度，在“列”选项卡中指定单元格宽度。

(4)单击“确定”按钮。

方法二：用鼠标调整行高和列宽。

(1)将鼠标指针移到相邻两行(或两列)的分界线上，鼠标指针变为双箭头。

(2)上下(或左右)拖动分界线，调整行高(或列宽)。

6. 表格和单元格的拆分与合并

(1)拆分表格

先将光标置于需要拆分的地方，执行菜单栏中的“表格/拆分表格”命令，表格被拆分。表格拆分后，光标所在的行即成为新形成的表格第一行。

(2)合并单元格

方法一：选取要合并的单元格，单击“常用”工具栏中的“表格和边框”按钮，弹出“表格和边框”工具栏。单击工具栏中的“合并单元格”按钮，即可将所选单元格合并。

方法二：执行菜单栏中的“表格/合并单元格”命令。

方法三：单击鼠标右键，在弹出的右键菜单中单击“合并单元格”命令

(3)拆分单元格

所谓拆分单元格，就是将一个整体的单元格分成若干个单元格。

方法一：选取要拆分的单元格，执行菜单栏中的“表格/拆分单元格”命令，弹出“拆分单元格”对话框，如图 12-21 所示。在“拆分单元格”对话框中输入要拆分的列数和行数，单击“确定”按钮即可。

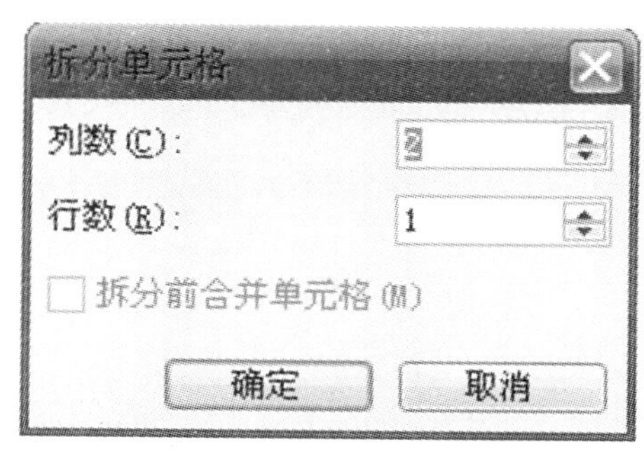

图 12-21　“拆分单元格”对话框

方法二：单击鼠标右键，在弹出的右键菜单中执行“拆分单元格”命令，在弹出的“拆分单元格”对话框中输入要拆分的列数和行数，单击“确定”按钮即可。

方法三：单击“表格和边框”工具栏中的“拆分单元格”按钮，在弹出的“拆分单元格”对话框中输入要拆分的列数和行数，单击“确定”按钮即可。

12.4　课后作业

制作如图 12-22 所示课表。

2009/2010 学年第二学期课表					
星期 课程 节次	星期一	星期二	星期三	星期四	星期五
1	语文	数学	英语	英语	数学
2	数学	计算机	语文	语文	语文
3	计算机	英语	数学	数学	计算机
4	英语	语文	计算机	计算机	数学
5	语文	数学	数学	体育	英语
6	英语	语文	英语	数学	自习
7	数学	英语	语文	自习	自习

图 12-22　2009\2010 学年第二学期课表

要求：

1. 制作如上课程表。第一行合并居中，表中所有数据采用“中部居中”对齐方式。

2. 套用格式“古典二”。

项目 13　表格公式运用

13.1　任务一　将文本转换成表格

13.1.1　将文本转换成表格

(1)在 word 中输入如下内容：

学生姓名　英语　数学　语文

张名　92　95　87

刘欣　89　97　88

赵军　98　97　90

文本中的每一列之间用分隔符分开，每一行之间用段落标记隔开。列之间的分隔符可以是逗号、空格、制表符等。本例中采用的分隔符是“制表符”。

(2)选中以上输入的内容，单击“表格/转换/文本转换成表格”命令，打开“将文字转换成表格”对话框，如图 13-1 所示。

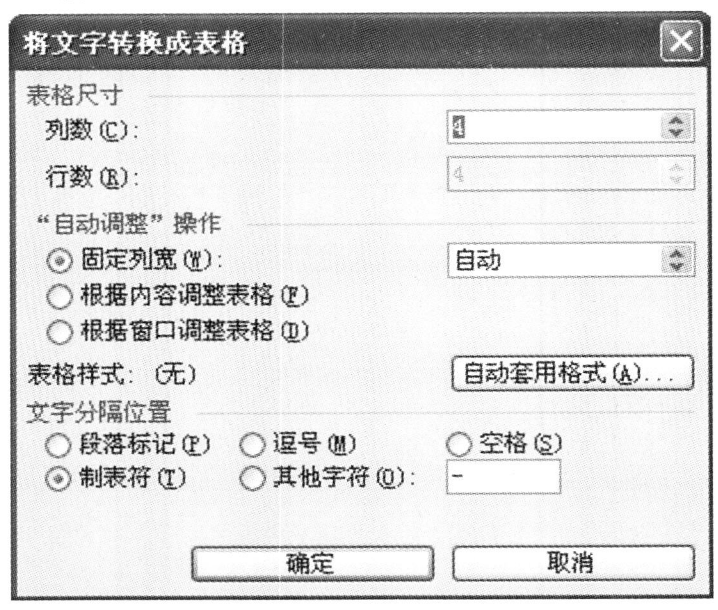

图 13-1　“文字转换成表格”对话框

在“表格尺寸”选项组中，“行数”和“列数”文本框中的数值都是根据段落标记符和文字之间的分隔符来确定的，也可以自己修改。“文字分隔位置”中选择“制表符”。

(3)单击“确定”，文本转换成表格后的效果如图 13-2 所示。

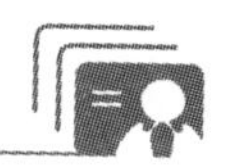

学生姓名	英语	数学	语文
张名	92	95	87
刘欣	89	97	88
赵军	98	97	90

图 13-2　文本转换成表格后的效果

13.1.2　增加新列

为表格增加一列，并添加列标题。

(1)光标定位在第一行的最后一列("语文"后)，单击"表格/插入/列(在右侧)"。

(2)在第一行的新增的单元格中输入"总分"。最后生成的表格如图 13-3 所示。

学生姓名	英语	数学	语文	总分
张名	92	95	87	
刘欣	89	97	88	
赵军	98	97	90	

图 13-3　增加两列后的表格

13.2　任务二　表格中公式的运用

利用公式求出每位学生的总分。

(1)光标定位在第二行的第五个单元格内，单击"表格/公式"，出现公式对话框，如图13-4 所示。单击"确定"按钮。

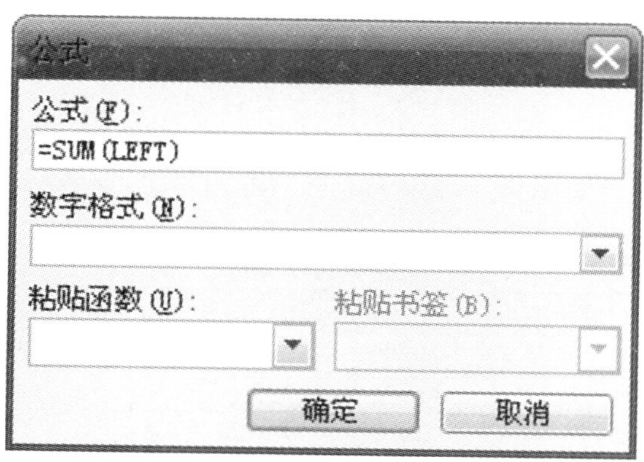

图 13-4　"公式"对话框

(2)光标定位在第三行的第五个单元格，单击"表格/公式"，在出现的"公式"对话框中，将公式改为"＝SUM(LEFT)"，单击"确定"按钮。

(3)光标定位在第四行的第五个单元格，单击"表格/公式"，在出现的"公式"对话框中，将公式改为"＝SUM(LEFT)"，单击"确定"按钮。利用公式求出总分后的表格如图 13-5 所示。

学生姓名	英语	数学	语文	总分
张名	92	95	87	274
刘欣	89	97	88	274
赵军	98	97	90	285

图 13-5　求总分后的表格

13.3　任务三　　表格中数据排序

按总分从高到低进行排序。

总分有相同的，按照语文成绩的降序排序。

(1)光标定位在表格中任意单元格，单击“表格/排序”，出现“排序”对话框。

(2)在“排序依据”中选择列标题为“总分”；在“然后依据”中选择列标题为“语文”，都按照降序来排序。如图 13-6 所示：

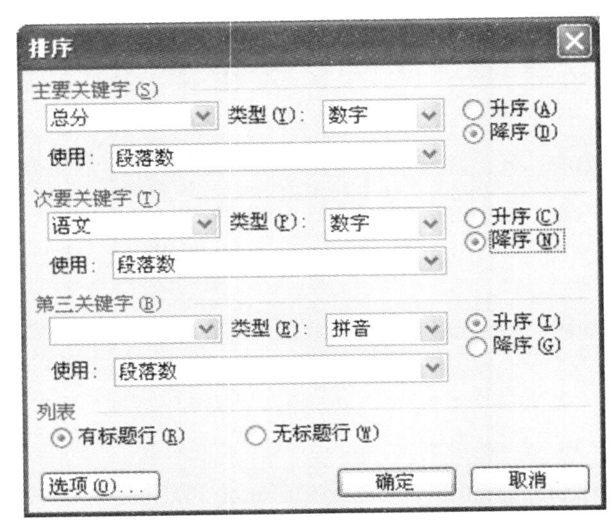

图 13-6　按“总分”排序

(3)单击“确定”按钮，完成排序。排序后的表格如图 13-7 所示：

学生姓名	英语	数学	语文	总分
赵军	98	97	90	285
刘欣	89	97	88	274
张名	92	95	87	274

图 13-7　排序后的表格

13.4　本项目涉及的主要知识点

1. 表格与文字的转换

如果你想把有数据的表格转换成文字方式，可以把光标定位在表格上任一位置之后(不要

用鼠标选定区域)，执行“表格”菜单上的“转换”及下一级的“表格转换成文字”，此时表格线将被去掉，而原有数据将会依照“制表符”的位置有序地排列，产生一个我们通常所说的无线表。

如果原先没有表格，在录入文字或数据时，每个项目之间用逗号、制表符或空格键断开的话(注意：逗号必须用半角方式)，我们还可以把这些文字或数据转换成表格方式，其方法是：用鼠标选定录入的文字或数据，再执行“表格”菜单上的“转换”及下一级的“文字转换成表格”命令，则所选的文字区将会转换成一个表格。在出现转换对话框时，表的行、列数和表格格式还可以根据你的需要和爱好进行适当的调整。

2. 公式的使用

在 Word2003 的表格中，可以进行比较简单的四则运算和函数运算。其使用方法是：将插入点定位在记录结果的单元格中，然后打开“表格”下拉菜单中的“公式”命令，出现对话框后，在等号后面输入运算公式或“粘贴函数”。

一般的计算公式可用引用单元格的形式，如某单元格＝(A2＋B2)＊3 即表示第一列的第二行加第二列的第二行然后乘 3，表格中的列数可用 A、B、C、D 等表示，行数用 1、2、3、4 等来表示。利用函数可使公式更为简单，如＝SUM(A2：A80)即表示求出从第一列第 2 行到第一列第 80 行之间的数值总和。

3. 表格数据的排序、求和

在表格文档中，我们经常要用到排序功能，Word 2003 提供了列数据排序功能，有升序和降序两种，方法是把光标定位在要排序的列上，然后执行菜单或表格工具栏上的排序功能。需要注意的是，对行中的数据不能进行横向排序；表格中的首行，Word 2003 是作为标题行来对待的，如果在其中填入了数据，该数据也无法参与排序功能。

“表格和边框”工具栏上的“自动求和”按钮，可以方便地汇总每一列或每一行的数据。需要注意的是，一列数值求和时，光标要放在此列数据的最下端的单元格上而不能放在上端的单元格上；一行数据求和时，光标要放在此行数据的最右端的单元格上而不能放在左端的单元格上，当求和单元格的左方或上方表格中都有数据时，列求和优先。

13.5　课后作业

制作如图 13-8 所示表格。

家电销售情况表					
产品	第一季度	第二季度	第三季度	第四季度	总销量
取暖器	2000	2360	1800	2100	
冰箱	3000	2600	3800	2400	
彩电	5000	5800	4000	6200	
微波炉	5200	4900	5000	5100	
平均销售量					

图 13-8　家电销售情况表

要求：

1. 表格第一行合并单元格，行高为 1.5 厘米，字体设置宋体、小三、加粗，中部居中。
2. 设置表格其余行行高为 1 厘米，宋体 5 号，中部居中。
3. 求每类产品的总销量，及每季度所有产品的平均销量。

项目 14 说明书排版

14.1 任务一 设置纸张尺寸

新建一个空白文档,并输入说明书内容,然后执行"文件/页面设置"命令,打开"页面设置"对话框。

(1)选择"页边距"选项卡,设置四周页边距为 2 厘米。如图 14-1 所示。

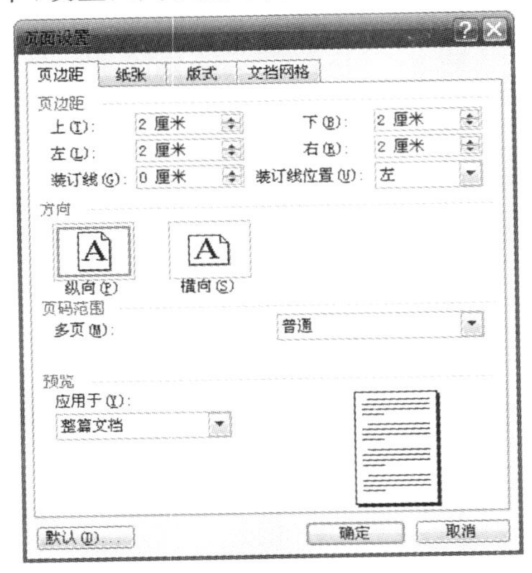

图 14-1 设置页边距

(2)选择"纸张"选项卡,在"纸张大小"下拉框中选择 A4 纸张。如图 14-2 所示。

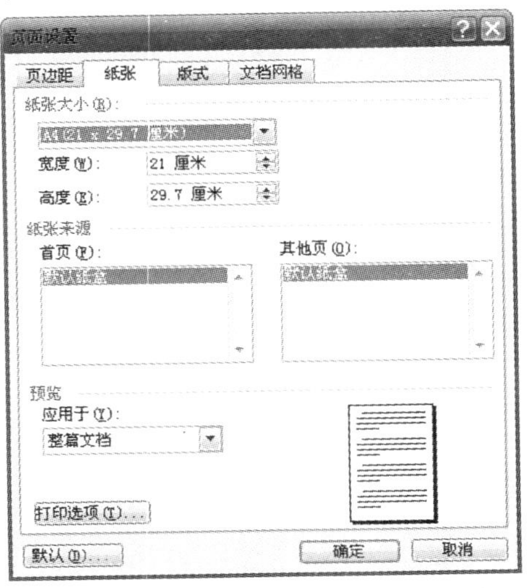

图 14-2 设置纸张

（3）单击“确定”按钮，完成设置。

14.2 任务二　设置正文与标题格式

（1）按 Ctrl＋A 键，选中所有内容，打开“字体”对话框。设置字体、字形、字号分别为“宋体、常规、小四号”。

（2）打开“段落”对话框，设置“特殊格式”为“首行缩进”，“行距”为“1.5 倍行距”。

（3）光标定位在需设置标题的位置，（本例将光标设置在“1 概述”处），打开“格式/样式和格式”命令，如图 14-3 所示。

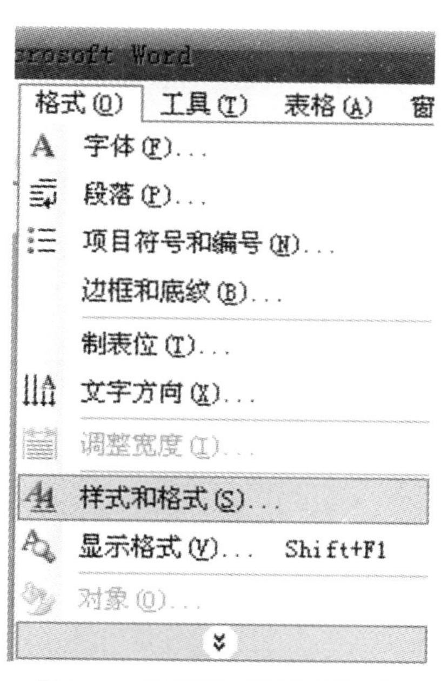

图 14-3　打开“样式和格式”命令

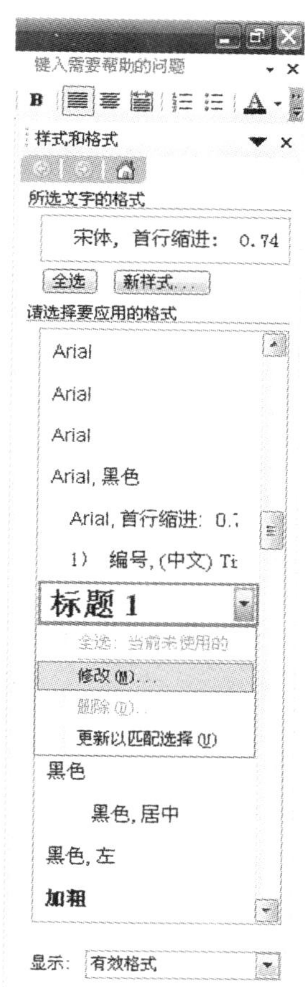

图 14-4　对“标题 1”进行修改格式

（4）此时窗口右侧将显示“样式和格式”任务窗格，在“请选择要应用的格式”框中找到“标题 1”，鼠标移到窗格中的“标题 1”，将显示出一个下拉框，选择“修改”项。如图 14-4 所示。

（5）单击“修改”项后，出现了“修改样式”对话框，如图 14-5 所示。单击左下角“格式”按钮，选择“字体”命令，出现“字体”对话框。

（6）在“字体”对话框中，设置字体、字形、字号分别为“宋体、加粗、小二”。单击“确定”按钮，完成“标题 1”的样式修改。

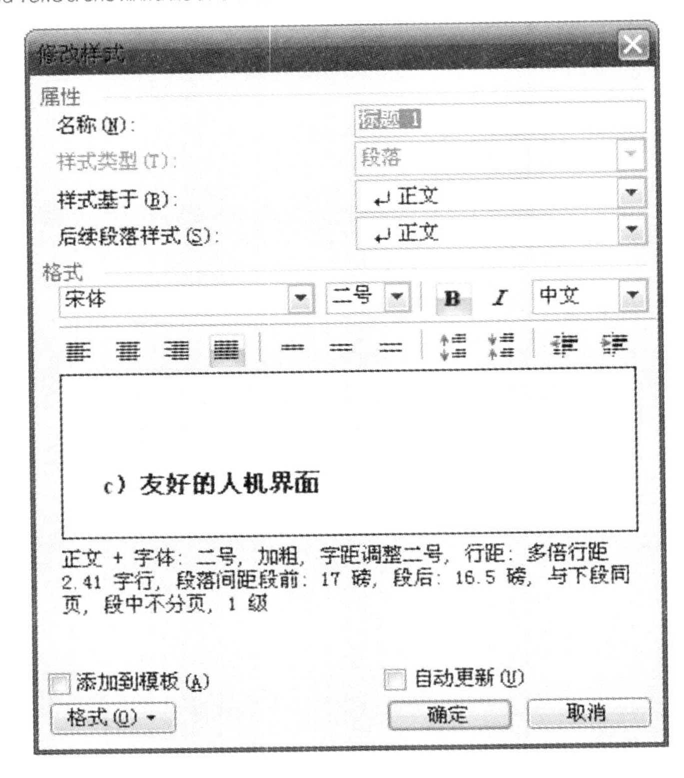

图 14-5 “修改样式”对话框

(7)将新修改后的“标题 1”样式应用到文中相应的位置。用鼠标选中“1 概述”，按住 ctrl 键，依次单击“2 技术数据”、“3 装置硬件”、“4 保护原理”、“5 装置整定”“6 订货须知”，单击右侧“样式和格式”窗格中的“标题 1”，刚才所选中的 6 个标题都引用了“标题 1”的格式。如图 14-6 所示。

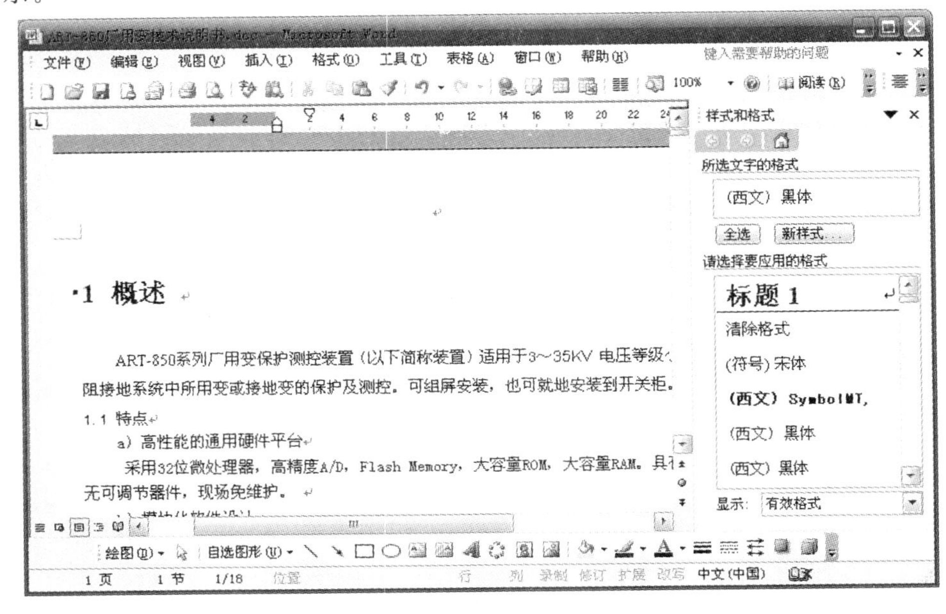

图 14-6 应用“标题 1”后的标题

(8)将“标题 2”的样式修改为“宋体、加粗、小三号”,“标题 3”的样式修改为“黑体、四号”。将“标题 2”和“标题 3”分别应用到相应的标题上。如图 14-7 所示。

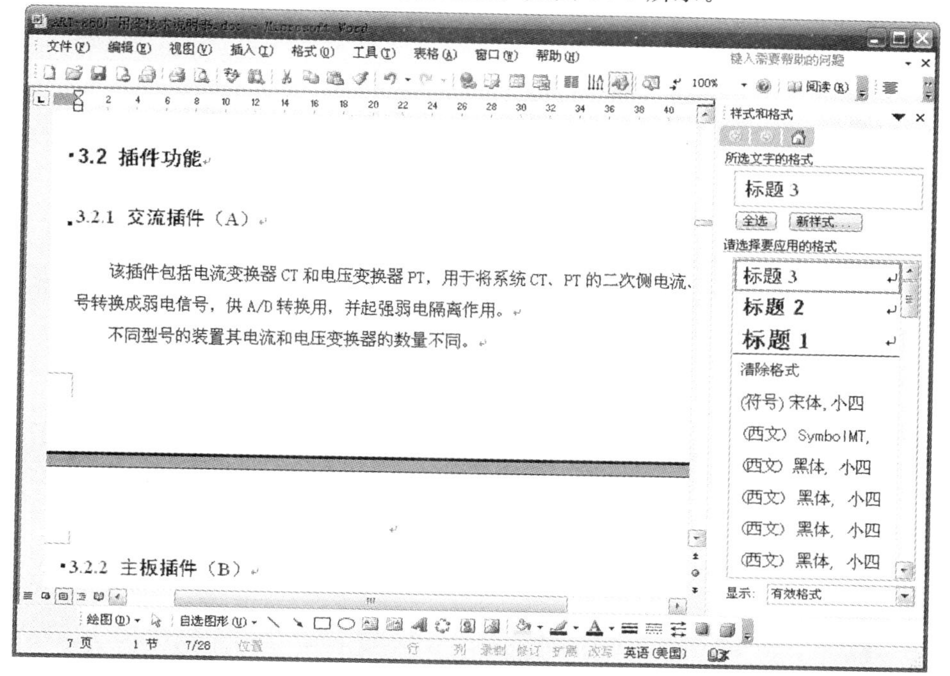

图 14-7　修改格式后的说明书

14.3　任务三　　添加分隔符

为说明书的每一章设置分隔符。

(1)在说明书的第一章前添加一个“目录”页。

(2)设置说明书的每一章都在新的一页上。

(3)光标定位在“目录”页上,执行“插入/分隔符”,在“分节符类型”中选择“下一页”。如图 14-8 所示。

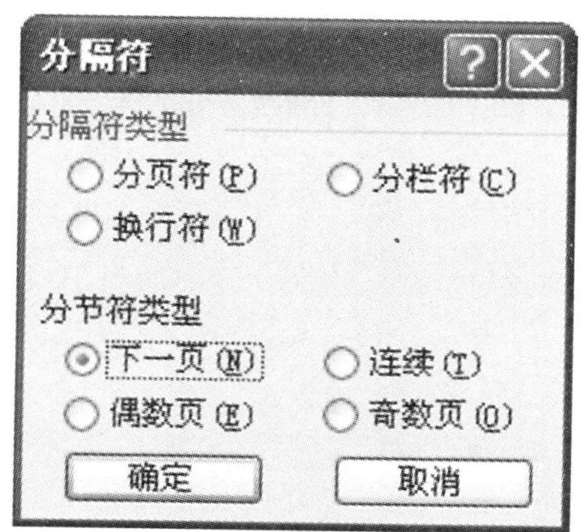

图 14-8　“分隔符”菜单

提示：

“分节符类型”选项组中，4 种分节符的作用如下：

下一页：在当前插入点处插入一个分节符并强制分页，新的节从下一页开始。

连续：在当前插入点处插入一个分节符，不强制分页，新的节从下一行开始。

偶页数：在当前插入点插入一个分节符并强制分页，新的节从下一个偶数页开始。

奇页数：在当前插入点插入一个分节符并强制分页，新的节从下一个奇数页开始。

(4)按同样的方法，在“2 技术数据”、“3 装置硬件”、“4 保护原理”、“5 装置整定”“6 订货须知”章节的结尾处添加分隔符“下一页”。

14.4 任务四　添加页眉和页码

14.4.1 添加页眉

为每一章添加不同的页眉。

(1)光标定位在“目录”前，执行“视图/页眉和页脚”，设置“目录”页的页眉为相应的“目录”(设置页眉的内容与标题 1 的内容相同)。如图 14-9 所示。

图 14-9　设置“目录”页的页眉

(2)单击“页眉和页脚”对话框中的“显示下一项”按钮，“页眉和页脚”对话框在“1 概述”处出现。如图 14-10 所示。

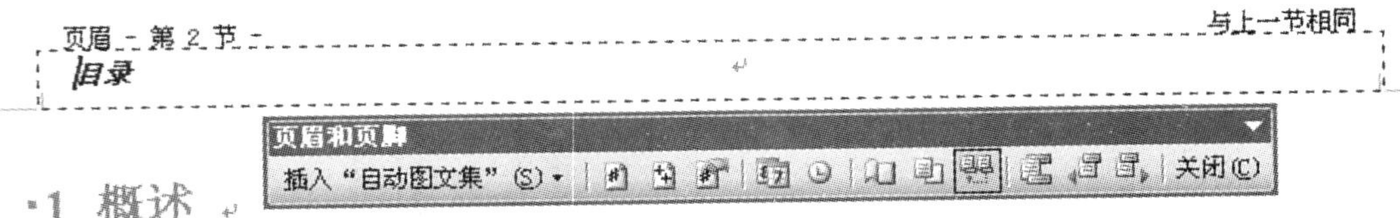

图 14-10　设置“概述”章的页眉

(3)单击“页眉和页脚”处的“链接到前一个”按钮，使之变成灰色。

(4)在“页眉”处输入与章节相对应的“概述”字样。如图 14-11 所示。

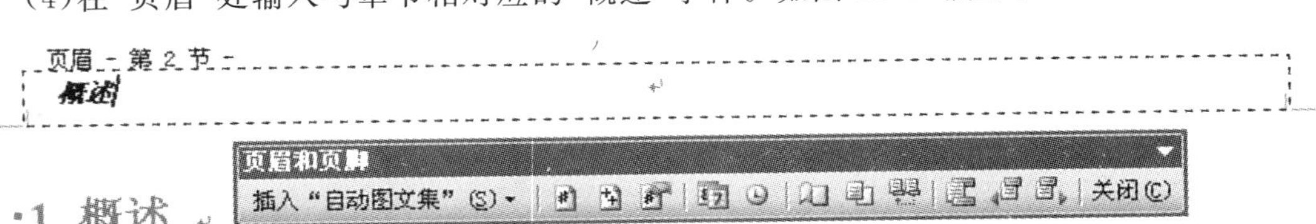

图 14-11　在“概述”章设置与上一节不同的页眉

(5)单击“显示下一项”按钮,“页眉和页脚”对话框出现在“2 技术数据”页的开头,重复步骤(3)、(4),在页眉处将“概述”改为“技术数据”即可。

(6)单击“显示下一项”按钮,“页眉和页脚”对话框出现在“3 装置硬件”页的开头,重复步骤(3)、(4),在页眉处将“技术数据”改为“装置硬件”即可。

(7)单击“显示下一项”按钮,“页眉和页脚”对话框出现在“4 保护原理”页的开头,重复步骤(3)、(4),在页眉处将“装置硬件”改为“保护原理”即可。

(8)单击“显示下一项”按钮,“页眉和页脚”对话框出现在“5 装置整定”页的开头,重复步骤(3)、(4),在页眉处将“保护原理”改为“装置整定”即可。

(9)单击“显示下一项”按钮,“页眉和页脚”对话框出现在“6 订货须知”页的开头,重复步骤(3)、(4),在页眉处将“装置整定”改为“订货须知”即可。

14.4.2 添加页码

添加页码,页码从正文开始,采用阿拉伯数字,目录页不产生页码。

(1)单击“页眉和页脚”对话框上的“显示前一项”按钮,返回到“1 概述”章页面上。

(2)单击“页眉和页脚”对话框上“在页眉和页脚间切换”按钮,成选中状态。在“概述”页的底部出现“页脚”设置框。

(3)单击“页眉和页脚”处的“链接到前一个”按钮,使之变成灰色。如图 14-12 所示。

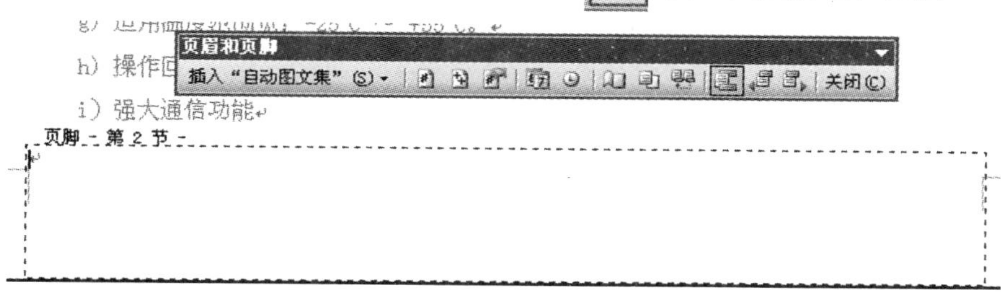

图 14-12 设置“页脚”对话框

(4)单击“页眉和页脚”对话框上的“设置页码格式”按钮,出现“页码格式”对话框。“数字格式”中采用“1,2,3,…”阿拉伯数字,“页码编排”中选择“起始页码”,起始页码为数字“1”。如图 14-13 所示。

图 14-13 设置页码格式

(5)单击“插入页数”按钮，再单击工具栏中的“居中”按钮，使页码居中显示。如图 14-14 所示。

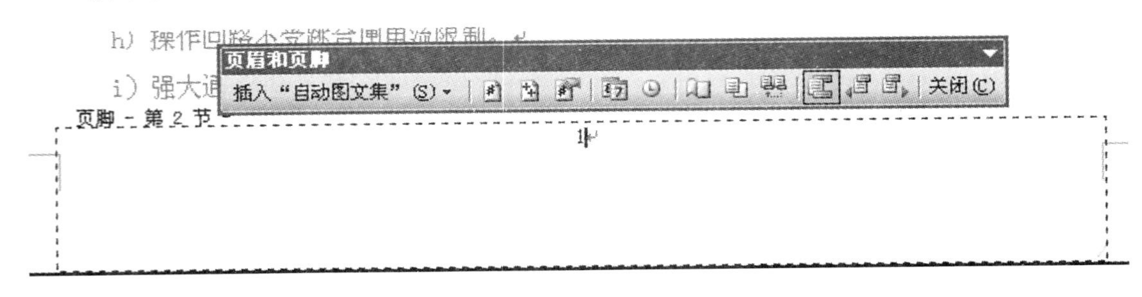

图 14-14　设置起始页的页码

(6)单击“显示下一项”按钮，“页眉和页脚”对话框出现在“2 技术数据”页的底部，单击“设置页码格式”按钮，“页码编排”中选择“续前节”。此时“链接到前一个”按钮也应成选中状态。

(7)单击“显示下一项”按钮，“页眉和页脚”对话框出现在“3 装置硬件”页的底部，单击“设置页码格式”按钮，“页码编排”中选择“续前节”。此时“链接到前一个”按钮也应成选中状态。

(8)单击“显示下一项”按钮，“页眉和页脚”对话框出现在“4 保护原理”页的底部，单击“设置页码格式”按钮，“页码编排”中选择“续前节”。此时“链接到前一个”按钮也应成选中状态。

(9)单击“显示下一项”按钮，“页眉和页脚”对话框出现在“5 装置整定”页的底部，单击“设置页码格式”按钮，“页码编排”中选择“续前节”。此时“链接到前一个”按钮也应成选中状态。

(10)单击“显示下一项”按钮，“页眉和页脚”对话框出现在“6 订货须知”页的底部，单击“设置页码格式”按钮，“页码编排”中选择“续前节”。此时“链接到前一个”按钮也应成选中状态。

14.5　任务五　　添加目录

(1)返回到“目录”页。

(2)光标定位在“目录”下一行。单击“插入/引用/索引和目录”命令，打开“索引和目录”对话框，选择“目录”选项卡，如图 14-15 所示。

(3)在“显示级别”中选择“3”，表明目录中只包含“标题 1”、“标题 2”、“标题 3”，单击“确定”按钮，在“目录”和“1. 概述”之间生成了说明书的目录。

(4)“目录”两字的字体设置为“宋体、小二、加粗”。生成的目录设置成“宋体、小四”。

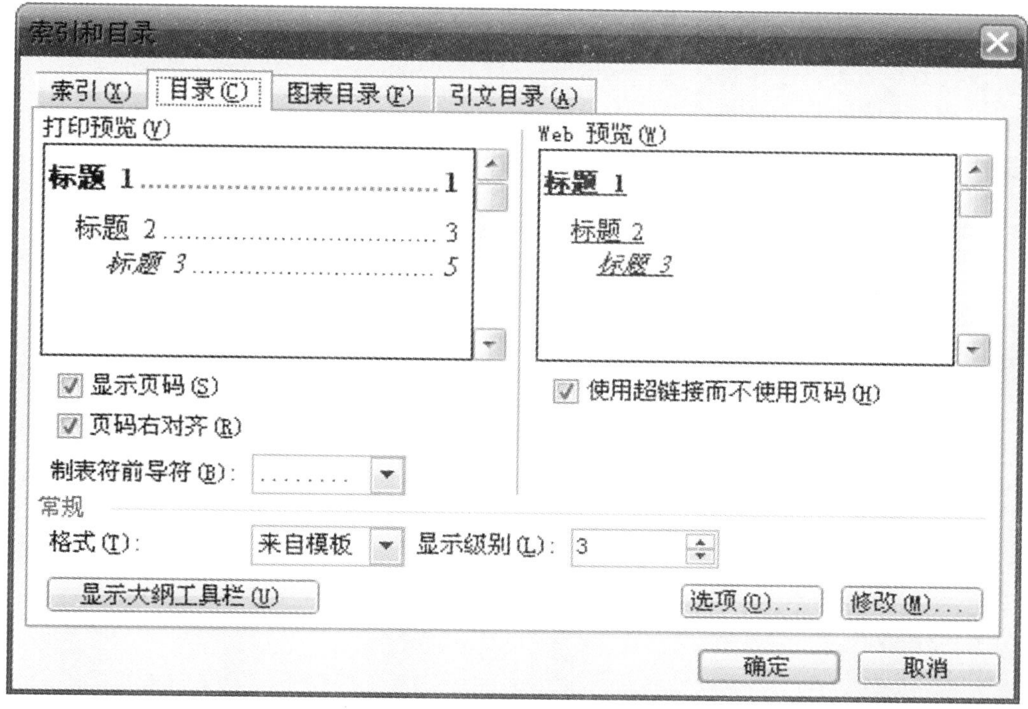

图 14-15　"索引和目录"选项

14.6　本项目涉及的主要知识点

1. 页面设置

在页面设置对话框中有页边距、纸张、版式、文档网络 4 个选项卡，其功能分别如下。

页边距：用于设置页面上打印区域(文档编辑区)之外的空白空间(相当于设置版心尺寸)、装订线、装订位置、页面方向、页码范围等。

纸张：用于选择和更改所用纸张的规格和尺寸。

版式：设置节的起始位置，奇偶页面的页眉和页脚距离纸张边界的尺寸等。

文档网络：用于设置文字排列的方向和栏数、有无网格、每行的跨度和字符个数等。

2. 样式

样式就是一组已经命名的字符格式或段落格式。样式的方便之处在于可以把它应用于一个段落或段落中选定的字符中，按照样式中定义的格式，能批量地完成段落或字符格式的设置。样式分为字符样式和段落样式或内置样式和自定义样式。

3. 目录

目录能使用户很容易地了解文档的结构内容，并快速定位在需要查询的内容。

4. 页眉和页脚

页眉和页脚是位于文档中每个页面页边距的顶部和底部区域，在页面打印区域之外的空白处。

5. 页码

页码表示每页在文档中的顺序。Word 可以快速的给文档添加页码，并且页码可以根据内容的增删而自动更新。

14.7 课后作业

制作如下目录：

第 1 章　网站的设计与制作概述

1.1　网站的类型

1.1.1　门户网站

1.1.2　媒体信息服务类网站

1.1.3　电子商务网站

1.1.4　办公事务管理网站

1.1.5　商务事务管理网站

1.1.6　普及型网站

1.2　基本概念

1.3　网站的开发流程

1.4　网页的制作工具

1.4.1　网页编辑工具

1.4.2　网页图像制作工具

1.4.3　网页动画制作工具

要求：

1. 一级目录小 2 号宋体，加粗；

2. 二级目录小 3 号宋体，加粗；

3. 三级目录小 4 号黑体。

项目 15 制作电子公章

15.1 任务一 制作电子公章轮廓

(1)单击“绘图”工具栏上的◯按钮,按住 Shift 键,在页面上拖出一个圆形至适当的大小。

(2)右键单击此圆形,在弹出的快捷菜单中选择“设置自选图形格式”命令,如图 15-1 所示。

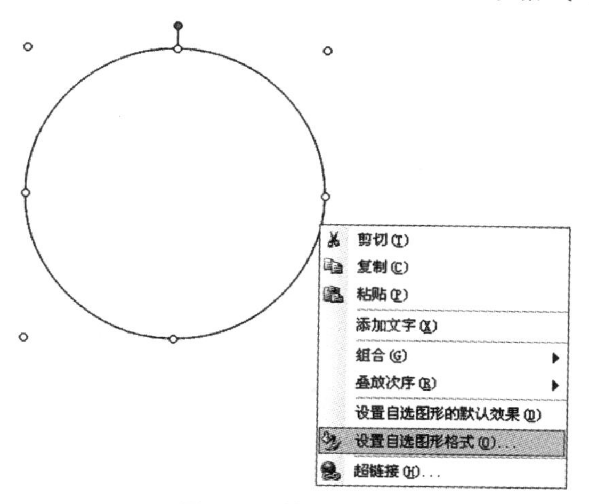

图 15-1 快捷菜单

(3)右键单击图章轮廓打开“设置自选图形格式”对话框,并切换到“颜色和线条”选项卡,在“填充”区域中将“颜色”设为“无填充颜色”,在“线条”区域中,颜色设为红色,线型设为实线,粗细设为 3 磅,最后单击“确定”按钮返回文档,如图 15-2 所示。

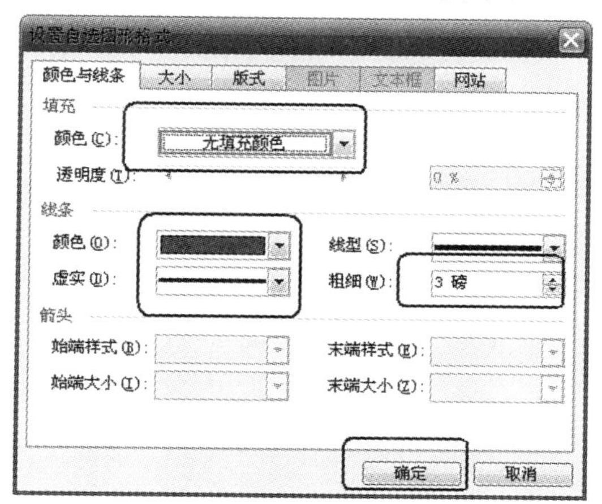

图 15-2 设置圆的格式

15.2 任务二 制作电子公章上的文字

(1)单击“绘图”工具栏上的 按钮，打开“艺术字库”对话框，选择图中所示的艺术字形状(因为制作图章需要的是实心并且不带有阴影的文字)，单击“确定”按钮，如图 15-3 所示。

图 15-3 设定艺术字样

(2)在“编辑‘艺术字’文字”对话框中，输入图章所需要表示的单位的名称，如图 15-4 所示，然后单击“确定”按钮插入艺术字。

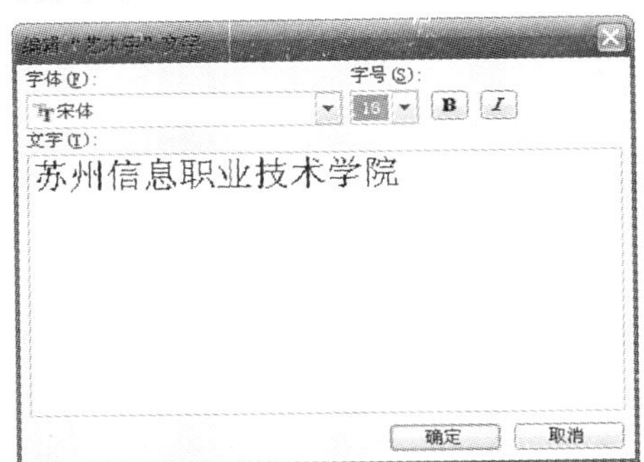

图 15-4 编辑艺术文字

(3)右键单击插入的艺术字，打开“设置艺术字格式”对话框，并切换到“颜色与线条”选项卡中。在“填充”区域“颜色”下拉列表中选择红色，在“线条”区域“颜色”下拉列表中也选择红色，如图 15-5 所示。

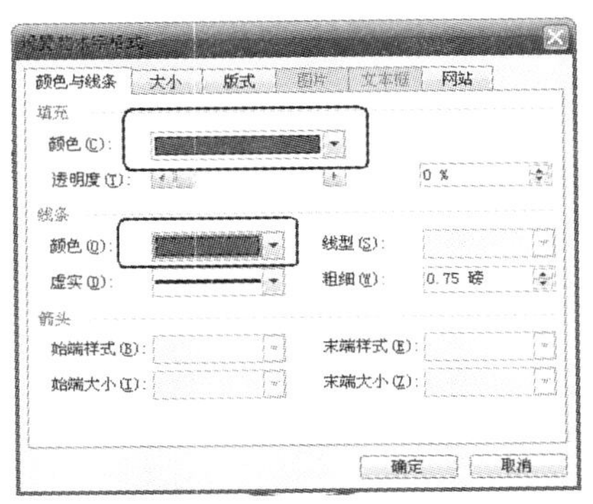

图 15-5 设置艺术字颜色

(4)单击“版式”标签,切换到“版式”选项卡中,在“环绕方式”区域中选择“衬于文字上方”,如图 15-6 所示,然后单击“确定”按钮。

图 15-6　设置艺术字版式

(5)在“艺术字”工具栏中单击“艺术字形状”按钮,从下拉列表中选择“细上弯弧”形状按钮,如图 15-7 所示。如果页面中未显示“艺术字”工具栏,则单击“视图/工具栏/艺术字”便能打开“艺术字”工具栏。

图 15-7　设置艺术字形状

15.3　任务三　将艺术字移入电子图章轮廓

(1)拖动艺术字某一角上的圆形手柄,把它调整为圆弧形,再拖动艺术字左边的黄色棱形手柄,调整好艺术字环绕的弧度。

(2)若文字拥挤,单击“艺术字”工具栏“艺术字字符间距”按钮,选择“稀疏”,这样文字就可分得稍微开一些。调整合适后,将艺术字拖到圆形上方适当的位置,最后得到如图 15-8 所示的效果。

图 15-8　艺术字移入圆内

15.4 任务四　绘制电子图章中的五角星

(1)单击“绘图”工具栏上的“自选图形/星与旗帜”命令,选择“五角星”,拖动鼠标,在屏幕上绘制出适当大小的五角星,打开“设置自选图形格式”对话框,并切换到“颜色和线条”选项卡,在“填充”区域中将“颜色”设为“无填充颜色”,在“线条”区域中,颜色设为红色,其他设置默认,然后将该五角星移至圆心位置,如图 15-9 所示,图章就制作成功了。

图 15-9　电子图章最终效果

(2)为了防止图形的相对位置发生改变,请按住键盘上的 Shift 键,依次单击选中图形、艺术字及五角星形后,鼠标单击右键,从弹出的快捷菜单中选择“组合/组合”命令,如图 15-10 所示。

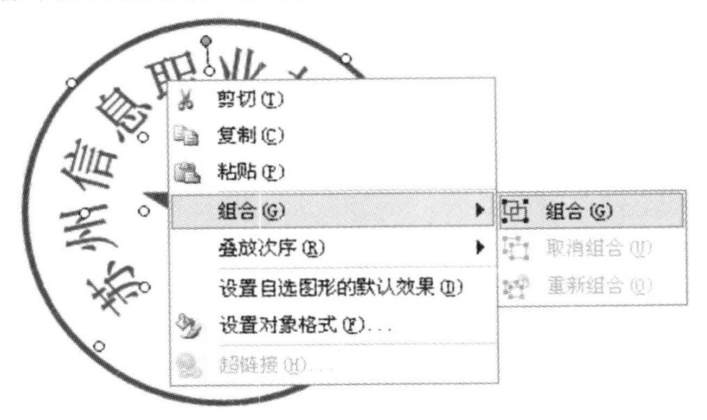

图 15-10　组合图像

15.5 本项目涉及的主要知识点

1. 绘图工具栏

单击“视图/工具栏/绘图”后,在 word 底部会出现“绘图”工具栏,如图 15-11 所示。

绘图工具中主要按钮的功能为:

绘图(D)▾　自选图形(U)▾

图 15-11　绘图工具栏

• 直线按钮：画直线。若同时按住 Shift 键，可以画出水平、垂直、45 度角等直线。

• 矩形按钮：画矩形框。同时按住 Shift 键，可以画出正方形框。

• 椭圆按钮 ：画椭圆框。同时接任 Shift 健，可以画出正圆框。

• 自选图形按钮：包括“基本形状”、“箭头总汇”、“线条”、“流程图”、“星与旗帜”、“标注”、“其他自选图形”共七个选项。每一个选项下又有许多常用的绘图按钮。可以用这些绘图按钮快速绘制各种图形。

• 填充颜色按钮：除直线外，可以为选定的几何图形填充颜色。

• 线条颜色按钮：为选定的直线或其他各种几何图形的边框线设置颜色。

• 线型按钮：为将要画或已经画出的几何图形定义线型。如虚线、细实线、粗实线、单向箭头线、双向箭头线等。

要了解绘图工具栏其他按钮的功能可将鼠标指向该按钮，稍停片刻即可获得功能说明。

2. 绘图工具中的画布功能

在 XP 中，新增了画布功能，它的一个很大的作用是缩放整个画布，以及在画布中能将所有绘图对象作为一个对象来处理，比如相对于页面或其他画布的分布与对齐等。在 Word2003 中插入自选图形或文本框时会自动出现绘图画布，用户通常会按 Esc 键暂时取消 Word 绘图画布。除此之外画布可以在工具选项常规中去除或添加。单击“工具/选项”，在弹出“选项”对话框中，打开“常规”对话框，去掉 “插入‘自选图形’时自动创建绘图画布”前面复选框中的√。如图 15-12 所示。

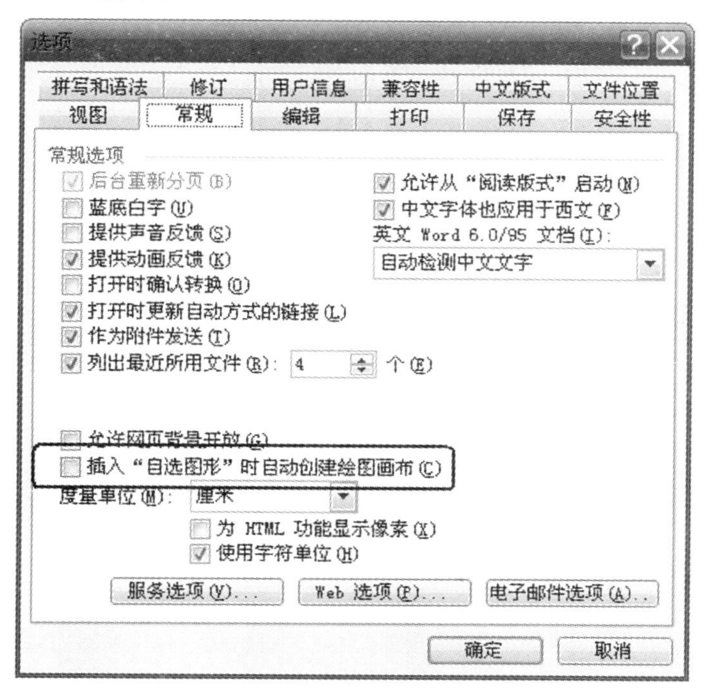

图 15-12　设置删除画布的出现

3. 编辑图形

绘制后的几何图形允许对其进行移动、删除、改变大小、配色、变换线型等操作。

(1)图形的移动与删除

将鼠标指针指向图形,指针呈现空心箭头状并带一个十字双向箭头,单击鼠标左键,图形框线上会立即出现控制点,称作选定或选中。如果是直线,则在两端各有一个控制点,其他图形一般会出现8个控制点,控制点数取决于图形的大小,但最多是8个。鼠标指针指向被选中的图形,当鼠标出现十字双向箭头时,按住左键并拖动鼠标,该图形就可以被移到其他位置。图形被选中后,按 Delete 或 Backspace 键,该图形即被删除。

(2)改变图形的大小

首先选中图形,然后把鼠标指针指向控制点,当鼠标指针变成双向箭头时拖动鼠标可以改变图形的尺寸,如果图形是直线则改变其长度或角度。

(3)改变图形的线型

改变线型是指改变直线的线型。画直线前可以定义线型,对已画出的直线也可以修改其线型。方法是单击绘图工具栏中的"线型"按钮,在其上方会出现一个线型列表框,然后选择其中的某种线型。

(4)图形组合与取消组合

按下"绘图"工具栏上的"选择对象"按钮,可用鼠标左键拉出一个矩形框来选择多个图形。

选择多个图形后,单击绘图工具栏中的"绘图"按钮右边的向下黑箭头,或右击选中图形,在弹出的菜单中,选择"组合"命令,即可以完成多个图形组合成一个图形。这样在移动图形时,会一起移动。取消图形的组合方法相同,用鼠标右击选中图形时也可进行取消组合操作。

4. 画图技巧

(1)多次使用同一绘图工具

一般情况下,单击某一绘图工具后可绘制相应的图形,但只能使用一次。如果想多次连续使用同一绘图工具,可在相应的绘图工具按钮上双击,此时按钮将一直处于按下状态,当你不需要此工具时,可以用鼠标单击当前绘图工具或按"ESC"键。如果接着换用别的工具,则直接单击将要使用的工具按钮,同时释放原来多次使用的绘图工具。

(2)画直线的技巧

选择"直线"绘图工具,固定一个端点后在拖动鼠标时按住 Shift 键,上下拖动鼠标,将会出现水平、垂直或30、45、75度的角的几种直线选择,合适后松开 Shift 键。

(3)画矩形的技巧

按住 Shift 键拖动鼠标会画出一个正方形,按住 Ctrl 键可画一个从起点向四周扩张的矩形,同时按住 Shift 键和 Ctrl 键可画出从起点向四周扩张的正方形。

(4)画椭圆的技巧

按住 Shift 键可画出一个正圆形,按住 Ctrl 键可画一个从起点向四周扩张的椭圆形,同时按住 Shift 键和 Ctrl 键可画出从起点向四周扩张的正圆形。

(5)文本框和垂直文本框的互换

文本框和垂直文本框的区别在于框中文字的排列方式,事实上,无论哪一种文本框,选中后单击鼠标右键,在快捷菜单中选择"文字方向",可以改变文字的排列方式,从而实现文本框和垂直文本框的互换。

(6)图形对象的选择技巧

选择所有图形对象可用“Ctrl＋A”,若不是选择全部图形对象,要首先单击绘图工具栏上的“选择对象”按钮,然后才能选择。选择多个图形对象的方法是按住 Shift 键后用鼠标逐个选择所需对象。

15.6 课后作业

制作如图 15-13 所示的餐饮公司的研发流程图。

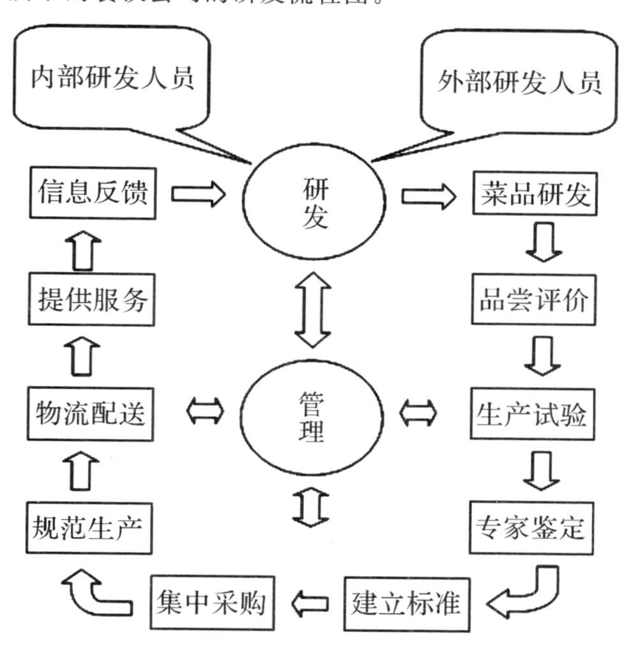

图 15-13 公司研发流程图

项目 16　批量制作学生成绩单

16.1　任务一　建立主文档

批量制作学生成绩通知单，首先要制作学生成绩单的主文档，即确定成绩单的内容。邮件合并向导的过程中，首先要选择主文档的文件类型。操作步骤如下：

(1)选择“文件/新建”命令，新建 word 文档；

(2)选择“文件/保存”命令，将新建的文档保存为“学生成绩通知单邮件. doc”；

(3)选择“工具/信函与邮件/邮件合并”命令，如图 16-1 所示；

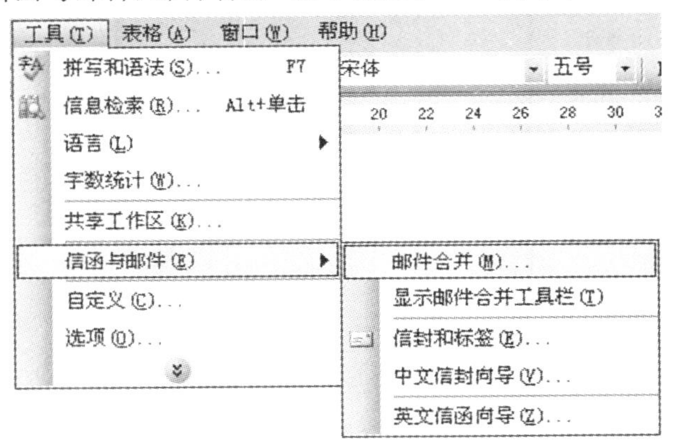

图 16-1　建立主文档

(4)选择“邮件合并”命令后，将打开“邮件合并”侧栏，如图 16-2 所示；

图 16-2　打开“邮件合并”侧栏

(5)在“邮件合并”侧栏的“选择文档类型”选项中选中“信函”单选按钮；

(6)单击“下一步：正在启动文档”连接，进入“选择开始文档”环节；

(7)在“选择开始文档”选项组中“使用当前文档”单选按钮，如图 16-3 所示；

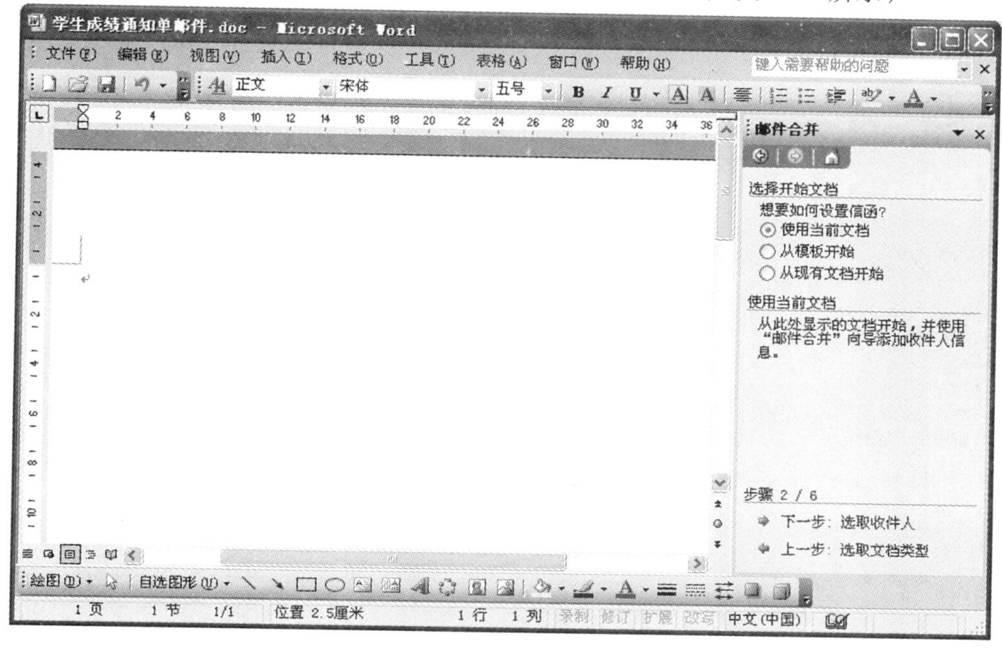

图 16-3　选择“使用当前文档”

(8)在文档的正文编辑区域输入学生成绩通知单内容，并进行适当排版，如图 16-4 所示。

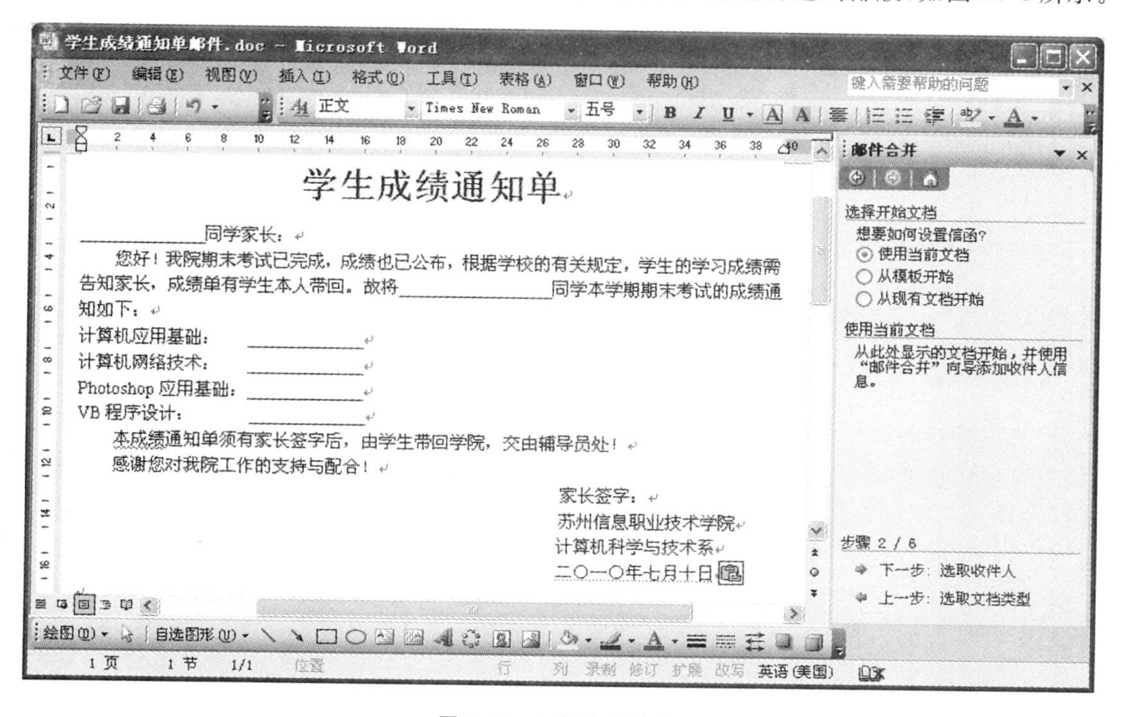

图 16-4　编辑文档内容

提示：

使用邮件合并之前先建立主文档。一方面可以考查预计工作是否适合使用邮件合并，另一方面是主文档的建立为数据源的建立或选择提供了标准和思路。创建主文档的方法是：创建新的 word 空白文档，在文档中输入相关的文字和数据，然后排版成信函的格式。操作步骤如下：

(1)选择“文件/新建”命令，新建 word 文档，将打开新建侧栏。

(2)在“新建文档”侧栏的“新建”选项组中单击“空白文档”链接。

(3)选择“文件/保存”命令，将新建的文档保存为相应的文件名。

这种方法的好处是可以根据实际需要随意制作信函的格式，如果需要制作具有个性化特点的信函文档，可以像制作普通 word 文档一样，对文档进行个性化的修饰。

16.2 任务二　准备数据源

本例中的数据源文档是 Excel 中的表格，是有标题行的数据记录表。如图 16-5 所示。

Microsoft Excel - 学生成绩.xls

文件(F)　编辑(E)　视图(V)　插入(I)　格式(O)　工具(T)　数据(D)　窗口(W)　帮助(H)

宋体　12　B　I　U

E9　fx

	A	B	C	D	E	F
1	姓名	学号	计算机应用基础	计算机网络技术	Photoshop应用基础	VB程序设计
2	王明	G08040201	78	85	80	68
3	张飞	G08040202	85	78	75	88
4	赵新磊	G08040203	89	92	87	85
5	李明	G08040204	84	78	68	60
6	李军	G08040205	91	84	88	76
7	刘江民	G08040206	85	81	80	83

Sheet1 / Sheet2 / Sheet3

就绪　数字

图 16-5　Excel 数据源

16.3 任务三　邮件合并向导

目前主文档和数据源已经准备好，根据邮件合并向导，将数据源中符合需求的数据引入主文档中。操作步骤如下：

(1)打开已经编辑好的主文档“学生成绩通知单邮件. doc”；

(2)打开“邮件合并”侧栏，如图 16-6 所示；

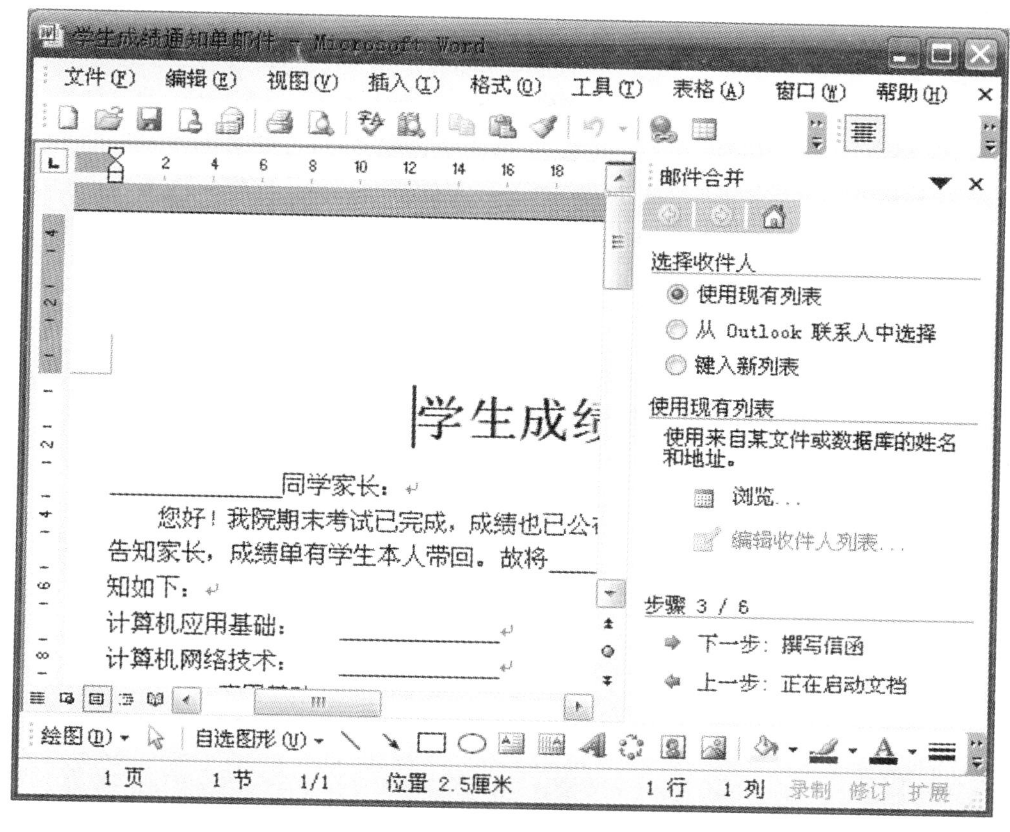

图 16-6　打开主文档的“邮件合并”侧栏

(3)在“邮件合并”侧栏的“选择收件人”选项组中选中“使用现有列表”单选按钮，并单击其下的“浏览”链接，弹出“选取数据源”窗口，如图 16-7 所示；

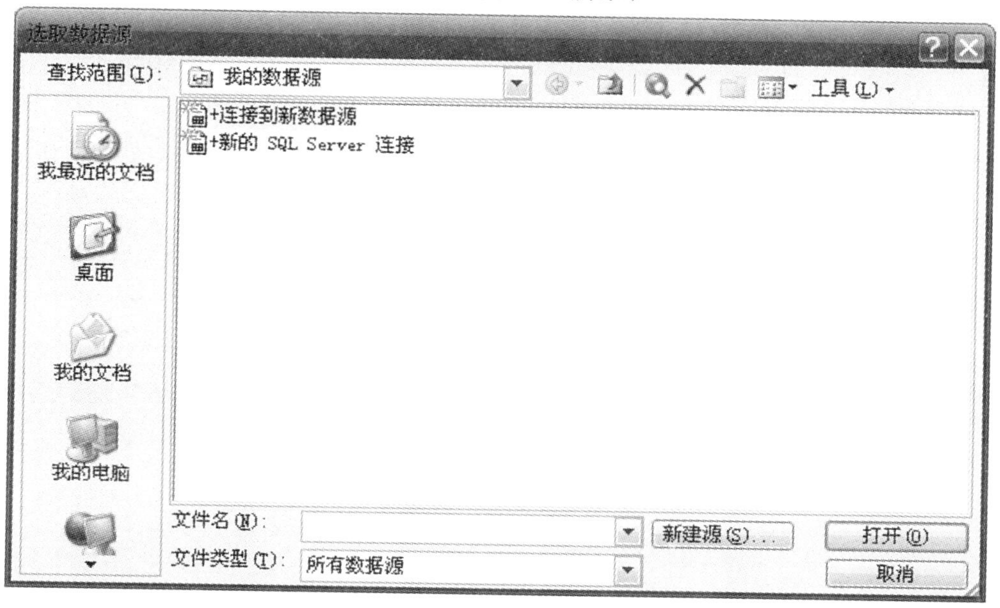

图 16-7　选择收件人

(4)选择已准备好的数据源文档，本例数据源文档是“学生成绩.xls”，如图 16-8 所示；

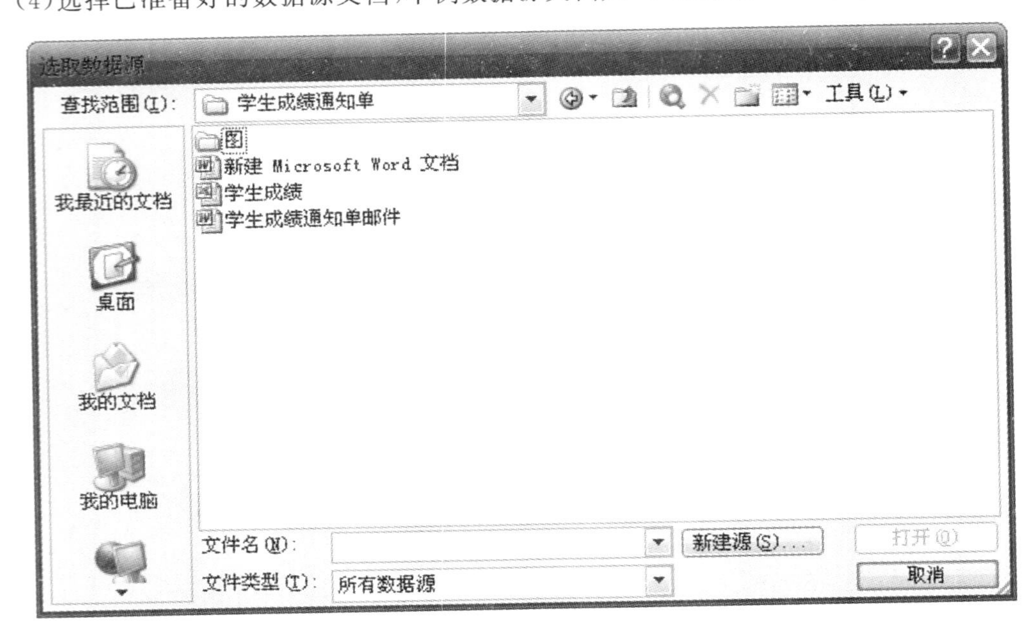

图 16-8 打开“读取数据源”对话框

(5)单击“打开”按钮，弹出“选择表格”对话框，在其列表中选择存有数据的工作表，如图 16-9 所示；

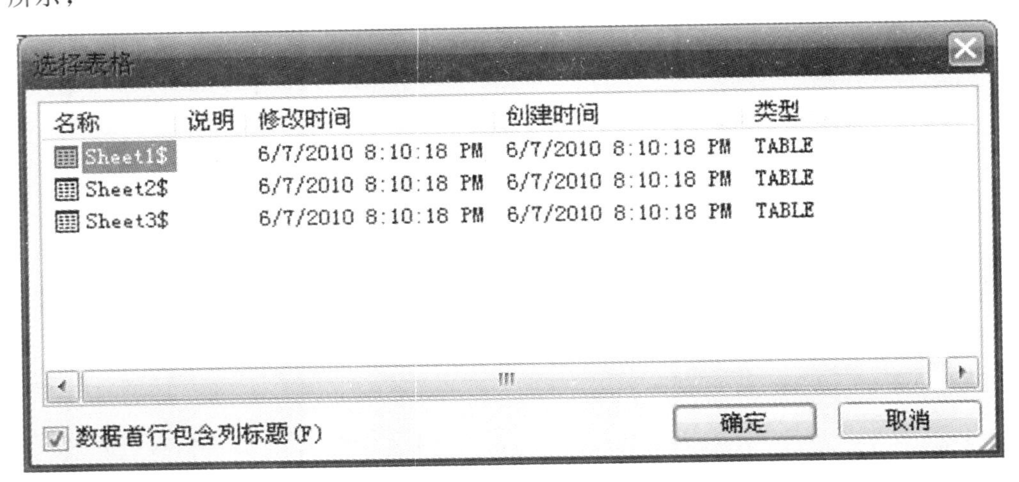

图 16-9 选择工作表

(6)单击“确定”按钮，将弹出“邮件合并收件人”对话框，如图 16-10 所示；

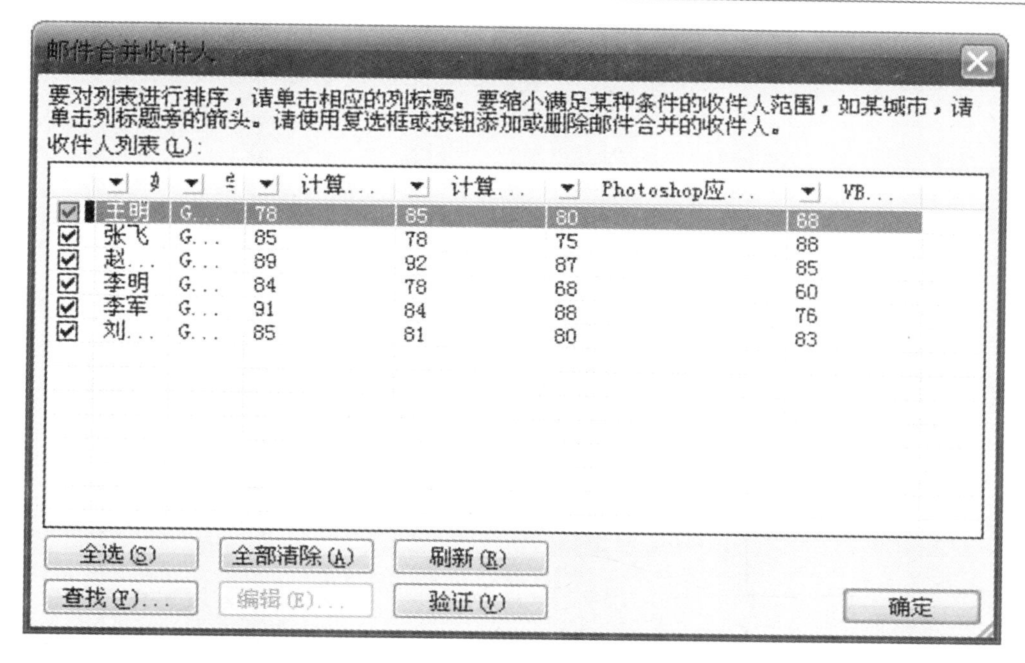

图 16-10 “邮件合并收件人”对话框

(7)单击“确定”按钮，返回邮件主界面。如图 16-11 所示；

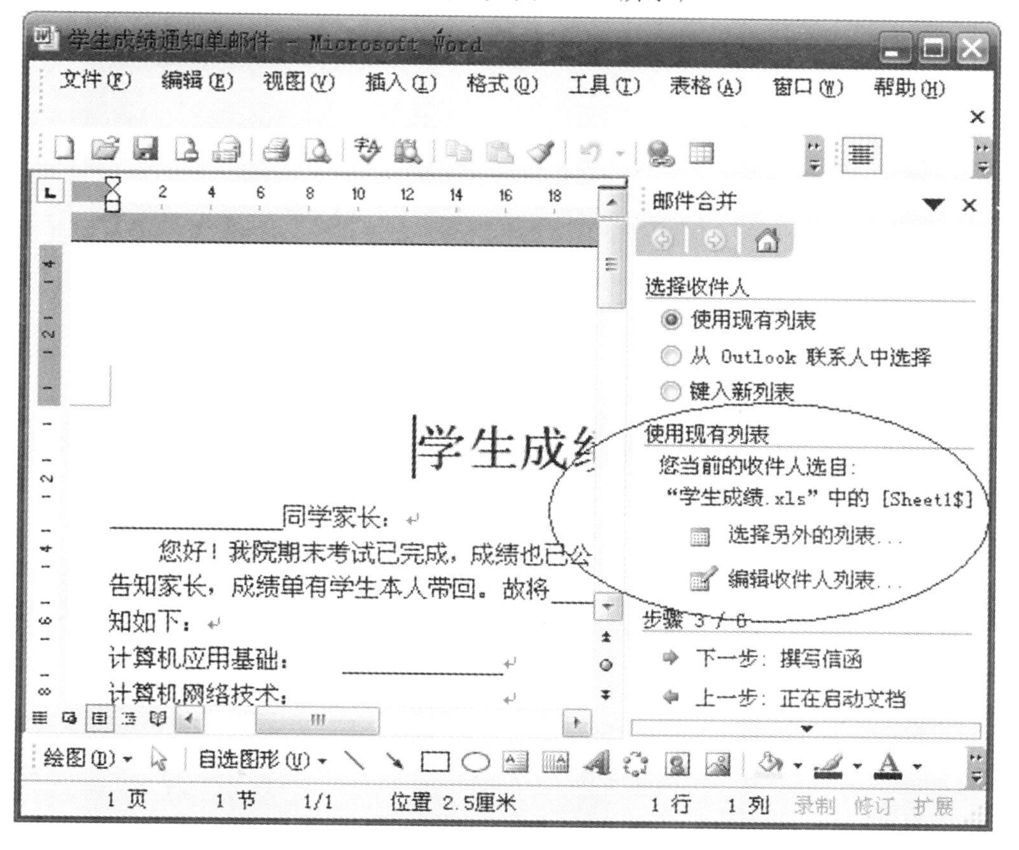

图 16-11 选定数据源后的邮件合并侧栏

提示：

图 16-11“使用现有列表”选项组中可以更改数据源文件，也可以编辑目前设定的数据源文件。

(8)单击“下一步：撰写信函”链接，进入“撰写信函”环节。如图 16-12 所示；

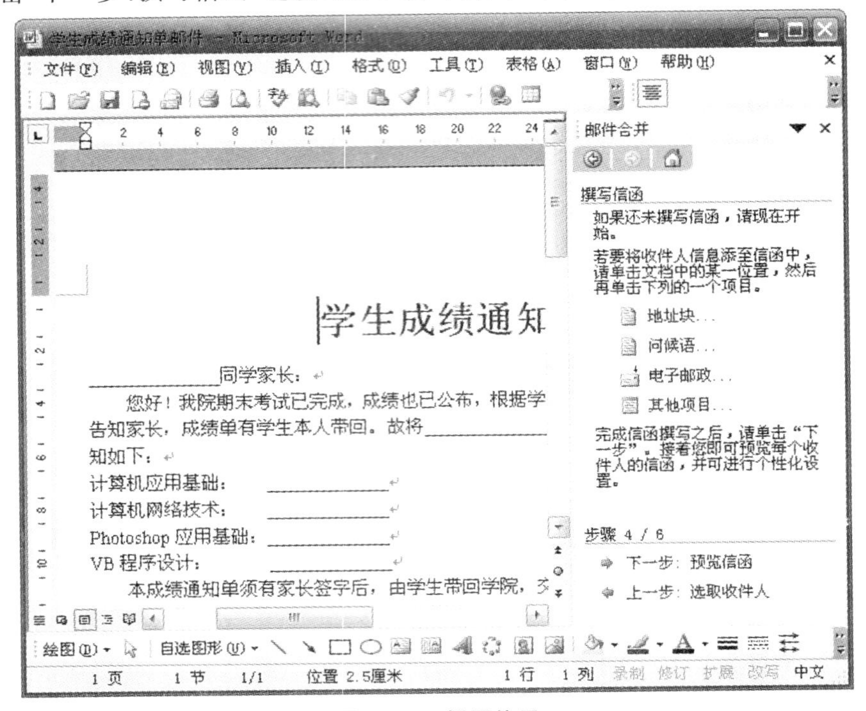

图 16-12 撰写信函

(9)光标定位在“同学家长”前的空白处，单击任务窗口中的“其他项目…”链接，弹出“插入合并域”对话框，选择单选按钮“数据库域”，在“域”选项组中的列表框中出现了数据源表格中的字段，从中选择“姓名”字段，如图 16-13 所示；

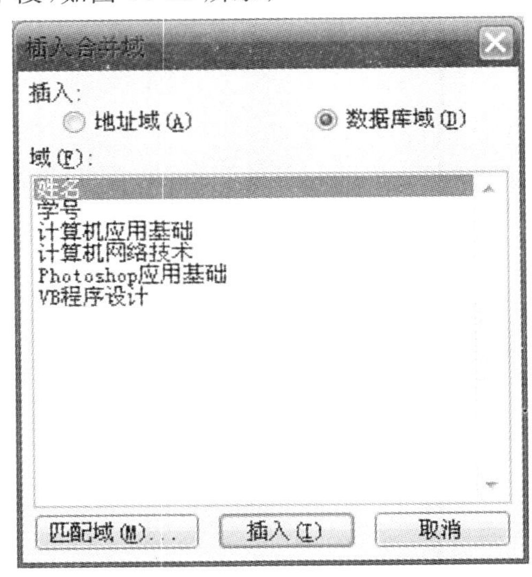

图 16-13 选择字段

(10)单击“插入”按钮，数据源中该字段即可合并到主文档中，在“插入合并域”对话框中单击“关闭”按钮，关闭对话框，如图 16-14 所示；

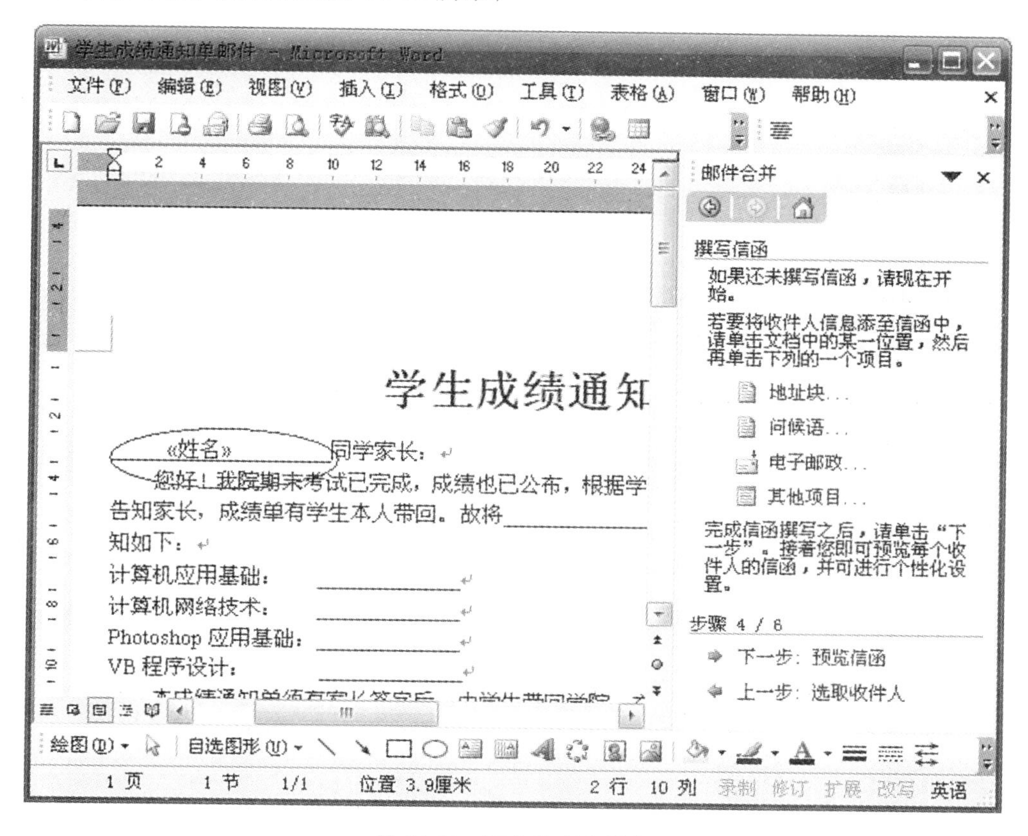

图 16-14 正文出现字段名

(11)光标定位在第三行的空白处横线上，此处显示的仍然是学生的姓名，因此，可以根据(9)、(10)的步骤进行设置；

(12)光标定位在“计算机应用基础:”后的空白横线上，单击任务窗口中的“其他项目…”链接，弹出“插入合并域”对话框，选择单选按钮“数据库域”，在“域”选项组中的列表框中出现了数据源表格中的字段，从中选择“计算机应用基础”字段；

(13)单击“插入”按钮，数据源中该字段即可合并到主文档中，在“插入合并域”对话框中单击“关闭”按钮，关闭对话框；

(14)用同样的方法，其余的空白横线处插入相应的字段。完成后如图 16-15 所示；

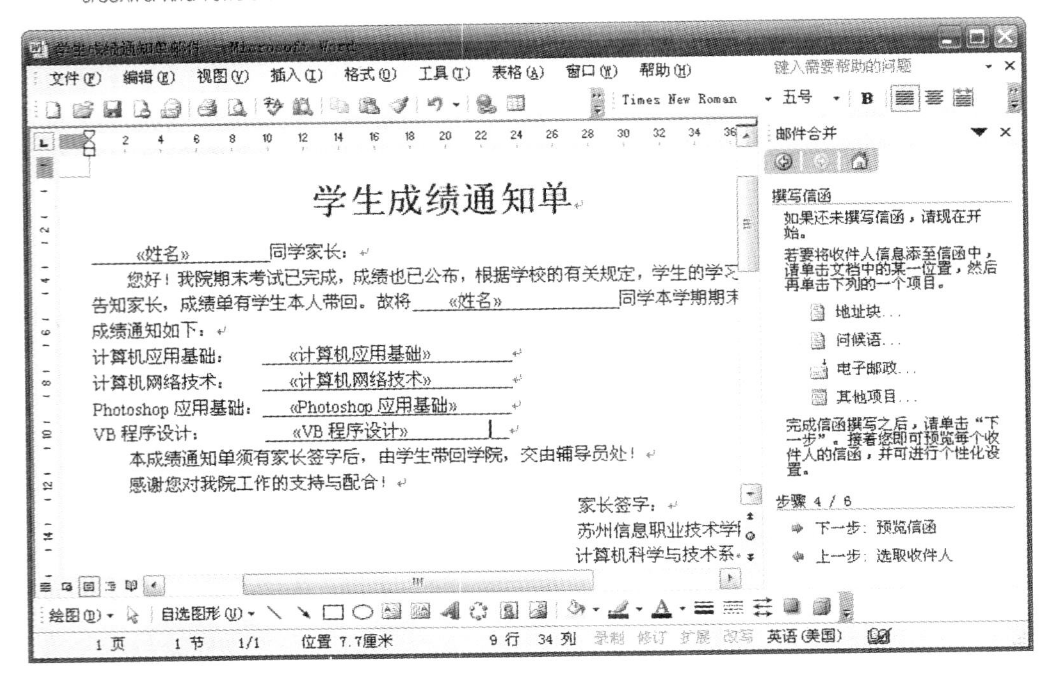

图 16-15　所有字段添加至正文

提示：

从数据源中插入的字段都被用“《》”符号括起来，以便和文档中的普通内容区别。

(15)单击“下一步：预览信函”链接，进入“邮件合并向导”，预览学生成绩通知单，如图16-16所示；

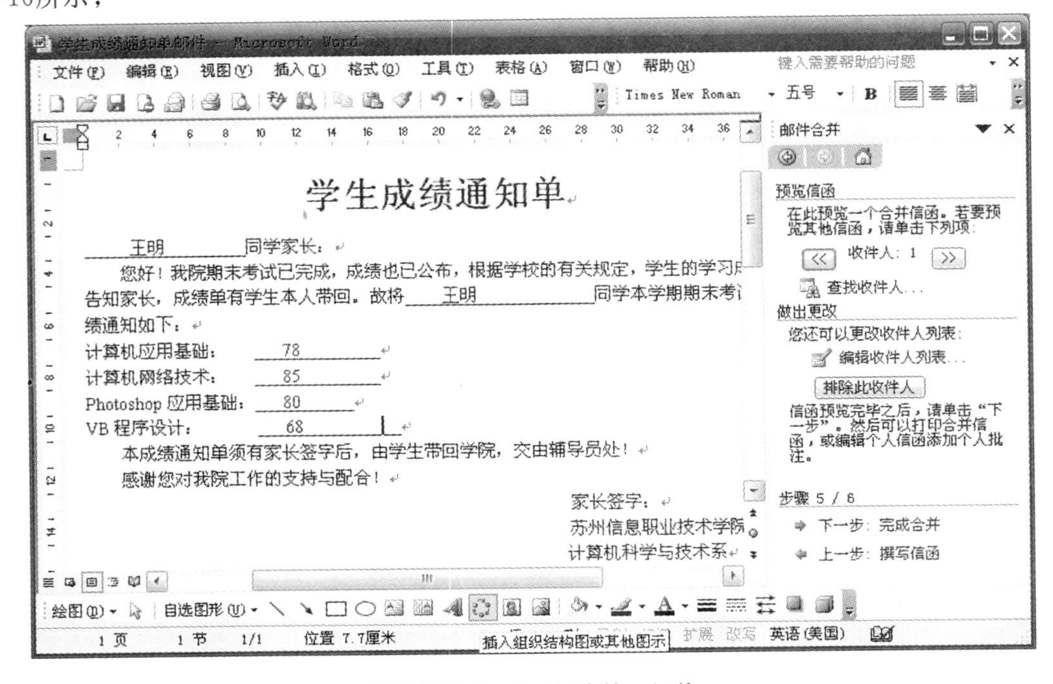

图 16-16　预览学生成绩通知单

提示：

前面主文档中带有“《》”符号的字段变成数据源表的第一条记录中的具体内容。

(16)单击“邮件合并”侧栏中的“收件人:1”左右两边的“《”或者“》”按钮，可以看到该处的文字会根据鼠标的单击进行变化，从“收件人:1”变到“收件人:2”再到“收件人:3”等可以浏览批量生成的其他成绩通知单，如图 16-17 所示；

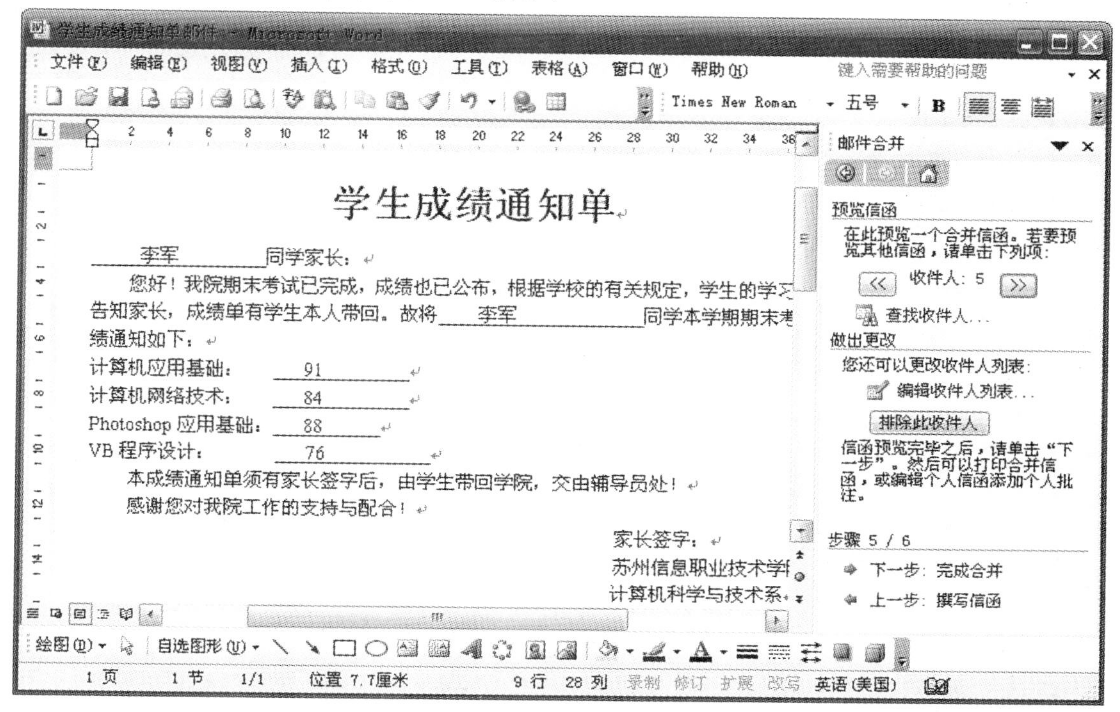

图 16-17　不同收件人显示不同正文内容

(17)浏览合并生成的学生成绩通知单，确认无误后，单击“下一步:完成合并”链接，进入“邮件合并向导”的最后一步:完成合并；

提示：

- 打印：可以将合并好的成绩单打印出来，数据源表格中有几条记录，即可打印出多少个成绩单。
- 编辑个人信函：可以将部分或者所有信函的内容进行编辑，但编辑后是新文档。

一般不建议使用“编辑个人信函”来进行全体编辑，需要对主文档或是数据源进行修改，只需修改其原文件即可。

(18)在侧栏的“合并”选项组中，单击“打印…”链接，弹出“合并到打印机”对话框。在对话框中选择“全部”单选按钮；

(19)单击“确定”按钮，弹出“打印”对话框，此时便可打印出所有学生的成绩通知单。此时批量制作学生成绩通知单已制作完成。

16.4 任务四 定制个性化邮件

邮件合并后，为学生成绩通知单加上贺语。

(1)在数据源表格中加入“贺语”字段，内容为“恭祝新年快乐，合家欢乐!”。如图 16-18 所示。

	A	B	C	D	E	F	G
1	姓名	学号	计算机应用基础	计算机网络技术	Photoshop应用基础	VB程序设计	贺语
2	王明	G08040201	78	85	80	68	恭祝新年快乐，合家欢乐!
3	张飞	G08040202	85	78	75	88	恭祝新年快乐，合家欢乐!
4	赵新磊	G08040203	89	92	87	85	恭祝新年快乐，合家欢乐!
5	李明	G08040204	84	78	68	60	恭祝新年快乐，合家欢乐!
6	李军	G08040205	91	84	88	76	恭祝新年快乐，合家欢乐!
7	刘江民	G08040206	85	81	80	83	恭祝新年快乐，合家欢乐!

图 16-18 插入“贺语”列

(2)打开已经完成的邮件合并，并且保存关闭的文档。

(3)选择“工具/信函与邮件/邮件合并”命令，打开“邮件合并”侧栏。

(4)在步骤选项组中，单击“上一步”和“下一步”链接，单击“下一步：撰写信函”链接，可以进入“撰写信函”步骤，如图 16-19 所示。

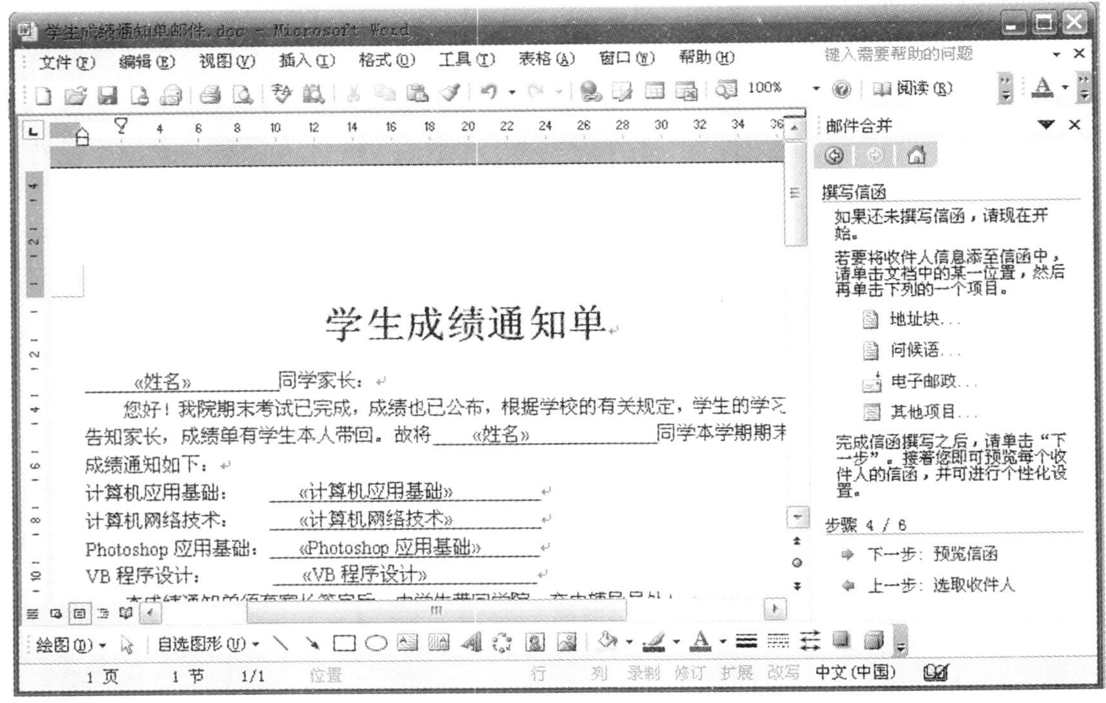

图 16-19 “撰写信函”步骤

(5)光标定位在需添加贺语的位置,单击"邮件合并"侧栏的"其他项目"链接,弹出"插入合并域"对话框。在"域"列表中选择"贺语"字段,单击"插入"按钮,此时光标处便出现了"《贺语》"字样。如图 16-20 所示。

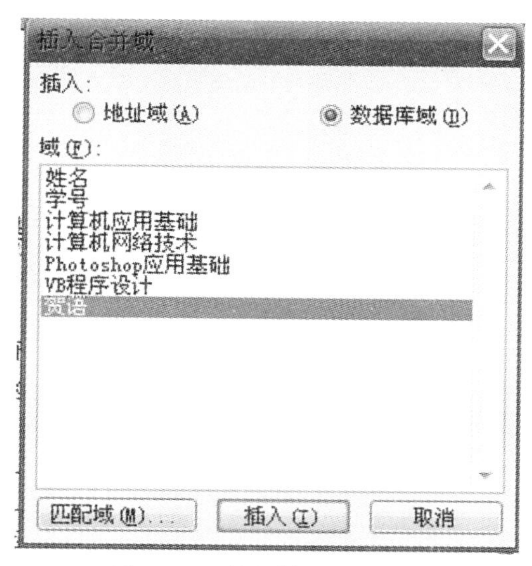

图 16-20 插入"贺语"对话框

(6)单击"插入合并域"对话框的"关闭"按钮,关闭"插入合并域"对话框,单击"下一步:预览信函"链接,开始预览信函。如图 16-21 所示。

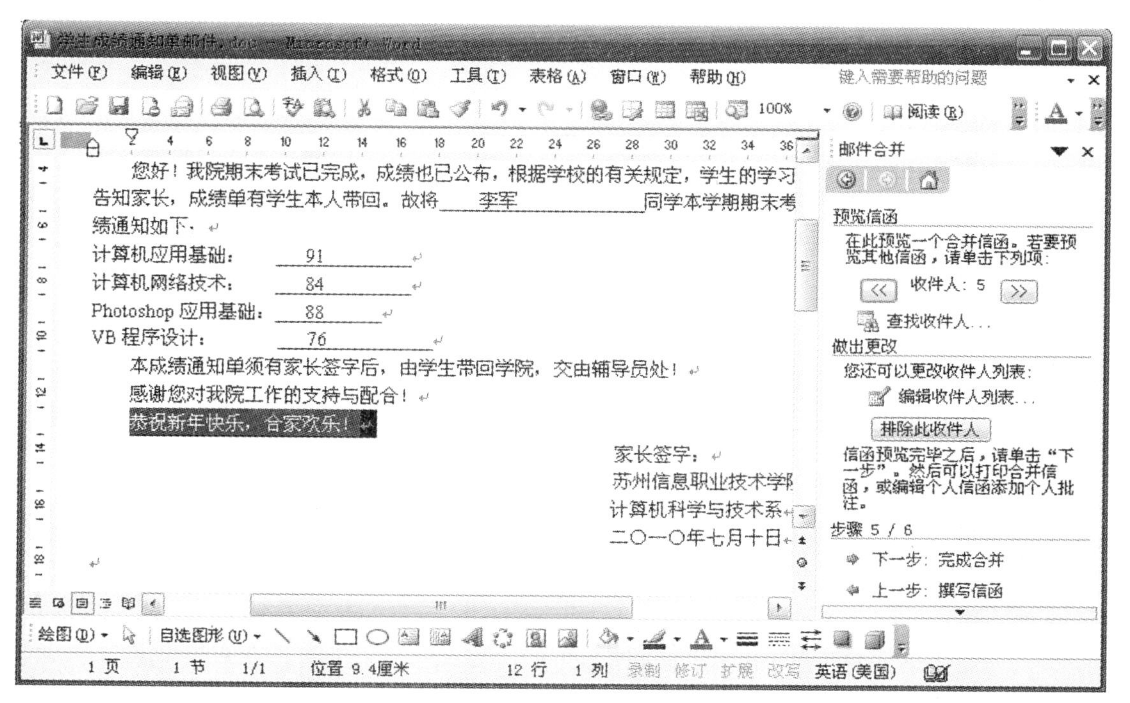

图 16-21 预览信函

在打印完成后，邮件合并主文档即可保存并关闭。如果还需要进行修改和编辑，则需遵循以下操作。

- 打开已完成邮件合并，并且保存关闭的文档。
- 选择“工具/信函与邮件/邮件合并”命令，打开“邮件合并”侧栏。
- 在步骤选项组中，单击“上一步”和“下一步”链接，可以返回或前行到相应的步骤，然后对该步骤进行修改。

16.5 本项目涉及的主要知识点

1. 邮件合并的概念

邮件合并是 word 中制作批量文件所使用的一项功能。这项功能原本就是为了批量生成邮件、信封等与邮件相关的文档而设计的，而此后这项功能越来越为用户所知道和运用，这项功能的作用已不仅仅局限于邮件方面，但是“邮件合并”这个名字却沿用下来了。

在邮件合并中涉及以下几个重要的概念。即数据源、主文档和域。这些概念中“数据源”和“主文档”是邮件合并过程中特有的名词，而“域”是一种较为特殊的 word 代码，用于在 word 文档中插入某些需要根据设置自动完成某些复杂的功能。下面就对这三个概念进行分别讲解。

- 数据源：“数据源”是批量制作文档时使用的数据文件，可以是已有数据的 Excel 表、Acess 数据表，也可以在使用邮件合并功能时手动输入创建。
- 主文档：在使用邮件合并时，除了有数据源，还需要制作“主文档”。主文档的内容包括邮件的固定内容，一般是设定好格式的文本文档，如 Word 文档等。主文档的形式和模板文档类似，熟悉模板制作的读者可对两者进行对比，可以发现它们的操作和设置都基本相同。
- 域：主文档中还包括引入数据源的“域”信息。“域”可以在文档中代替可变化的信息，在项目符号和模板制作中使用“域”可以替代规律变化的内容，在设置页眉页脚中使用“域”来插入可自动变化的日期和时间。

从根本上讲，“域”是一种可以在 Word 中可以使用的代码，其具备程序代码的部分功能，可以说是简单版的程序代码。普通用户不需要深入了解域的代码如何编写和为什么要如此设置，只需要清楚如何利用“域”来完成需求即可。在本例中将利用“域”将数据源中的相关数据引入主文档中。

2. 邮件合并的使用范围

并不是只有涉及邮件时才使用“邮件合并”功能。只要满足下面两个条件的文档，都可以使用邮件合并功能。

- 制作批量文档。
- 批量文档的大部分内容是固定的，同时伴有小部分可变化内容，可变部分可以以数据表的形式按一定的规则存放。

本例中需要制作几十份甚至几百份学生成绩通知单，其中每位学生的姓名和他相对应的每门功课的成绩是可变内容，其他内容则完全相同。

3. 认识“邮件合并”侧栏

选择“工具/信函与邮件/邮件合并”命令，word 主界面右侧将自动出现“邮件合并”侧栏，如图 16-22 所示：

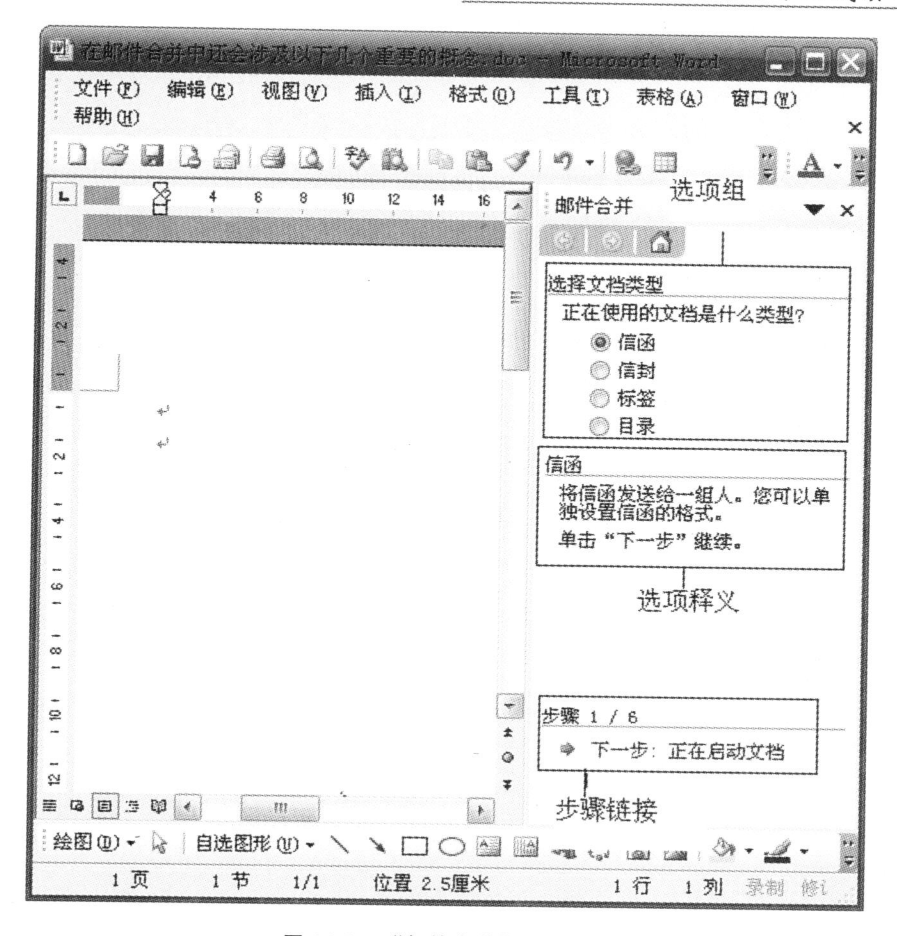

图 16-22　“邮件合并”侧栏解析

“邮件合并”侧栏由三块内容组成，每块内容功能如下。

选项组：可从其中选择每个步骤需要设置的选项，如设置主文档的类型、设置数据源等。

选项释义：在选项组中选择的每个选项都会在“选项释义”处即时显示该选项的使用说明及其他帮助信息。

步骤链接：可以在该处查看当前步骤为邮件合并步骤的第几步，也可以在下方蓝色的步骤链接中进入下一步或者上一步。

4. 认识“邮件合并”工具栏

选择“工具/信函与邮件/显示邮件合并工具栏”命令后，便显示了“邮件合并”工具栏，如图16-23 所示：

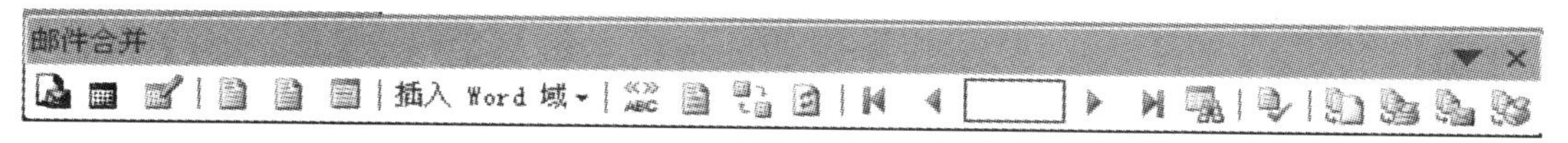

图 16-23　“邮件合并”工具栏

“邮件工具”工具栏上的大部分按钮都与“邮件合并”侧栏中选项组的命令相对应，在使用时，可以使用侧栏的命令，也可以使用工具栏上的按钮。工具栏常用按钮功能如下。

• 设置文档类型 :单击按钮后,可对邮件合并主文档的类型进行设置,即弹出“主文档类型”对话框,如图 16-24 所示。

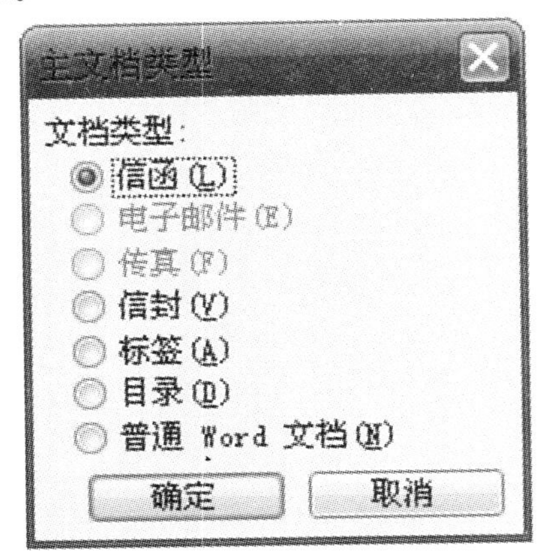

图 16-24 “主文档类型”对话框

• 插入 word 域 插入 Word 域 :可以将一些域的命令代码插入邮件合并主文档中,如案例中还需使用到“下一记录”命令,单击插入“插入 word 域”按钮右侧的下三角按钮,将弹出“插入 word 域”下拉列表,可根据情况对各命令进行选择,如图 16-25 所示。

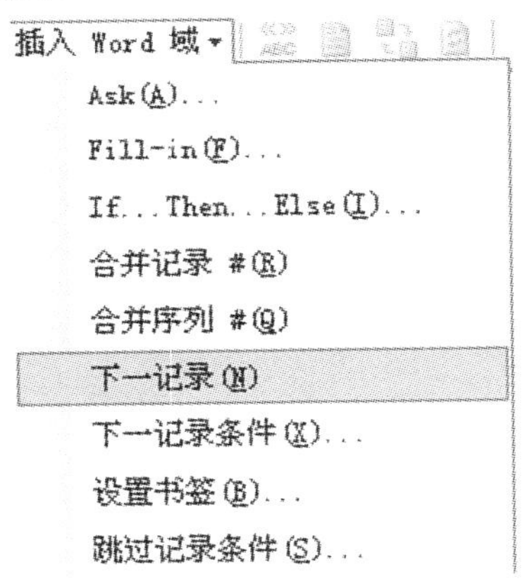

图 16-25 “插入 word 域”下拉列表

• 查看合并数据 :未单击此按钮前,文档中所有插入的数据都以“域代码”的形式显示。单击此按钮后,即此按钮周围有蓝色方框时,文档中插入的数据显示为数据源表格中的记录。

• 记录查看按钮组 :单击相应的按钮,对文档中引入的数据进行查看。

16.6　课后作业

在 word 中批量完成以下所示的“邀请函”。

邀请函

尊敬的＿＿＿＿＿＿＿＿＿女士\先生：

您好！

我院将于 5 月中旬举办 2010 年招聘专场，现诚邀贵单位：＿＿＿＿＿＿＿＿＿＿＿＿＿＿＿公司\集团来我院参加招聘活动。招聘场地设置在院体育馆内，届时欢迎您的光临！

此致

　敬礼

承办单位：苏州信息职业技术学院

承办时间：2010 年 5 月 10 日

图 16-26　邀请函样式

要求：

(1)创建数据，如表 16-1 所示。

表 16-1

单位负责人	邮编	地址	联系电话	单位全称
张辉	215200	体育路 10 号	60783881	变压器厂
赵锌	215200	江陵路 108 号	63117389	金明纺织
刘韵	215200	学院路 200 号	63328993	恒大电子集团
左彬	215200	立泽路 300 号	63237771	恒生电子公司

(2)以图 16-26 所示内容作为“邀请函”主要内容，利用邮件合并功能，批量制作邀请函，保存并打印这些邀请函。

项目 17　制作通讯录

通讯录是我们日常生活和工作中朋友同事相互联系的一类表格，它的作用是分类管理联系人的姓名、电话、E-mail 地址等各种基本信息，可以为我们的生活和工作带来很大的方便。下面通过制作通讯录来向大家介绍 Excel 软件的基本使用。

为了方便教职工之间的联系，领导要求小顾用 Excel 制作一个教职工通讯录，要求包括教职工的姓名、所属系部、办公电话、移动电话、E-mail 地址等信息，能够通过自动筛选等功能快速地查询和更新信息。根据领导的要求，小顾经过精心的设计，制作了如图 17-1 所示的通讯录。

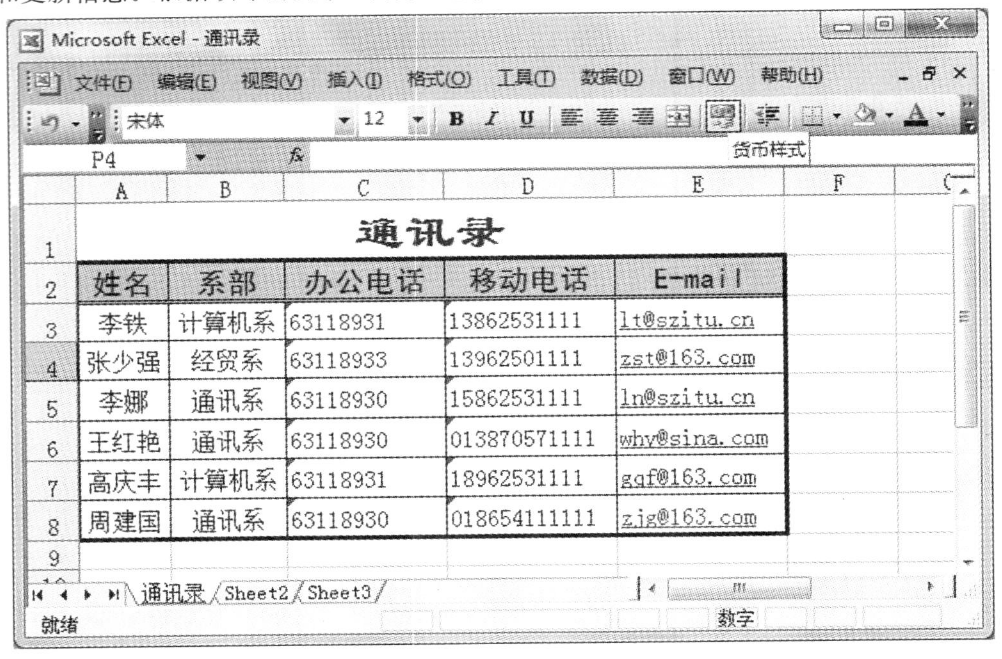

图 17-1　通讯录

17.1　任务一　设计表格

17.1.1　观察 Excel 2003 窗口界面

启动 Excel 2003，窗口界面如图 17-2 所示。注意养成“先四周后中央，鼠标悬停看提示”的观察思路。Excel 2003 窗口从上向下依次是标题栏、菜单栏、工具栏、工作区和状态栏。仔细观察，新建的工作簿默认包含 3 张工作表，工作簿的默认名称是 Book1、Book2、Book3…，工作表的默认名称是 Sheet1、Sheet2、Sheet3…。

Excel 2003 的启动和退出操作步骤如下：

(1)单击任务栏上的"开始/程序/Microsoft Office/Excel 2003"命令,即可启动 Excel 2003,并新建一个空工作簿,窗口界面如图 17-2 所示。

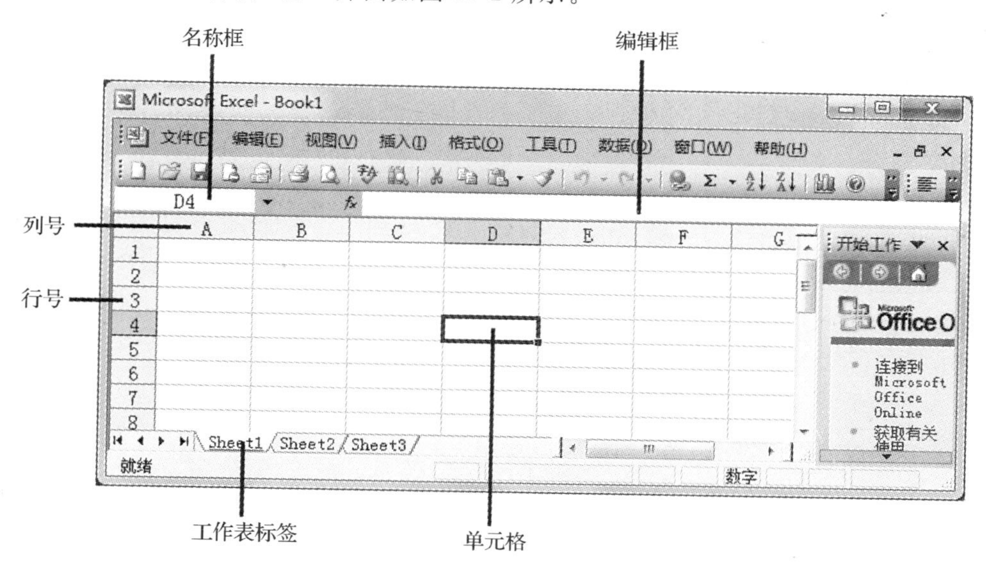

图 17-2　Excel 2003 窗口界面

(2)单击 Excel 2003 窗口右上角的关闭按钮,或单击"文件/退出"命令,即可退出 Excel 2003。

17.1.2　设计表格

设计制作如图 17-1 所示的通讯录表格结构,将工作表命名为"通讯录"。操作步骤如下:

(1)选中单元格 A1,输入文本内容"通讯录",按"Enter"键结束。

(2)在单元格 A2:E2 中分别输入"姓名"、"系部"、"办公电话"、"移动电话"、"E-mail 地址"。

(3)右击 Sheet1 工作表标签,在弹出的快捷菜单中单击"重命名"命令,然后输入工作表的新名称"通讯录",得到如图 17-3 所示的工作表。

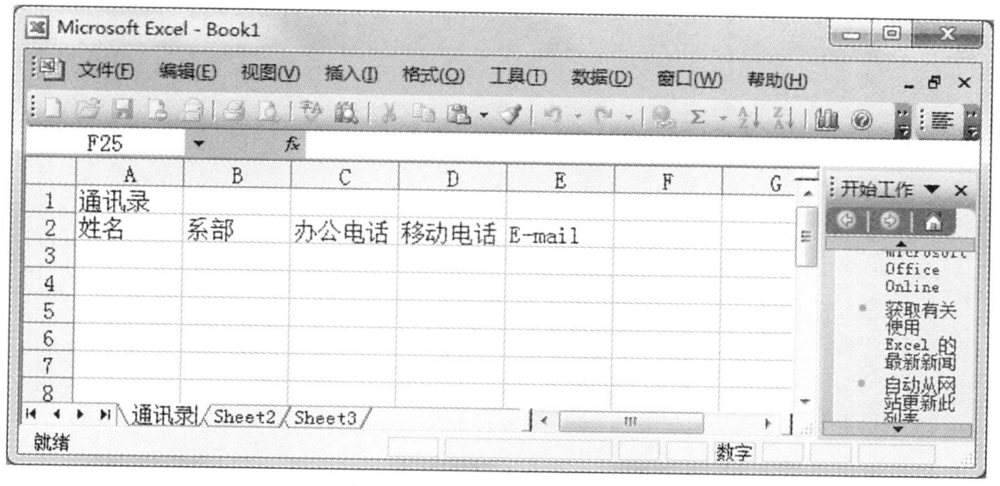

图 17-3　"通讯录"表格结构

17.2 任务二 输入数据

在建立表格结构之后，就可以输入通讯录的具体信息。

1. 根据图 17-3 创建的通讯录表格结构，在表格中输入如图 17-1 所示的通讯录信息。操作步骤如下：

(1)根据图 17-1 所示的内容输入“姓名”和“系部”两列的数据。

(2)在“办公电话”和“移动电话”两列的单元格中，先输入一个“'”，再输入具体的电话号码。

(3)输入 E-mail 地址。(输入 E-mail 地址之后，系统会自动添加链接，E-mail 地址字体显示为蓝色，并加下划线。)

以上数据全部正确输入完成后，可以得到如图 17-4 所示的工作表。

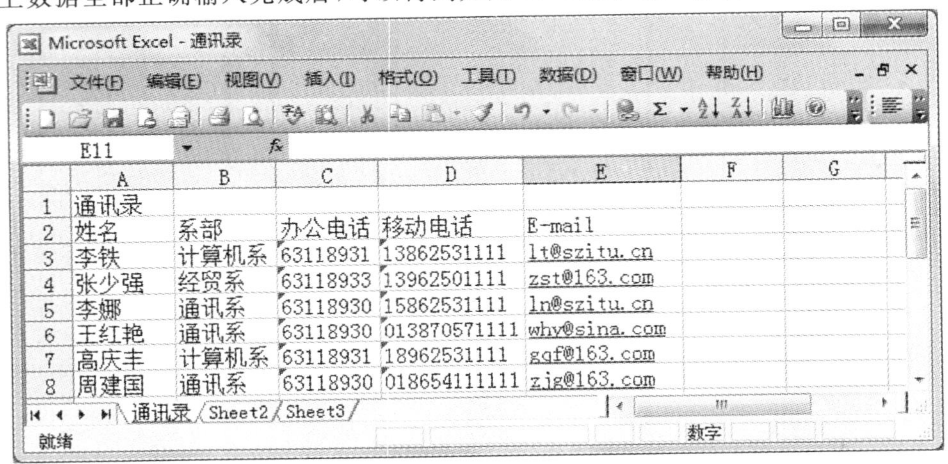

图 17-4 通讯录工作表

2. 在“系部”列左边插入一列，在第一行上边插入一行。操作步骤如下：

(1)选中“系部”列，单击“插入/列”命令，即可在该列左边插入一列。

(2)选中第一行，单击“插入/行”命令，即可在该行上边插入一行。如图 17-5 所示。

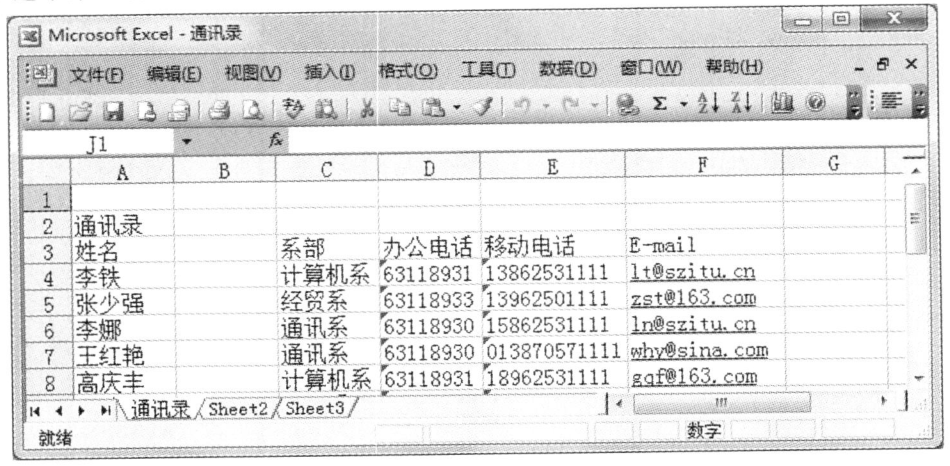

图 17-5 插入行、列后的工作表

提示：

(1)若要输入"办公电话"之类的由纯数字构成的文本型数据，要在输入的数字之前加上西文单引号"'"，系统会将输入的数字转换成文本处理。单元格内文本默认左对齐，数值默认右对齐。

(2)若要输入许多相同内容，可以采用复制或自动填充的方法快速输入。

(3)插入行或列操作，也可选中行或列后，单击鼠标右键，在弹出的快捷菜单中单击"插入"命令。

(4)若要删除行或列，只要选中要删除行或列后，单击鼠标右键，在弹出的快捷菜单中单击"删除"命令。

17.3　任务三　　设置单元格格式

设置单元格格式，可使单元格页面更加美观。所有数据输入完成后，接下来就是对工作表进行单元格的设置，包括合并单元格、字体设置、对齐方式、边框底纹等。

17.3.1　单元格合并、对齐、字体设置

1. 将 A1:E1 单元格合并，表头和标题行内容居中显示；"姓名"和"系部"列居中对齐，"办公电话"、"移动电话"和"E-mail 地址"列左对齐。操作步骤如下：

(1)选中单元格区域 A1:E1，单击格式工具栏中的"合并及居中"按钮，即可合并所选区域，并使区域内文字居中。

(2)选中单元格区域 A2:E2，单击格式工具栏中的"居中"按钮 ☰，即可使区域内文字居中。

(3)选中"姓名"和"系部"两列数据，单击格式工具栏中的"居中"按钮 ☰，即可使区域内文字居中。

(4)选中"办公电话"、"移动电话"和"E-mail 地址"三列数据，单击格式工具栏中的"左对齐"按钮☰，即可使区域内文字左对齐。

提示：

单元格文字对齐方式和文字方向的详细设置，可以单击"格式/单元格"命令，在打开的"单元格格式"对话框中，选择"对齐"选项卡，如图 17-6 所示。

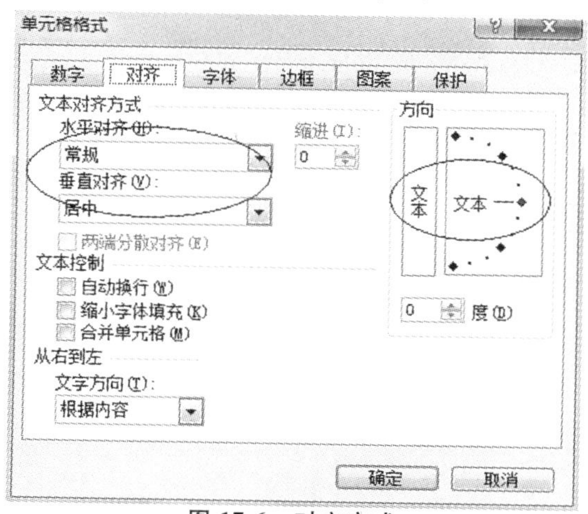

图 17-6　对齐方式

2. 将表头(第一行)的行高设置为“30”,其他行的行高设置为“20.75”;所有列的列宽设置为“最合适的列宽”。操作步骤如下:

(1)选中第一行,单击“格式/行/行高”命令,打开行高对话框,输入“30”,单击“确定”按钮,如图17-7所示。再同样设置其他行的行高。

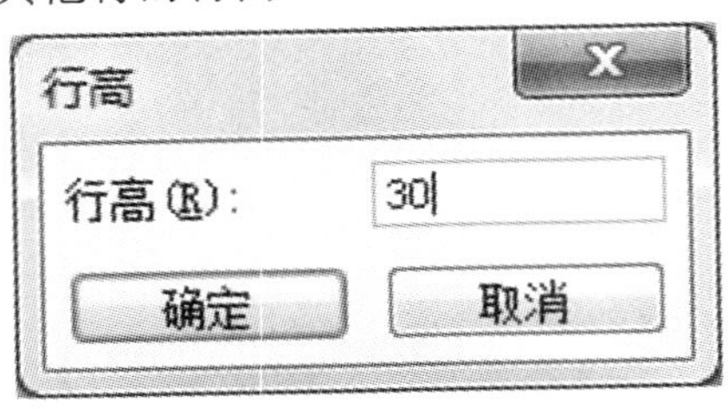

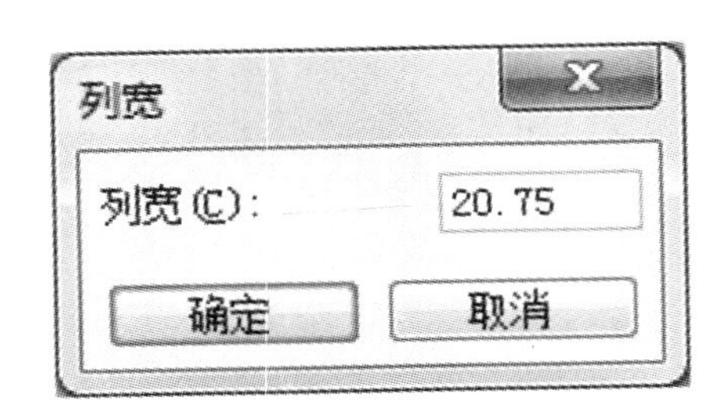

图17-7 行高、列宽对话框

(2)选中所有的列(A—E),单击“格式/列/最合适的列宽”命令。(也可以直接用鼠标拖动边框线改变行高和列宽)

3. 将表头“通讯录”的字体格式设置为“隶书”、“24号”、“加粗”、“蓝色”;标题行字体设置为“黑体”、“14号”;其他单元格字体格式为“宋体”、“10号”。操作步骤如下:

(1)选中A1单元格,在“格式”工具栏中的“字体”下拉列表中选择“隶书”,在“字号”下拉列表中选择“24”,然后单击“加粗”按钮 **B** ,再单击“颜色” A ▾ 按钮,选择“蓝色”。

(2)同样的方法设置其他单元格的字体格式。

17.3.2 单元格边框和底纹设置

1. 将通讯录外边框设置为“粗线”,内框设置为“细线”,标题行下边设置为“双线”。操作步骤如下:

(1)选中A2:E8单元格,单击“格式/单元格”命令,选择“边框”选项卡。

(2)选择线条样式列表区域中的粗线条,单击预置区域中的“外边框”按钮 ;选择线条样式列表区域中的细线条,单击预置区域中的“内部”按钮 。

(3)单击“确定”按钮,设置好外框线和内部框线。

(4)选中A2:E2单元格,单击“格式/单元格”命令,选择“边框”选项卡。

(5)选择线条样式列表区域中的双线条,单击边框区域中的“下边框”按钮 ,单击“确定”按钮。如图17-8所示。

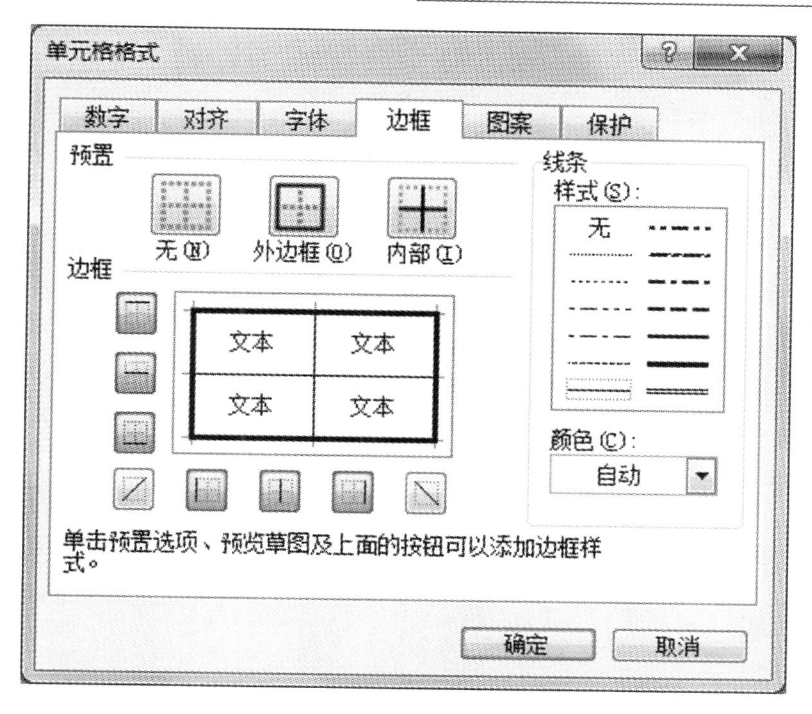

图 17-8　设置单元格边框

2. 将通讯录表格中的标题行设置为“灰色－25%”的底纹。操作步骤如下：

(1)选中 A2:E2 单元格，单击“格式/单元格”命令，选择“图案”选项卡，在颜色列表中选择“灰色－25%”按钮，如图 17-9 所示。

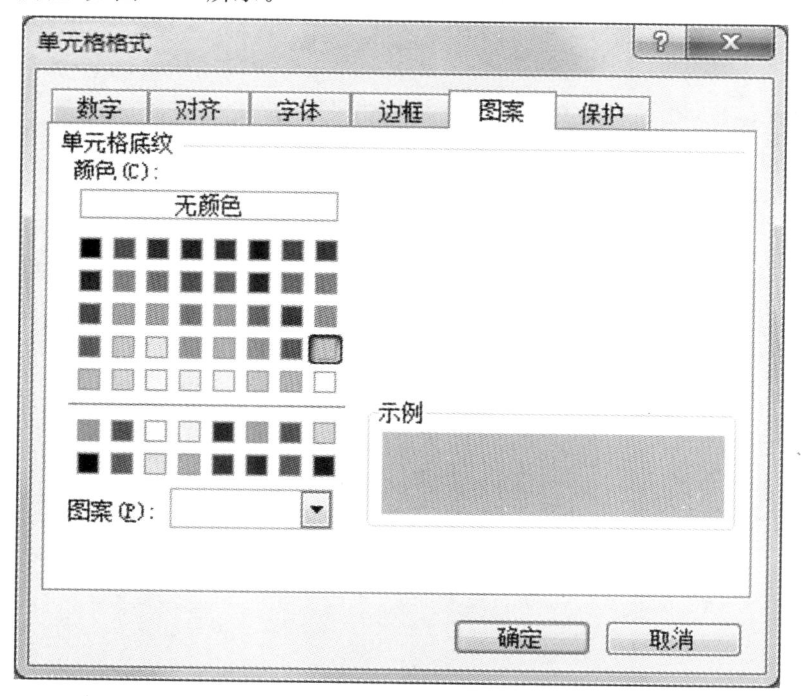

图 17-9　设置单元格底纹

(2)单击“确定”按钮,设置好标题行底纹。

提示:

(1)设置单元格边框时,必须先选中线条样式,再单击边框按钮。

(2)设置单元格边框时,也可单击“格式”工具栏中的“边框”按钮来设置。

(3)设置单元格底纹时,也可单击“格式”工具栏中的“填充颜色”按钮来设置。

3. 将工作簿保存到“我的文档”,文件名为“通讯录. xls”。操作步骤如下:

(1)单击“文件/保存”命令,打开“另存为”对话框,如图 17-10 所示。

图 17-10 “另存为”对话框

(2)选择保存位置,输入文件名“通讯录”,单击“保存”按钮。

提示:

1. 因为以项目形式组织的知识和技能是以“工作任务”为中心的,因此目标性很强。这对完成工作任务很快捷,但是,目标性太强常常会形成一种定式思维,这对发散思维的培养是不利的。所以在学习的过程中,要牢记目标的同时关注“沿途风景”。例如,在观察 Excel 窗口时,要关注 Windows 系统的任务栏;在设置单元格文本对齐方式时,关注到文本方向;还有许多用“提示”形式列出的内容等等,这些都是学习过程中需要关注的“沿途风景”。

2. 本项目中的每一种效果的实现方法都不是唯一的,都有其他的实现方法。其中最需要掌握的就是“先四周后中央,鼠标悬停看提示”的观察思路和“先定位后操作,左右结合左右左”的操作方法。

3. 细节决定成败,细节体现水平。学习过程中一定要注重细节,如 Excel 窗口工作区上(名称框、编辑框)、下(任务栏)、左(行号)、右(滚动条)的每一个标记与图标,都有其独特的功能,希望学习者仔细研究,这对提高操作技能有很大的帮助。

17.4　本项目涉及的主要知识点

1. 工作簿

一个 Excel 文件就是一个工作簿，Excel 文件的扩展名是. xls。Excel 启动后，会自动创建一个新的空白工作簿，其默认的名称是 Book1、Book2、Book3…。一个工作簿由若干张工作表组成(最多可以包含 255 张工作表)，默认包含 3 张工作表。

2. 工作表

工作表用于组织和分析数据，它由 65536 行×256 列组成。工作表的默认名称是 Sheet1、Sheet2、Sheet3…。

3. 单元格

单元格是工作表区域内行与列的交叉点，是 Excel 组织数据的基本单元。单元格的地址由单元格所在列号(A,B…IV)和行号(1,2…65536)组成，也称作单元格名称。注意：单元格名称一定是列号在前，行号在后，例如单元格位置在第 6 行第 E 列，该单元格的名称为 E6。

17.5　课后作业

1. 按下列要求在 Excel 中建立职工捐款情况表，最终的效果如图 17-11 所示。

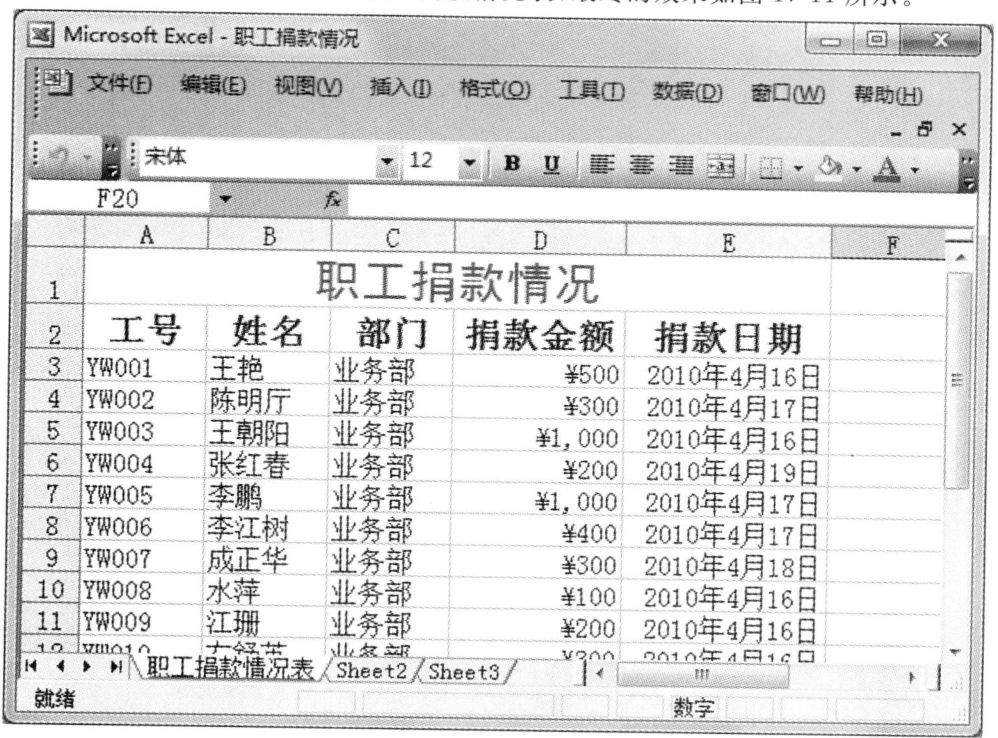

职工捐款情况				
工号	姓名	部门	捐款金额	捐款日期
YW001	王艳	业务部	¥500	2010年4月16日
YW002	陈明厅	业务部	¥300	2010年4月17日
YW003	王朝阳	业务部	¥1,000	2010年4月16日
YW004	张红春	业务部	¥200	2010年4月19日
YW005	李鹏	业务部	¥1,000	2010年4月17日
YW006	李江树	业务部	¥400	2010年4月17日
YW007	成正华	业务部	¥300	2010年4月18日
YW008	水萍	业务部	¥100	2010年4月16日
YW009	江珊	业务部	¥200	2010年4月16日

图 17-11　职工捐款情况表

(1)启动 Excel 新建一个工作簿,输入标题“职工捐款情况”。

(2)将 A1:E1 单元格合并居中,字体格式设置为“黑体”、“红色”、“20 号”。

(3)输入列标题,并将字体格式设置为“宋体”、“16 号”、“加粗”,居中对齐。

(4)输入数据并按图 17-11 效果设置格式,“工号”内容和“部门”内容用自动填充功能快速输入。

(5)将工作表更名为“职工捐款情况表”。

(6)将文件以名称“职工捐款情况. xls”保存。

项目 18　工资管理

工资管理是公司财务数据管理的主要内容之一，财务人员每个月都要计算出员工的奖金、养老保险、应发工资和实发工资等。本项目利用 Excel 对公司员工的工资进行管理、统计，主要介绍 IF、COUNTIF、RANK 等函数的使用以及图表的制作。

18.1　任务一　　用公式计算“应发工资”

1. 打开“工资表. xls”文件，将 A1:H1 单元格合并居中，字体格式设置为“黑体”、“24 号”、“红色”；其他数据设置为“宋体”、“12 号”、居中对齐。操作步骤如下：

(1)选中单元格区域 A1:H1，单击格式工具栏中的“合并及居中”按钮，即可合并所选区域，并使区域内文字居中。

(2)在“格式”工具栏中的“字体”下拉列表中选择“黑体”，在“字号”下拉列表中选择“24”，再单击“颜色”按钮，选择“红色”。

(3)选中单元格区域 A2:H18，单击格式工具栏中的“居中”按钮；在“格式”工具栏中的“字体”下拉列表中选择“宋体”，在“字号”下拉列表中选择“12”。如图 18-1 所示。

	A	B	C	D	E	F	G	H
1	员工工资表							
2	工号	姓名	基本工资	岗位津贴	业绩奖励	养老保险	实发工资	收入等级
3	013501	王平	950	650	0	85		
4	013502	张艳丽	2000	800	680	145		
5	013503	陈春茯	2200	850	800	160		
6	013504	石蕊	1800	750	280	120		
7	013505	金用仍	950	650	210	135		
8	013506	欧昌平	1250	700	320	95		
9	013507	解磊	2100	850	680	160		
10	013508	李平国	1250	650	0	120		
11	013509	李宝珠	1900	850	400	120		
12	013510	沈小明	1850	650	220	120		
13	013511	胡斌	1800	650	350	110		
14	013512	王琴	1800	650	200	125		
15	013513	江晓波	1600	700	350	125		
16	013514	孙中华	2000	800	850	145		
17	013515	吴锦华	1750	750	300	105		
18	平均:							

图 18-1　员工工资表

2. 输入公式计算“实发工资”，使用函数计算“平均”值。操作步骤如下：

(1)选中目标单元格 G3。

(2)在编辑栏中输入公式“=C3+D3+E3-F3”，按“Enter”键确认，在 G3 单元格中显示出计算结果。

(3)拖动 G3 单元格右下角的填充柄至 G17 单元格，得到每个人的“实发工资”。

(4)选中目标单元格 C18。

(5)单击编辑栏左边的“插入函数”按钮 *fx*，打开“插入函数”对话框，如图 18-2 所示，在“或选择类别”下拉列表中选择“常用函数”，在“选择函数”列表框中选择“AVERAGE”函数，单击“确定”按钮，打开函数参数对话框，如图 18-3 所示。

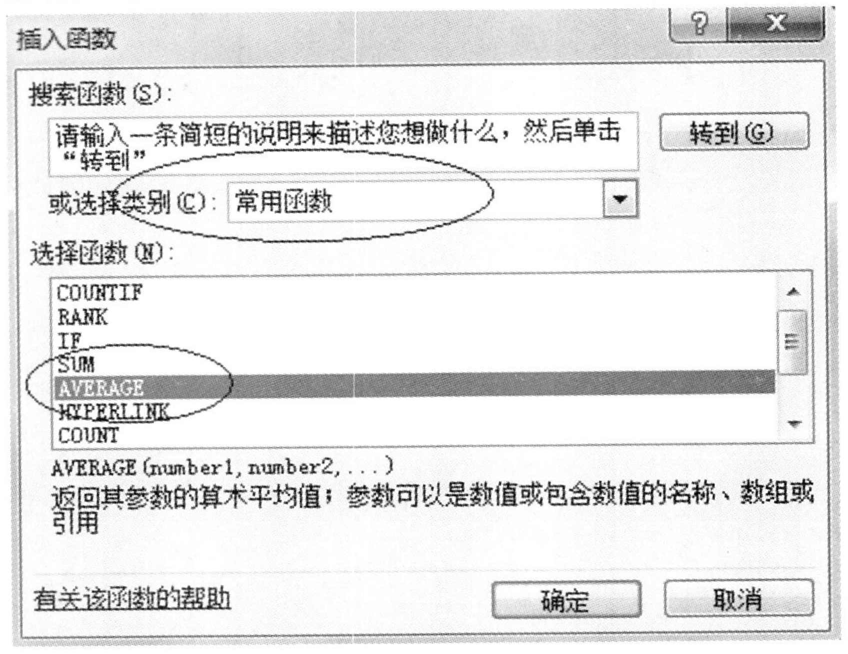

图 18-2　插入函数对话框

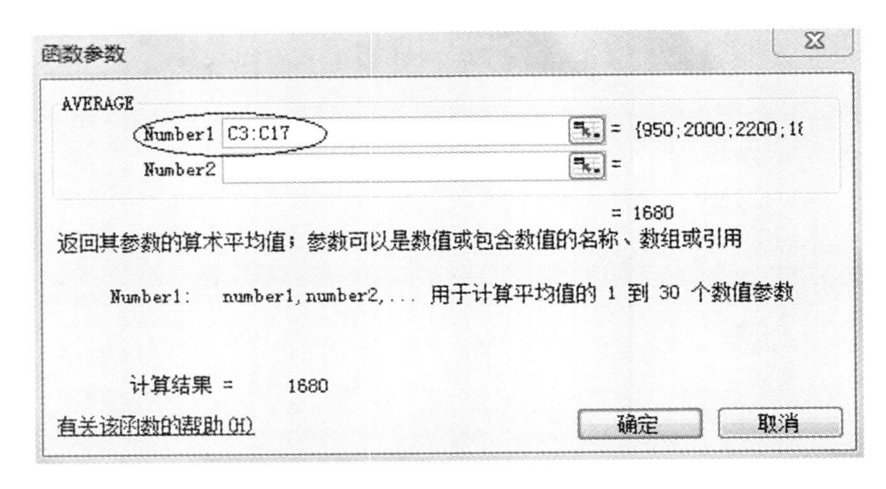

图 18-3　函数参数对话框

(6)在“函数参数”对话框中，参数“Number1”处显示“C3:C17”，此时编辑栏的函数为“=AVERAGE(C3:C17)”，单击“函数参数”对话框中的“确定”按钮或编辑框中的“输入”按钮 ✓ 确认，在 C18 单元格中显示出计算结果。

(7)拖动 C18 单元格右下角的填充柄至 G18 单元格，得到各项的平均值。

18.2 任务二 用函数进行工资统计

1. 利用 IF 函数计算收入等级，等级标准：小于 2000 为“低”，2000～2999 为“中”，大于 3000 为“高”。将所有收入等级为“低”的单元格字体设置为“红色”。操作步骤如下：

(1)选中目标单元格 H3。

(2)在编辑栏中输入公式“=IF(G3>3000,“高”,IF(G3>2000,“中”,“低”))”，按“Enter”键确认，在 H3 单元格中显示出计算结果。

(3)拖动 H3 单元格右下角的填充柄至 H17 单元格，得到每个人的“收入等级”。

(4)选中目标单元格区域 H3:H17。

(5)单击“格式/条件格式”命令，在“条件格式”对话框的“条件 1(1)”中，选择“单元格数值”选项，接着选择比较关系“等于”，然后在右侧的编辑栏中输入“低”。

(6)单击“格式”按钮，打开“单元格格式”对话框，在“字体”选项卡中选择“红色”，单击“确定”按钮，返回“条件格式”对话框，如图 18-4 所示。单击“条件格式”对话框的“确定”按钮，完成条件格式的设置。

图 18-4 “条件格式”对话框

2. 利用 COUNTIF 函数统计各“收入等级”的人数。

(1)选中目标单元格 K7。

(2)单击编辑栏左边的“插入函数”按钮，打开“插入函数”对话框，在“或选择类别”下拉列表中选择“统计”，在“选择函数”列表框中选择“COUNTIF”函数，单击“确定”按钮，打开函数参数对话框，如图 18-5 所示。

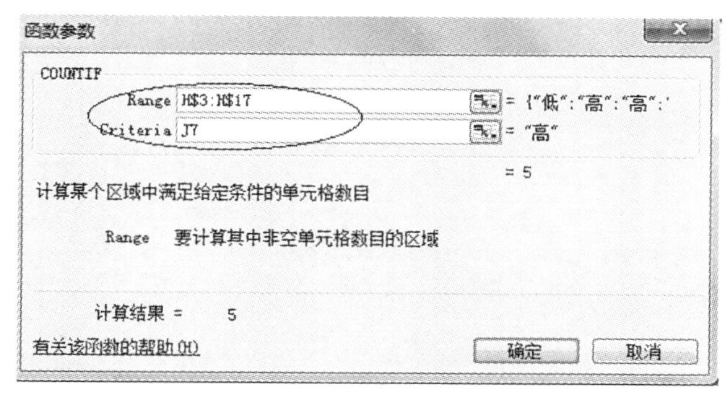

图 18-5 函数参数对话框

(3)在“函数参数”对话框中，在参数“Range”处输入“H＄3：H＄17”，将插入点定位在第二个参数“Criteria”处，再单击选择J7单元格，此时编辑栏的函数为“＝COUNTIF(H＄3：H＄17，J7)”，单击“函数参数”对话框中的“确定”按钮或编辑框中的“输入”按钮✓确认，在K7单元格中显示出统计结果。

(4)拖动K7单元格右下角的填充柄至K9单元格，统计出各“收入等级”的人数。

提示：

步骤3中要统计的单元格区域在公式中必须用绝对地址“H＄3：H＄17”，而不能用相对地址“H3：H17”，否则后面通过拖动填充柄复制公式会出错。

18.3　任务三　　用图表向导制作工资统计图

利用工作表中的数据制作图表，可以更加清晰直观地表现数据。图表更容易表达数据之间的关系和数据的变化趋势。

1. 使用“图表向导”根据各收入等级的人数制作图表。要求图表类型为“三维簇状柱形图”，数据产生的“列”，图表标题为“收入等级统计图”，分类(X)轴为“收入等级”，数值(Z)轴为“人数”，将图表插入到A20：A35区域。操作步骤如下：

(1)选中目标单元格区域J6：K9。

(2)单击“插入/图表”命令或单击“常用”工具栏上的“图表向导”按钮，打开“图表向导－4步骤之1－图表类型”对话框，如图18-6所示。

图18-6　图表向导之1

(3)在“标准类型”选项卡中选择图表类型为“柱形图”，在子图表类型中选择“三维簇状柱形图”。

(4)单击“下一步”按钮，打开“图表向导－4 步骤之 2－图表数据源”对话框，如图 18-7 所示。

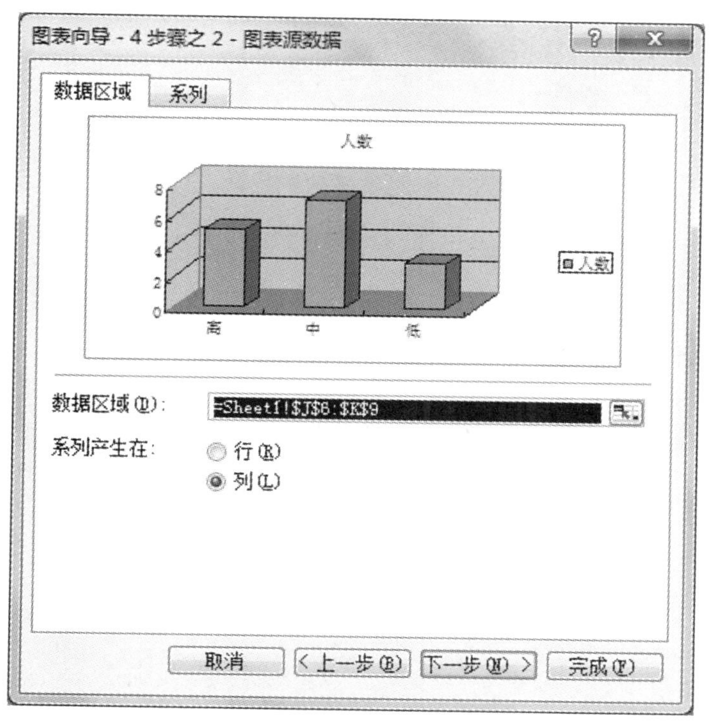

图 18-7 图表向导之 2

(5)选中“系列产生在”中的“列”单选按钮，单击“下一步”按钮，打开“图表向导－4 步骤之 3－图表选项”对话框，如图 18-8 所示。

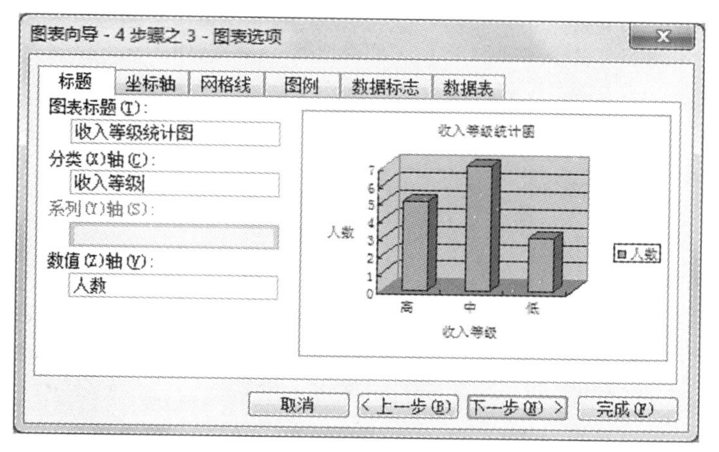

图 18-8 图表向导之 3

(6)在对话框的“标题”选项卡中，图表标题设置为“收入等级统计图”，分类(X)轴为“收入等级”，数值(Z)轴为“人数”。

(7)单击“下一步”按钮，打开“图表向导－4 步骤之 4－图表位置”对话框，如图 18-9 所示。选择图表位置为“作为其中的对象插入”到当前工作表中。

图 18-9　图表向导之 4

(8)单击“完成”按钮,将图表左上角拖到 A20 单元格,右下角拖到 A35 单元格,图表创建完成。

2. 取消图表的“图例”显示;增加“数据表”的显示;将图表标题设置为“隶书、20 号、蓝色、加粗”。操作步骤如下:

(1)选中“收入等级统计图”图表。

(2)单击“图表/图表选项”命令,在“图表选项”对话框中选择“图例”选项卡,取消勾选“显示图例”复选框,然后选择“数据表”选项卡,勾选“显示数据表”复选框,如图 18-10 所示。单击“确定”按钮。

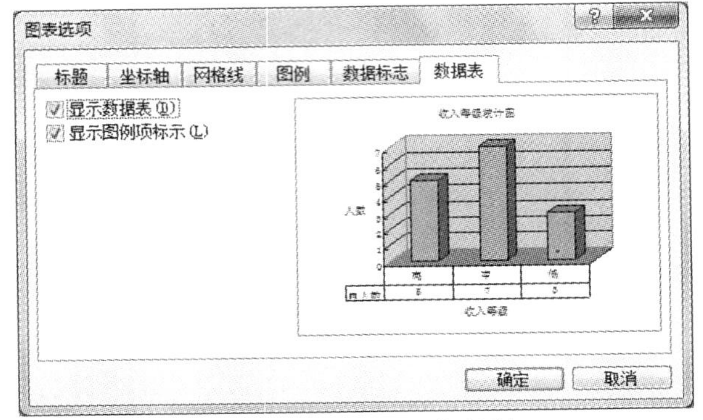

图 18-10　“图表选项”对话框

(3)鼠标双击图表标题“收入等级统计图”,打开“图表标题格式,对话框”在“字体”选项卡中将标题字体格式设置为“隶书、20 号、蓝色、加粗”,如图 18-11 所示。

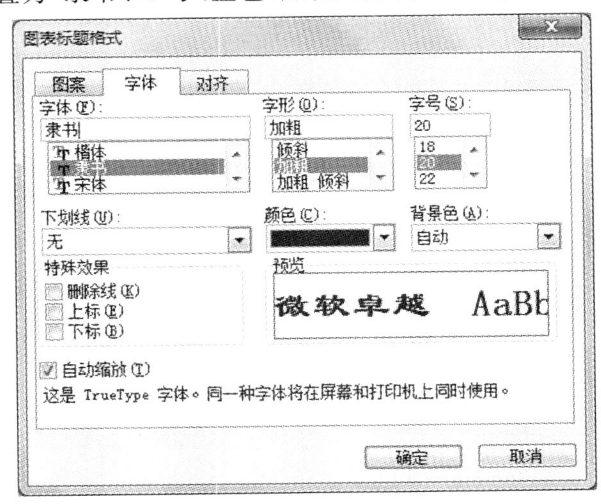

图 18-11　“图表标题格式”对话框

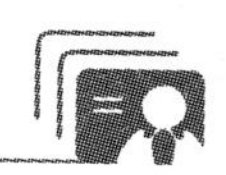

(4)单击“确定”按钮,完成图表设置。图表效果如图 18-12 所示。

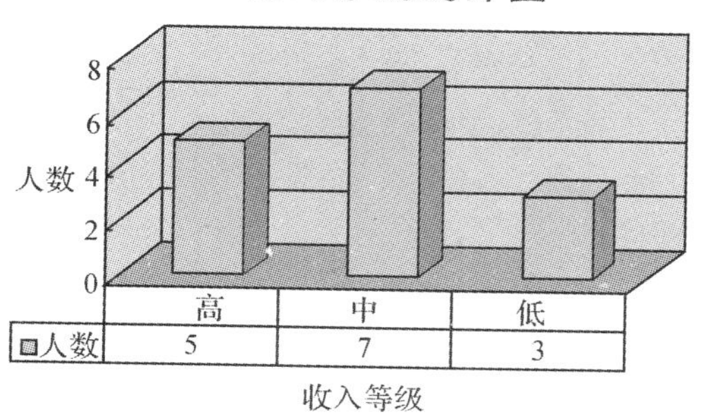

图 18-12　收入等级统计图

提示:

1. IF 函数用于判断条件(第一个参数值)的真假,如果条件为真,返回第二个参数值,条件为假,返回第三个参数值。这是一个双分支的选择,如果是多分支的选择,通常要采用 IF 函数的嵌套,也就是将一个 IF 函数作为另一个 IF 函数的参数。在使用 IF 函数的嵌套时,要注意括号的匹配。

2. 条件格式用于突出显示满足选定条件的单元格。设置条件格式时,首先必须正确选择要设置条件格式的数据区域。

3. 图表在数据统计中用途很大,可以用来表现数据间的某种相对关系,使数据的比较或趋势变得一目了然,从而更容易表达我们的观点。

18.4　本项目涉及的主要知识点

1. 函数

(1)SUM、SUMIF、AVERAGE

SUM(number1,number2...):返回某一单元格区域中所有数字之和。

SUMIF(range,criteria,sum_range):根据指定条件对若干单元格求和。

AVERAGE(number1,number2...):返回参数的平均值(算术平均值)。

(2)MAX、MIN、COUNT、COUNTIF

MAX(number1,number2...):返回一组值中的最大值。

MIN(number1,number2...):返回一组值中的最小值。

COUNT(value1,value2...):返回包含数字以及包含参数列表中的数字的单元格的个数。

COUNTIF(range,criteria):计算区域中满足给定条件的单元格的个数。

(3)IF、RANK

IF(logical_test,value_if_true,value_if_false):执行真假值判断,根据逻辑计算的真假值,返回不同结果。

RANK(number,ref,order):返回一个数字在数字列表中的排位。

2. 相对地址、绝对地址

相对地址:相对地址指的是当把一个含有单元格地址的公式复制到一个新的位置时或者

用一个公式填入一个区域时,公式中的单元格地址会随着位移而改变。

绝对地址:绝对地址是把公式复制或者填入新位置时,公式中的单元格地址保持不变,要得到绝对地址,只需在单元格的行号和列号前面各添加一把锁"$"。

3. 条件格式

条件格式的功能是当满足设定条件时,单元格显示指定的格式。如果单元格值发生变化而不满足设定条件,会自动取消显示指定的格式。

4. 图表

Excel 图表可以将数据图形化,更直观地显示数据,使数据的比较或趋势变得一目了然,从而更容易表达我们的观点。图表在数据统计中用途很大。图表可以用来表现数据间的某种相对关系,在常规状态下我们一般运用柱形图比较数据间的多少关系;用折线图反映数据间的趋势关系;用饼图表现数据间的比例分配关系。

18.5 课后作业

1. 按下列要求在 Excel 中建立学生成绩表,效果如图 18-13 所示。

	A	B	C	D	E	F	G
1	学生成绩表						
2	学号	姓名	语文	数学	英语	总分	名次
3	092301	张平平	92	66	56	214	9
4	092302	李花	67	87	77	231	6
5	092303	李鹏程	85	76	73	234	5
6	092304	江涛	54	90	68	212	10
7	092305	程陈	78	55	90	223	7
8	092306	欧阳志刚	83	93	45	221	8
9	092307	水源	68	86	83	237	3
10	092308	王朝阳	66	92	82	240	2
11	092309	沈子涵	76	77	56	209	11
12	092310	钱芷怡	45	68	73	186	12
13	092311	徐一凡	84	88	89	261	1
14	092312	徐春兴	73	96	66	235	4
15	平均分		72.58	81.17	71.50	225.25	

图 18-13 学生成绩表

(1)打开"学生成绩表.xls",将 A1:G1 单元格合并居中,字体格式设置为"黑体"、"24 号"。

(2)输入公式计算"总分"。

(3)使用函数计算"平均分"。

(4)使用 RANK 函数计算出总分的"名次"。

(5)将 C3:E14 单元格区域小于 60 分的单元格设置为"红色"。

(6)在 J6:L9 单元格区域统计出各分数段的人数。

(7)根据各分数段人数制作图表。要求:图表类型为"簇状柱形图",数据产生在"行",图表标题为"成绩统计图",数值(Y)轴为"人数",将图表插入到 A17:A32 区域。

(8)将图表标题"成绩统计表"设置为"隶书"、"14 号"、"加粗",图例位置修改为放置于"底部"。

项目 19　销售数据管理与分析

Excel 具有强大的数据库管理功能，可以方便地组织、管理和分析数据信息。在 Excel 中，工作表内连续不间断的数据就是一个数据库，可以对数据库的数据进行排序、筛选和分类汇总等操作。

本项目以某电脑公司杀毒软件销售数据的管理和分析为例，介绍数据管理的基本方法和数据透视表等。

19.1　任务一　　利用排序功能分析数据

1. 打开“销售数据表.xls”文件，将“销售数据”中的数据复制到工作表 Sheet2，并将 Sheet2 更名为“排序”。将表头合并居中，字体格式设置为“黑体”、“18 号”、“蓝色”。操作步骤如下：

(1)选中单元格区域 A1:E1，单击格式工具栏中的“合并及居中”按钮，即可合并所选区域，并使区域内文字居中。

(2)在“格式”工具栏中的“字体”下拉列表中选择“黑体”，在“字号”下拉列表中选择“18”，再单击“颜色”按钮，选择“蓝色”。

(3)有的单元格内容显示“#”，选中所有的列，单击“格式/列/最合适的列宽”命令，则显示所有内容。

2. 将“销售数据”按“门市”的升序进行排序，门市相同再按“金额”的降序排列。操作步骤如下：

(1)以“排序”工作表为前工作表，选中数据区域内的任一单元格，单击“数据/排序”命令，打开排序对话框，如图 19-1 所示。

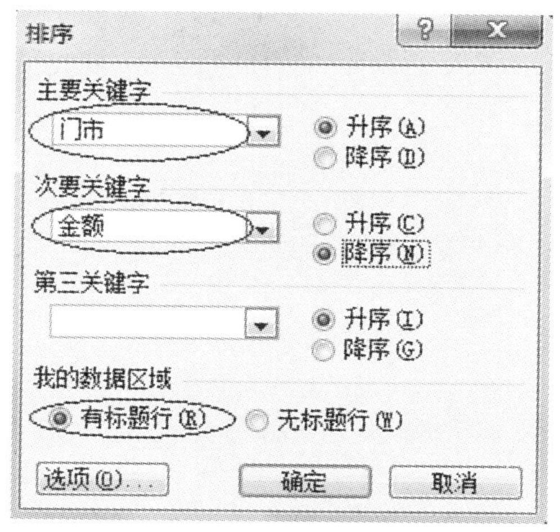

图 19-1　“排序”对话框

(2)在“主要关键字”下拉列表中选择“门市”，将排序方式设置为“升序”；在“次要关键字”下拉列表中选择“金额”，将排序方式设置为“降序”。

(3)在“我的数据区域”选项组中选中“有标题行”单选按钮，标题行不进行排序。

(4)单击“确定”按钮完成排序，此时数据先按照“门市” 的升序排列，同一门市再按“金额”的降序排列。排序后的效果如图 19-2 所示。

	A	B	C	D	E
1	销售数据表				
2	门市	品牌	数量	单价	金额
3	门市1	诺顿	29	¥299.00	¥8,671.00
4	门市1	瑞星	11	¥198.00	¥2,178.00
5	门市1	金山	21	¥79.00	¥1,659.00
6	门市2	瑞星	42	¥198.00	¥8,316.00
7	门市2	诺顿	16	¥299.00	¥4,784.00
8	门市2	金山	25	¥79.00	¥1,975.00
9	门市3	诺顿	26	¥299.00	¥7,774.00
10	门市3	瑞星	12	¥198.00	¥2,376.00
11	门市3	金山	20	¥79.00	¥1,580.00
12	门市4	诺顿	27	¥299.00	¥8,073.00
13	门市4	瑞星	19	¥198.00	¥3,762.00
14	门市4	金山	23	¥79.00	¥1,817.00
15	门市5	瑞星	21	¥198.00	¥4,158.00
16	门市5	诺顿	11	¥299.00	¥3,289.00
17	门市5	金山	34	¥79.00	¥2,686.00
18	门市6	瑞星	45	¥198.00	¥8,910.00

图 19-2 “排序”效果图

提示：

1. 如果是单字段排序，也可选中该字段所在列的任一单元格，再直接单击格式工具栏中的“升序排序”按钮 或“降序排序”按钮 。

2. “排序”对话框中可按三个字段进行排序，如果排序字段三个以上，则要先按“第四、第五、第六”字段排序，再按“第一、第二、第三”字段排序。

3. 如果要自定义排序方式，可单击“排序”对话中的“选项”按钮，在打开的“排序选项”对话框中，自己定义排序次序、排序方向、排序方法等。

19.2 任务二　利用筛选功能分析数据

打开“销售数据表. xls”文件，将“销售数据”中的数据复制到工作表 Sheet3，并将 Sheet3 更名为“筛选”。将表头合并居中，字体格式设置为“黑体”、“18 号”、“蓝色”。操作步骤参考 19.1。

19.2.1 自动筛选

1. 在工作表中筛选出“瑞星”杀毒软件销售数量在“15”以上的销售数据。操作步骤如下：

(1)以“筛选”工作表为前工作表，选中数据区域内的任一单元格，单击“数据/筛选/自动筛选”命令，列标题单元格右边显示出一个下拉箭头。如图 19-3 所示。

	A	B	C	D	E
1	销售数据表				
2	门市	品牌	数量	单价	金额
3	门市3	金山	20	¥79.00	¥1,580.00
4	门市1	金山	21	¥79.00	¥1,659.00
5	门市4	金山	23	¥79.00	¥1,817.00
6	门市2	金山	25	¥79.00	¥1,975.00
7	门市1	瑞星	11	¥198.00	¥2,178.00
8	门市3	瑞星	12	¥198.00	¥2,376.00

图 19-3 自动筛选

(2)单击 B2 单元格“品牌”右侧的下拉箭头,选中“瑞星”,如图 19-4 所示。筛选出“瑞星”杀毒软件的销售数据,如图 19-5 所示。

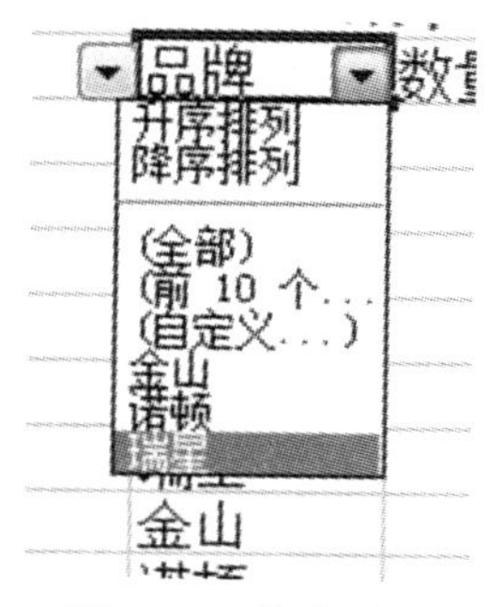

图 19-4 筛选过程

	A	B	C	D	E
1	销售数据表				
2	门市	品牌	数量	单价	金额
7	门市1	瑞星	11	¥198.00	¥2,178.00
8	门市3	瑞星	12	¥198.00	¥2,376.00
12	门市4	瑞星	19	¥198.00	¥3,762.00
13	门市5	瑞星	21	¥198.00	¥4,158.00
15	门市2	瑞星	23	¥198.00	¥4,554.00
20	门市6	瑞星	45	¥198.00	¥8,910.00
21					

图 19-5 筛选“瑞星”结果

(3)单击 C2 单元格“数量”右侧的下拉箭头,选中“自定义”,打开“自定义自动筛选方式”对话框,如图 19-6 所示。在左边列表框中选择“大于”,右边的列表框中输入“15”,单击“确定”按钮,筛选出“瑞星”杀毒软件的销售数量在“15”以上数据,如图 19-7 所示。

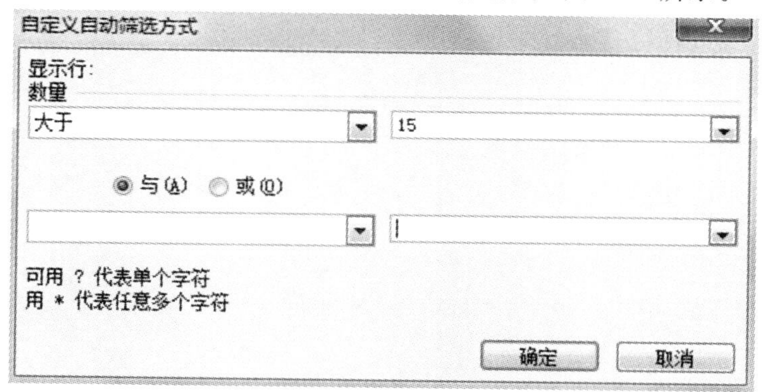

图 19-6 “自定义自动筛选方式”对话框

	A	B	C	D	E
1	销售数据表				
2	门市	品牌	数量	单价	金额
12	门市4	瑞星	19	¥198.00	¥3,762.00
13	门市5	瑞星	21	¥198.00	¥4,158.00
15	门市2	瑞星	23	¥198.00	¥4,554.00
20	门市6	瑞星	45	¥198.00	¥8,910.00
21					

图 19-7 自动筛选结果

2. 取消自动筛选任务。

执行过自动筛选操作后，列标题右侧出现一个下拉箭头。如果要还原工作表，单击“数据/筛选/自动筛选”命令，取消自动筛选，显示工作中所有数据。

19.2.2 高级筛选

1. 在工作表中筛选出销售数量在“40”以上或销售金额在“8000”以上的数据。操作步骤如下：

(1)以“筛选”工作表为当前工作表，按图 19-8 所示在工作表的空白处输入筛选条件，第一行为筛选的字段名，下面是筛选条件。

	B	C	D
23			
24		数量	金额
25		>40	
26			>8000
27			
28			

图 19-8　高级筛选条件

(2)选中数据区域内的任一单元格，单击“数据/筛选/高级筛选”命令，打开“高级筛选”对话框。

(3)在“方式”选项组中选择“在原有区域显示筛选结果”单选项，在“列表区域”文本框中选择数据所在单元格区域地址(一般系统会自动识别)，单击“条件区域”文本框右侧的“拾取”按钮，选择筛选条件所在的单元格区域，如图 19-9 所示。

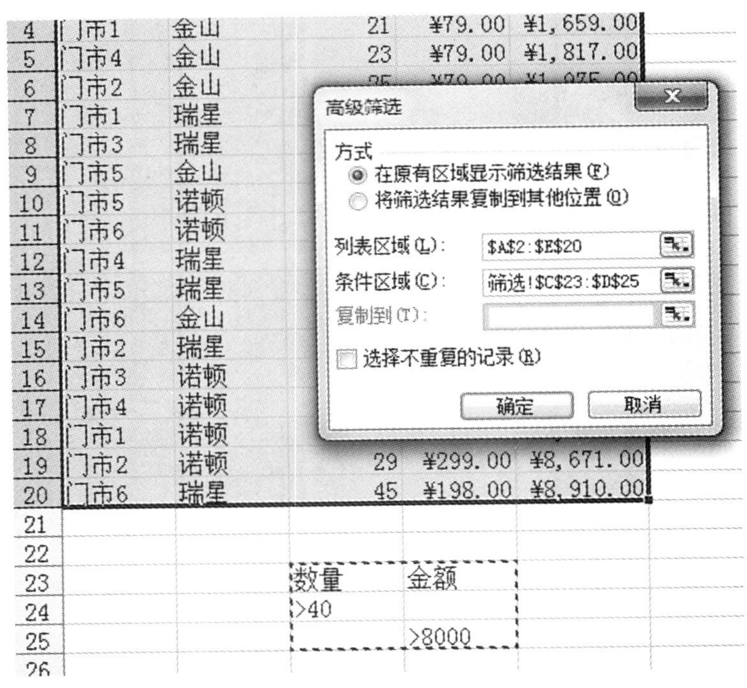

图 19-9　高级筛选结果

(4)单击“确定”按钮，筛选出符合条件的数据，如图 19-10 所示。

	A	B	C	D	E	
1	销售数据表					
2	门市	品牌	数量	单价	金额	
14	门市 6	金山	56	￥79.00	￥4,424.00	
17	门市 4	诺顿	27	￥299.00	￥8,073.00	
18	门市 1	诺顿	29	￥299.00	￥8,671.00	
19	门市 2	诺顿	29	￥299.00	￥8,671.00	
20	门市 6	瑞星	45	￥198.00	￥8,910.00	
21						
22						
23			数量	金额		
24			＞40			
25				＞8000		
26						

图 19-10　高级筛选结果

提示：

1. 条件区域与数据区域之间必须有空行或空列隔开。
2. 条件区域至少有两行，第一行为筛选的字段名，下面是筛选条件。
3. 条件区域的字段名必须与数据区域的字段名完全一致，最好通过复制得到。
4. “与”关系的条件必须出现同一行，“或”关系的条件不能出现的同一行。

19.3　任务三　　利用分类汇总功能分析数据

分类汇总不仅增加了工作表的可读性，而且能使用户快捷地获得需要的数据并迅速地做出判断。因此，分类汇总功能在工作表的数据分析中有着十分重要的作用。

打开“销售数据表.xls”文件，插入一张新工作表，将“销售数据”中的数据复制到新工作表，并将其更名为“分类汇总”。将表头合并居中，字体格式设置为“黑体”、“18 号”、“蓝色”。操作步骤参考 19.1。

1. 按“门市”字段对销售数据进行分类汇总，统计出各门市的销售总金额。操作步骤如下：

(1)将“分类汇总”工作表作为当前工作表，并以“门市”字段为主关键字，进行升序排列。

(2)选中数据区域中的任一个单元格，单击“数据/分类汇总”命令，打开“分类汇总”对话框，如图 19-11 所示。

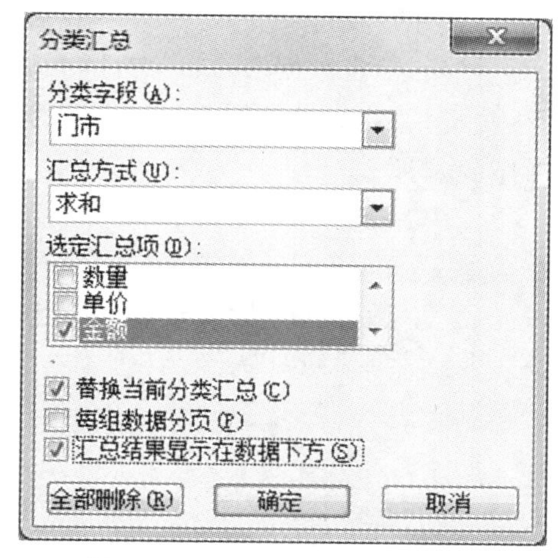

图 19-11　“分类汇总”对话框

(3)在“分类字段”下拉列表中选择“门市”，在“汇总方式”下拉列表中选择“求和”，在“选定汇总项”列表中勾选“金额”复选项，单击“确定”按钮，分类汇总后的数据如图 19-12 所示。

	A	B	C	D	E
4	门市1	瑞星	11	¥198.00	¥2,178.00
5	门市1	诺顿	29	¥299.00	¥8,671.00
6	**门市1 汇总**				¥12,508.00
7	门市2	金山	25	¥79.00	¥1,975.00
8	门市2	瑞星	23	¥198.00	¥4,554.00
9	门市2	诺顿	29	¥299.00	¥8,671.00
10	**门市2 汇总**				¥15,200.00
11	门市3	金山	20	¥79.00	¥1,580.00
12	门市3	瑞星	12	¥198.00	¥2,376.00
13	门市3	诺顿	26	¥299.00	¥7,774.00
14	**门市3 汇总**				¥11,730.00
15	门市4	金山	23	¥79.00	¥1,817.00
16	门市4	瑞星	19	¥198.00	¥3,762.00
17	门市4	诺顿	27	¥299.00	¥8,073.00
18	**门市4 汇总**				¥13,652.00
19	门市5	金山	34	¥79.00	¥2,686.00
20	门市5	诺顿	11	¥299.00	¥3,289.00
21	门市5	瑞星	21	¥198.00	¥4,158.00
22	**门市5 汇总**				¥10,133.00
23	门市6	诺顿	12	¥299.00	¥3,588.00
24	门市6	金山	56	¥79.00	¥4,424.00
25	门市6	瑞星	45	¥198.00	¥8,910.00
26	**门市6 汇总**				¥16,922.00
27	**总计**				¥80,145.00

图 19-12 “分类汇总”结果

提示：

1. 在执行分类汇总操作前，必须先按分类字段进行排序。

2. 本例中仅对“金额”字段进行汇总操作，若要对多个字段进行汇总，在“选定汇总项”列表中选中多个字段进行汇总即可。

3. 单击数据清单左上角的“123”按钮 1 2 3 ，可分别查看总计数据、分类汇总结果数据、分类汇总明细数据。

19.4 任务四　创建数据透视表

数据透视表是 Excel 的强大的数据分析处理工具，数据透视表可以对平面的工作表数据产生立体的分析效果。

打开“销售数据表.xls”文件，插入一张新工作表，将“销售数据”中的数据复制到新工作表，并将其更名为“数据透视表”。将表头合并居中，字体格式设置为“黑体”、“18 号”、“蓝色”。操作步骤参考 19.1。

1. 按“品牌”与“门市”计算整个数据表销售“金额”的合计数，要求操作后表示各种品牌排在水平一行，表示各门市排在垂直一列，数据透视表显示位置为新建工作表。操作步骤如下：

(1)将“数据透视表”工作表作为当前工作表，选中数据区域中的任一个单元格，单击“数据/数据透视表和数据透视图”命令，启动“数据透视表和数据透视图向导”对话框，如图 19-13 所示。

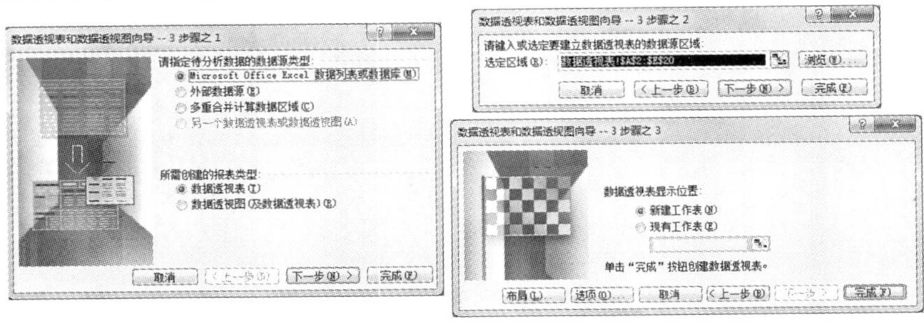

图 19-13 数据透视表和数据透视图向导

（2）单击“下一步”按钮，在“向导之 2”对话框中数据透视表的数据源区域。

（3）单击“下一步”按钮，在“向导之 3”对话框中确定数据透视表的显示位置和布局。

（4）选中“新建工作表”单选按钮，将数据透视表建立在新的工作表中。

（5）单击“布局”按钮，打开“布局”对话框，为数据透视表设计版面布局，如图 19-14 所示。

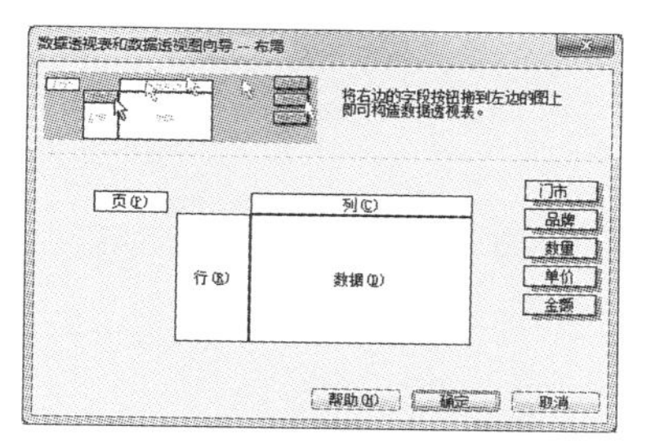

图 19-14 数据透视表布局

（6）用鼠标将“品牌”字段拖放到行区域，将“门市”字段拖放到列区域，将“金额”字段拖放到数据区域，如图 19-15 所示，单击“确定”按钮返回。

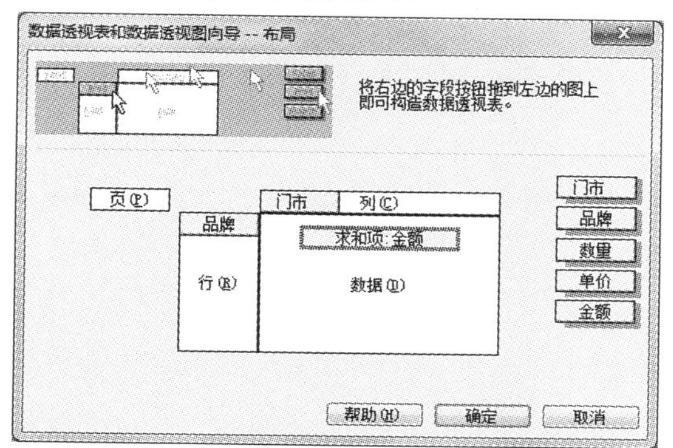

图 19-15 数据透视表布局设置

（7）单击“完成”按钮，这时，在“数据透视”工作表旁边建立了一个工作表，如图 19-16 所示。

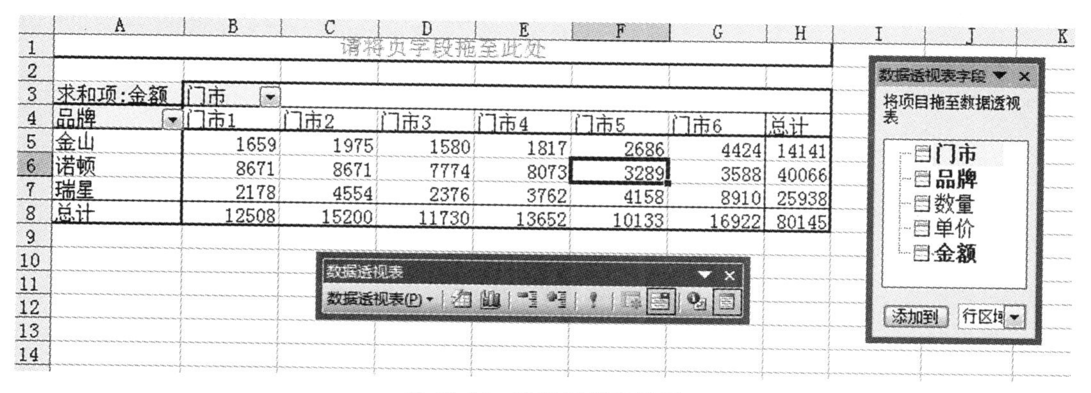

求和项:金额	门市						
品牌	门市1	门市2	门市3	门市4	门市5	门市6	总计
金山	1659	1975	1580	1817	2686	4424	14141
诺顿	8671	8671	7774	8073	3289	3588	40066
瑞星	2178	4554	2376	3762	4158	8910	25938
总计	12508	15200	11730	13652	10133	16922	80145

图 19-16 数据透视表效果

提示：

1. 本项目主要涉及 Excel 强大的数据库管理功能。可以通过对数据的排序、筛选、分类汇总等操作，方便地组织、管理和分析大量的数据信息。

2. 数据筛选是将不满足条件的数据暂时隐藏起来，并未真正删除，一旦筛选取消，这些数据又重新出现。通过这项操作能否想到“看不见的不一定不存在”？凡是有规律呈现的现象，其背后一定存在着某种控制。在学习过程中发现这些规律远比学习知识本身重要，因为学会透过现象看本质才是学习的本义和根本目的。

3. 由于实际情况往往很复杂，项目中假设的情境不可能囊括所有实际可能出现的情况，因此需要学习者将其中的要点灵活运用，做到要“渔”，而不要“鱼”。

19.5 本项目涉及的主要知识点

1. 排序

排序是指将表中的数据按某列递增或递减的顺序重新排列。通常数字由小到大、字母由A到Z的排列为升序，反之为降序。

2. 筛选

数据筛选是指在数据清单中只显示符合某种条件的数据，不满足条件的数据暂时被隐藏起来，并未真正被删除，一旦筛选取消，这些数据又重新出现。筛选分为自动筛选和高级筛选。

3. 分类汇总

分类汇总可以对数据进行分类显示和统计。进行分类汇总前，必须先按分类字段进行排序，然后再进行分类汇总操作。

4. 数据透视表

数据透视表可以对数据进行重新组合，建立各种形式的交叉列表，使平面的工作表数据产生立体的分析效果。

19.6 课后作业

按下列要求在Excel中完成如下操作。

(1)打开“采购数据表.xls”，将A1：G1单元格合并居中，字体格式设置为“黑体”、“24号”。

(2)将“采购数据”中的数据复制到工作表Sheet2，并将Sheet2更名为“排序”。将“销售数据”按“品名”的升序进行排序，品名相同再按“单价”的降序排列。

(3)将“采购数据”中的数据复制到工作表Sheet3，并将Sheet3更名为“筛选”。在工作表中筛选出“硒鼓”采购数量在“3”以上的采购数据。

(4)在工作表中筛选出采购单价在“90”以上的“色带”和“传动皮带”数据。

(5)插入一张新工作表，将“采购数据”中的数据复制到新工作表，并更名为“分类汇总”。按“品名”字段对采购数据进行分类汇总，统计出各产品的采购数量和采购金额。

(6)插入一张新工作表，将“采购数据”中的数据复制到新工作表，并更名为“数据透视表”。按采购日期分别计算出各产品的采购数量，要求操作后表示各种品名排在水平一行，采购日期排在垂直一列，数据透视表显示位置为新建工作表。

项目 20　毕业设计答辩演示文稿制作

毕业答辩是每个学生毕业前的必经之路，那么如何使自己的答辩条理清晰、图文并茂？这里我们以使用 PowerPoint 来制作毕业设计答辩的幻灯片为例，介绍一下 PowerPoint 的具体功能与使用方法。

PowerPoint（如图 20-1 所示）是微软公司开发的 Office 套件中的一个组件，专门用于制作演示文稿（俗称幻灯片），所以 PowerPoint 又被称为“幻灯片制作软件”。由它所创建的演示文稿，能包含图文、表格、影音、动画、互动效应。并且它通俗易用，因而被广泛应用于各种会议、产品演示、学校教学以及电视节目制作等领域，成为普及程度最高的课件制作工具。

图 20-1　PowerPoint2003

毕业答辩演示文稿是对毕业设计内容的一种纲领性展示，其所示内容并不是长篇大论，而更多的是纲要或目录之类的文本，因此就需要选择合适的幻灯片版式。此外，还需要绘制模型图或制作研究结果的数据表格或图表来形象地、有说服力地展示毕业设计的内容。在答辩过程中，为了使答辩效果更具条理性，通常在讲完一个内容后需要返回至提纲幻灯片介绍下一内容，这就需要插入动作按钮或超链接来完成幻灯片跳转。还需要美化幻灯片、添加动画效果、设置反映效果等方法，完善“毕业设计答辩”演示文稿。

【实施方案】

任务一　创建演示文稿

利用原来 Word 文档中的文字内容创建 PowerPoint 演示文稿。

任务二　美化幻灯片

对于插入至幻灯片的图片、文本框或者自选图形，为了设计需求，我们都可以对其进行编辑与美化操作。

任务三　添加各类效果及超链接

采用带有动画效果的幻灯片对象可以让你的演示文稿更加生动活泼，还可以控制信息演示流程并重点突出最关键的数据。幻灯片中所添加的声音、视频等，使得演示文稿内容更丰富。幻灯片之间添加链接，增强互动性。

任务四　设置放映方式

演示文稿既可做成透明的幻灯片，也可打印成讲义，还可以使用投影仪放映，也可将演示文稿作为 Web 页保存在服务器上，让人们在公司内部的网络或因特网上观看。

任务五　巧妙设置 PowerPoint 播放时能查看备注

在使用 PPT 讲演时，有时会忘记一些要讲的内容。如果简单地放在备注里的话，在一般放映模式下自己又看不到。其实通过一些简单的设置就可以解决这个问题。

20.1　任务一　　创建演示文稿

20.1.1　由 Word 大纲创建 PowerPoint 演示文稿

(1)启动 PowerPoint2003，并打开一个空演示文稿。

(2)点击“插入”菜单→“幻灯片(从大纲)”，如图 20-2 所示。

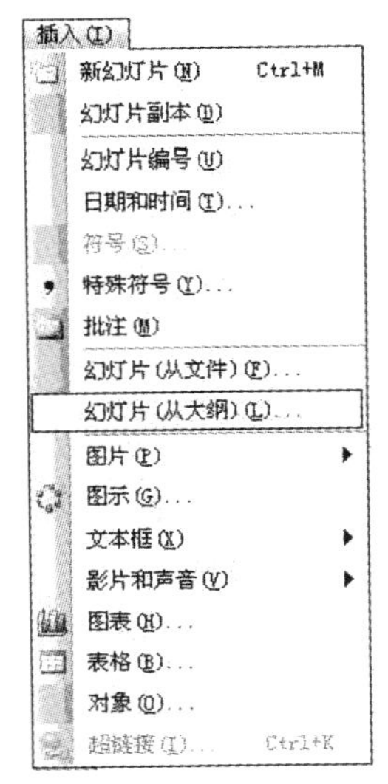

图 20-2　“幻灯片(从大纲)”对话框

在“插入大纲”对话框中，选择所需的 Word 文档“毕业论文. doc”→“确认”如图 20-3 所示。

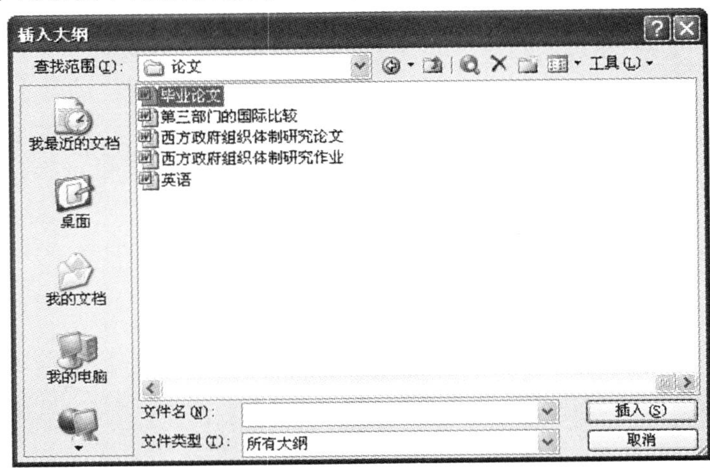

图 20-3　“插入大纲”对话框

(3)保存演示文稿文件(快捷键:Ctrl+S),并命名为“毕业答辩.ppt”。

学生任务1　根据现有的Word文档创建PowerPoint演示文稿。

(1)在插入大纲时,PowerPoint将使用Word文档中的标题样式。Word文档中格式设置为“标题1”的段落将成为新幻灯片的标题,格式为“标题2”的段落将成为新幻灯片的第一级文本,依次类推。

(2)将Word文档导入PowerPoint中,还可以使用以下两种命令:

①单击“文件”→“打开”→在“打开”对话框中,单击“文件类型”下拉框中的“所有文件”,找到目标文档“毕业论文.doc”→单击“打开”按钮。

②在打开Word文档时单击“文件”→“发送”→“Microsoft Office PowerPoint”,这样可自动运行PowerPoint,同时将“毕业论文.doc”大纲内容导入到PPT中。

另外,PowerPoint是一个标准的Windows类软件,它的启动和退出都严格遵循Windows的操作规范。除了上面所说的根据大纲创建演示文稿,在不同的情况下,我们还可以有以下所示的多种启动和退出的方法。

1. PowerPoint软件的启动

方法一　开始菜单法

单击桌面“开始”按钮,选择“所有程序”→“Microsoft Office”→“Microsoft Office PowerPoint 2003”,如图20-4所示。这是标准的启动方法。

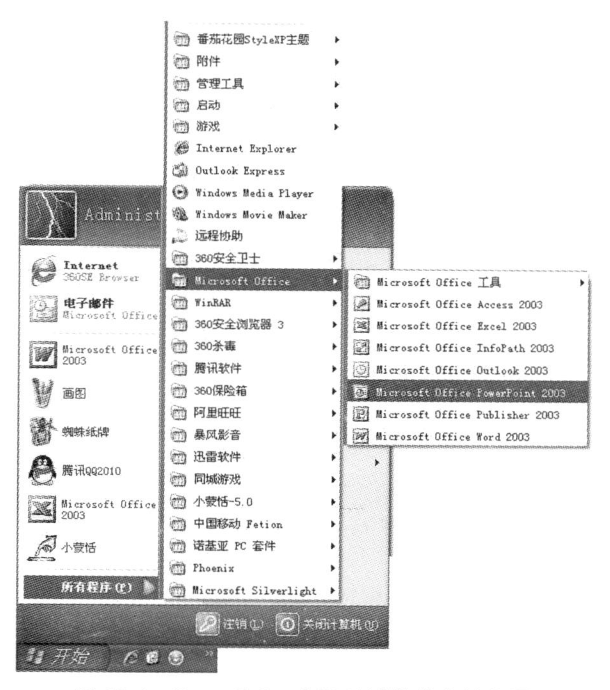

图20-4　PowerPoint在“开始”菜单中的位置

方法二　快捷方式法

双击桌面快捷方式图标“Microsoft Office PowerPoint 2003” 。这是一种快速的启

动方法，由于 Office 2003 默认安装并不在桌面产生快捷方式，因此需要将开始菜单中的相应程序项拷贝到桌面。

方法三　目标程序法

PowerPoint 对应的目标程序是 PowerPoint. exe，找到该文件，双击即可打开文件，如图 20-5 所示。当开始菜单程序项和桌面快捷方式被误删后，可以使用该方法。

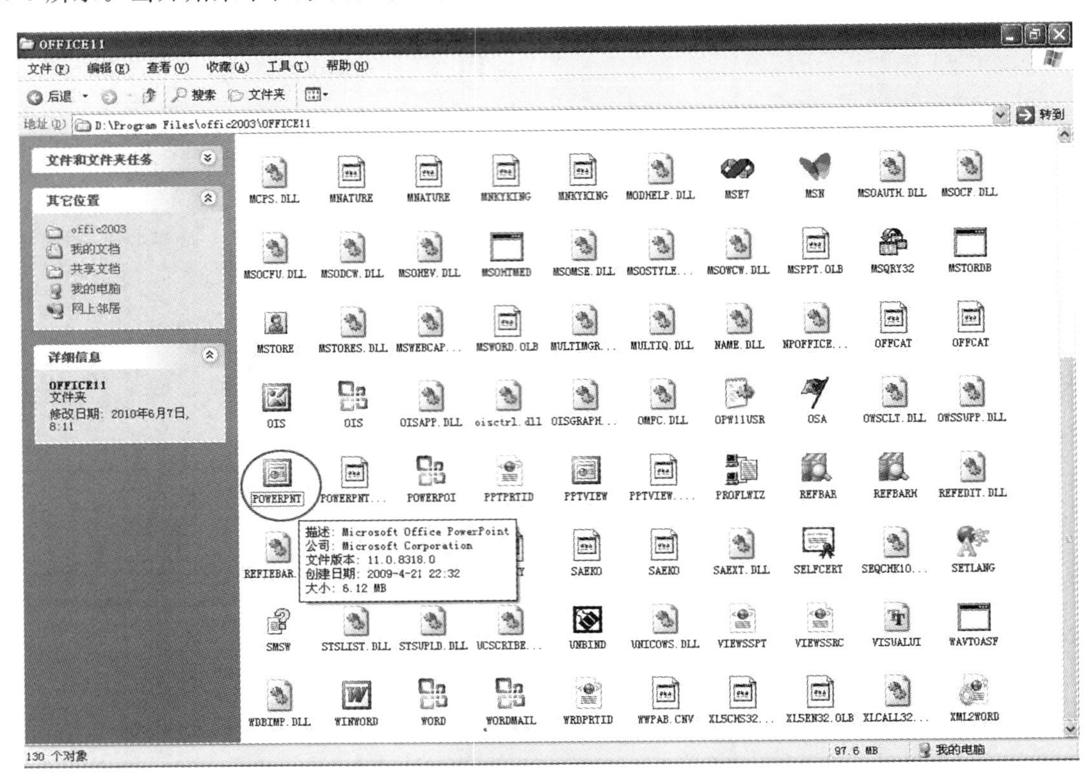

图 20-5　PowerPoint 在系统中的位置

2. PowerPoint 软件的关闭

方法一　仅关闭当前演示文稿

单击菜单“文件”→“关闭”，等效方法是单击当前演示文稿窗口关闭按钮。

方法二　关闭所有演示文稿并退出 PowerPoint

单击菜单“文件”→“退出”，等效方法是单击 PowerPoint 主窗口关闭按钮。

3. PowerPoint 演示文稿的保存

(1)演示文稿——＊. ppt 格式如图 20-6 所示。保存为此种格式的演示文稿在放映时，需先启动 PowerPoint，再播放。

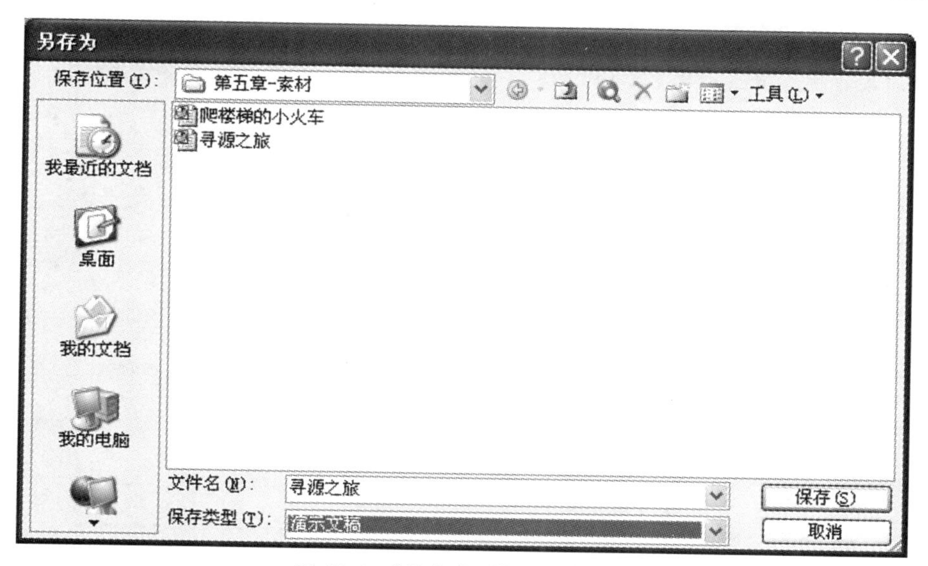

图 20-6 “保存类型”为演示文稿

(2)PowerPoint 放映 —— *.pps 格式如图 20-7 所示。保存为此种格式在放映时,不需启动 PowerPoint,但是计算机中必须预先安装有 PowerPoint。双击文件名即可直接播放。

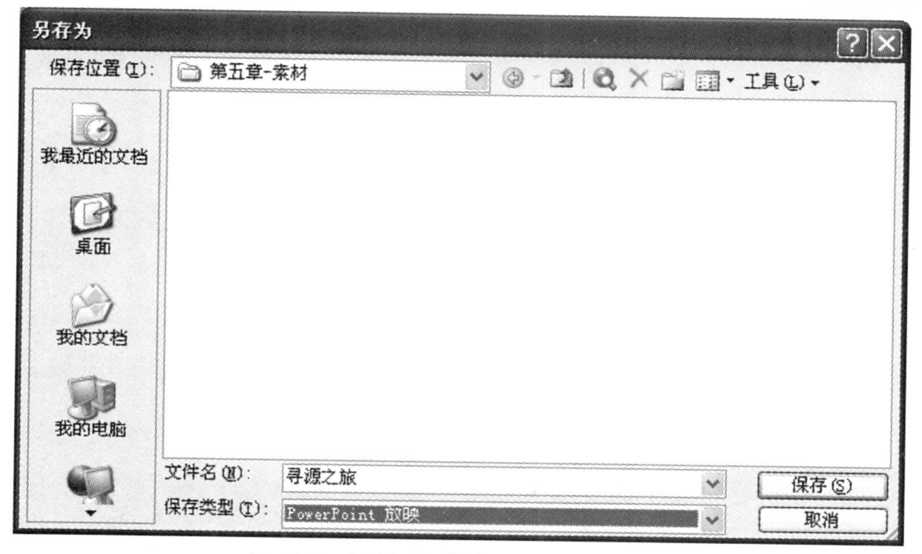

图 20-7 “保存类型”为 PowerPoint 放映

(3)将嵌入字体(可在未安装对应字体的计算机上正确显示字体):存储时点击“另存为”对话框的工具按钮→“保存选项”(如图 20-8 所示)→打开“保存选项”对话框→勾选“嵌入 TrueType 字体”复选框(如图 20-9 所示)。

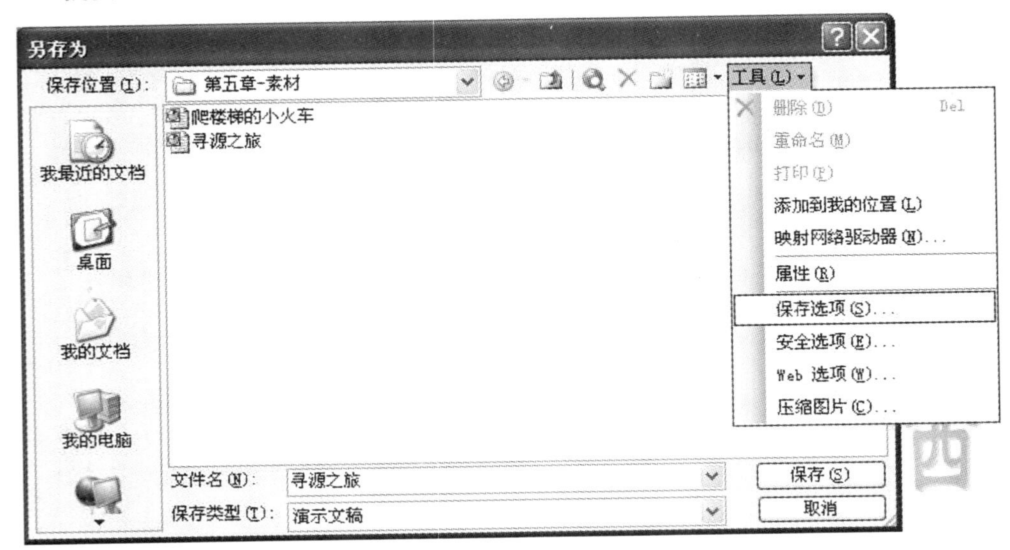

图 20-8 “保存选项”命令

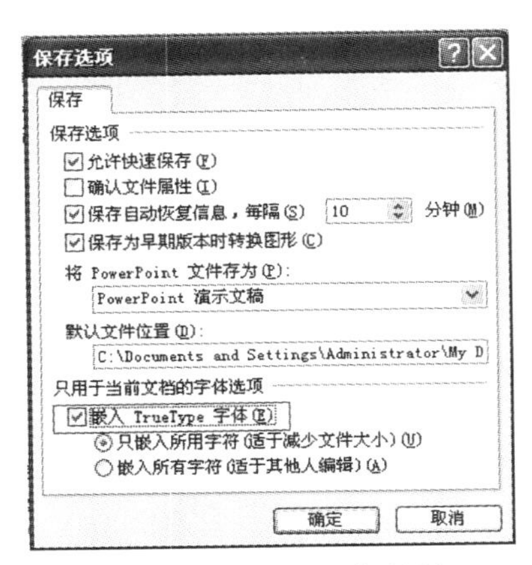

图 20-9 “保存选项”对话框

(4)打包成 CD:“文件”菜单→“打包成 CD”→“复制到 CD”(中间可能要求插入 Office 安装光盘)，如图 20-10 所示。在此种保存形式下，打包的文件中包含链接文件和 PowerPoint 播放器，打包完整后可直接在未安装 PowerPoint 的计算机上进行播放。

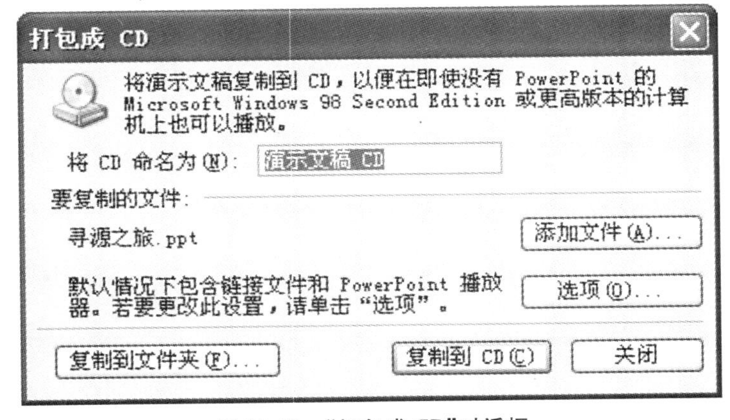

图 20-10 “打包成 CD”对话框

20.1.2 关闭 PowerPoint 的“自动调整”

由 Word 大纲生成的 PowerPoint 演示文稿，往往会自动执行 PowerPoint 的“自动调整”功能。但该功能并不是时时都需要，那么如何关闭 PowerPoint 的“自动调整”功能呢？可以使用以下的两种方法。

1. 暂时关闭

在文本“自动调整”功能打开时，首次调整文本大小后会在文本的左侧出现“自动调整选项”按钮。此时，单击该按钮，再在弹出的菜单中选择“停止根据此占位符调整文本”选项。那么 PowerPoint 就不会调整溢出文本的大小，而且此占位符的文本“自动调整”功能将会关闭。

2. 永久关闭

先在“工具”菜单上单击“自动更正选项”，再单击“键入时自动设置格式”选项，接下来在“键入时应用”之下，清除“根据占位符自动调整标题文本”复选框和“根据占位符自动调整正文文本”复选框，最后只要单击“确定”就可以了。

20.1.3 利用 PowerPoint 的不同视图浏览演示文稿

PowerPoint 向使用者提供了“普通”、“幻灯片浏览视图”、“幻灯片放映视图”等多种视图方式。

1. 视图类型

(1)普通视图

包含三种窗口：大纲窗口、幻灯片窗格、备注窗格，是一般的幻灯片编辑模式。

(2)幻灯片浏览视图

可在屏幕上同时查看并编辑演示文稿中的所有幻灯片，是以缩略图形式显示出来的。

(3)幻灯片放映视图

以最大化方式显示当前幻灯片的所有内容及效果，等同于最后观众所看到的 PowerPoint 效果。

2. 切换不同视图的方法

(1)PowerPoint 主窗口左下角有三个视图按钮（如图 20-11 所示），分别为“普通视图”、“幻灯片浏览视图”和“幻灯片放映”，点击它们可以在不同视图之间切换。

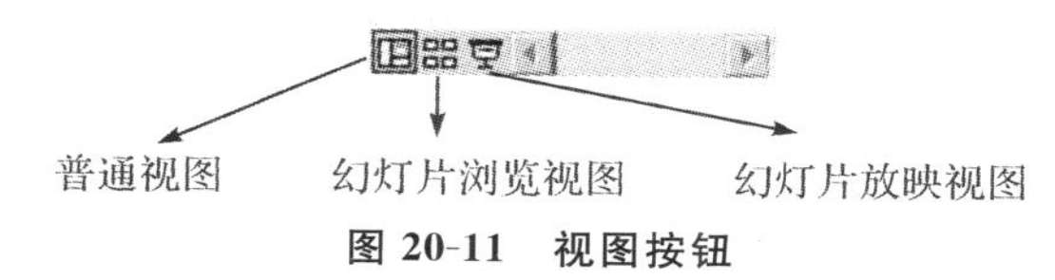

图 20-11 视图按钮

(2)点击“视图”菜单中的相应命令，如“普通”、“幻灯片浏览”、“幻灯片放映”、“备注页”等，也可实现不同视图间的切换。

学生任务 2 切换不同的视图，比较各种视图的特点和不同视图模式的区别。

20.1.4 幻灯片的编辑

直接由大纲创建的演示文稿往往不能一步到位，效果也不能让人满意，需要进一步加工整理。

1. 幻灯片的选择、插入、删除、复制、移动和编辑

(1)幻灯片的选择

用鼠标单击选中第一张幻灯片，按住键盘上的“Shift”键，并单击鼠标选中第三张幻灯片，从而选中第1～3张连续的幻灯片。

提示：

在不同的视图模式下，对幻灯片的选择操作可以有不同的方法。

在大纲视图下，可通过按住键盘上的“Shift”键，并单击鼠标选中多张连续的幻灯片，或者用快捷键“Ctrl＋A”来选择所有幻灯片。

在幻灯片浏览视图下，可通过“Shift”键和鼠标选中多张连续幻灯片，通过“Ctrl＋A”选择所有幻灯片，也可以通过“Ctrl”键配合鼠标单击来选中多张不连续的幻灯片，以及直接通过鼠标左键拖动的方式来选择多张连续幻灯片。

(2)幻灯片的删除

删除已经选中的第1-3张幻灯片：按“Del”键，或单击“编辑”菜单中的“清除”命令或“删除幻灯片”命令。

学生任务3　删除所有多余的幻灯片。

提示：

除了上述方法外，还可以通过“剪切”操作来完成幻灯片的删除。

(3)删除幻灯片的格式

通过大纲生成的幻灯片，往往会带有原来文档中的格式。如果这些格式并不满足制作演示文稿的要求，那么就必须对格式进行清除。

步骤：

①在“普通视图”中的“大纲”选项卡中，按“Ctrl＋A”键选中所有的文本。

②按“Ctrl＋Shift＋Z”键取消所有Word格式。

学生任务4　删除演示文稿中所有幻灯片带有的Word格式，恢复为PowerPoint默认格式。

(4)幻灯片的插入

在普通视图、大纲视图、幻灯片视图、幻灯片浏览视图下均可以进行幻灯片插入操作。

插入方法：单击“插入”菜单中的“新幻灯片”选项，或用快捷键“Ctrl＋M”，系统会自动弹出“新幻灯片”对话框，选择新幻灯片版式并按“确定”按钮或直接双击所需的版式，系统就会自动在相应位置插入一张新幻灯片。

学生任务5　在第三张幻灯片之后，插入一张“标题和文本”的幻灯片，并在标题位置输入目录，文本处输入章节内容。

提示：

如果希望插入的新幻灯片和前面一张幻灯片的版式相同，则可单击“插入”菜单中的“幻灯片副本”。也可利用“复制/粘贴”操作来完成。

(5)幻灯片的移动

选中需要移动的幻灯片，利用“剪切”和“粘贴”命令即可实现幻灯片的移动。在大纲视图和幻灯片浏览视图中可通过鼠标左键拖动的方式实现幻灯片的移动。

学生任务6　将第4张幻灯片移为第1张幻灯片。

(6)幻灯片的复制

选中幻灯片，利用“复制”和“粘贴”命令可实现幻灯片的复制。

(7)合并与拆分幻灯片

在大纲区中利用“降级”按钮和“升级”按钮可以合并与拆分两张相邻的幻灯片。

①在普通视图的“大纲”选项卡中，将插入点置于第二张幻灯片标题的任意位置。

②单击左侧“大纲”工具栏上的“降级”按钮，原先第二张幻灯片中的内容就会合并到第一张幻灯片中。

③用同样的方法将第三、四张幻灯片也合并到第一张幻灯片中。

学生任务 7　将第 1、2、3、4 张幻灯片进行合并操作。

学生任务 8　将第 3 张幻灯片拆分成两张。

(8)设置幻灯片的页眉和页脚

在编辑 PowerPoint 演示文稿时，可以为每一张幻灯片添加类似 Word 文档的页眉或页脚。

方法：“视图/页眉和页脚”命令，打开“页眉和页脚”对话框如图 20-12 所示，进行相应设置。

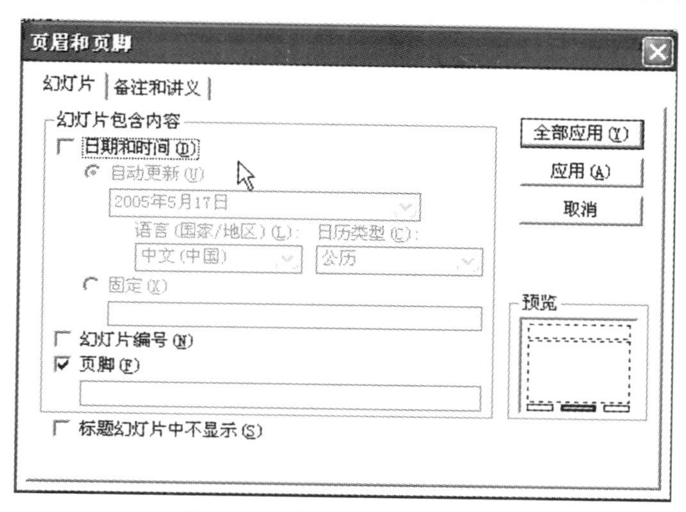

图 20-12　“页眉和页脚”对话框

比如设置系统时间：

选中“日期和时间”及下面的“自动更新”选项，然后按其右侧的下拉按钮，选择所需的时间格式，再单击“全部应用”和“应用”按钮，如图 20-13 所示即可。

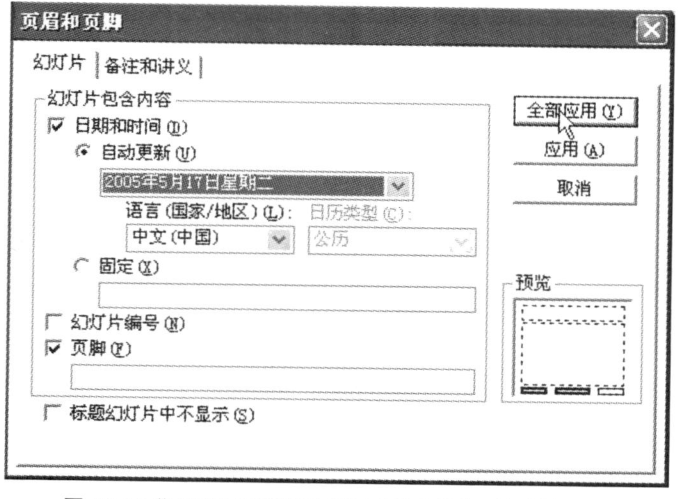

图 20-13“页眉和页脚”对话框中“日期和时间”的设定

“页眉和页脚”对话框中各项的含义如下：

①如果选中“自动更新”单选按钮，则日期与系统时钟的日期一致；如果选择“固定”按钮，并输入日期，则演示文稿显示的是用户输入的固定日期。

②在“页眉和页脚”对话框中，选中“幻灯片编号”选项，即可为每张幻灯片添加上编号(类似页码)。如果勾选“幻灯片编号”复选框，则可以对演示文稿进行编号，当删除或增加幻灯片时，编号会自动更新。

③如果选择“标题幻灯片中不显示”复选框，则版式为“标题幻灯片”的幻灯片不添加页眉和页脚。

学生任务 9　使用页眉和页脚为幻灯片添加系统日期、学号和姓名等。

2. 幻灯片中文本框、图片、图表及其他对象的操作

制作毕业答辩演示文稿，需要依据的原则是：图的效果好于表，表的效果好于文字叙述，最忌讳的就是满屏幕的长篇大论。所以，在制作过程中能引用图表的地方尽量引用图表，的确需要文字的地方，要将文字内容高度概括，简洁明了化，并用编号标明。

(1)插入文本框：

方法：“插入”菜单→“文本框”→“水平/垂直”，如图 20-14 所示。

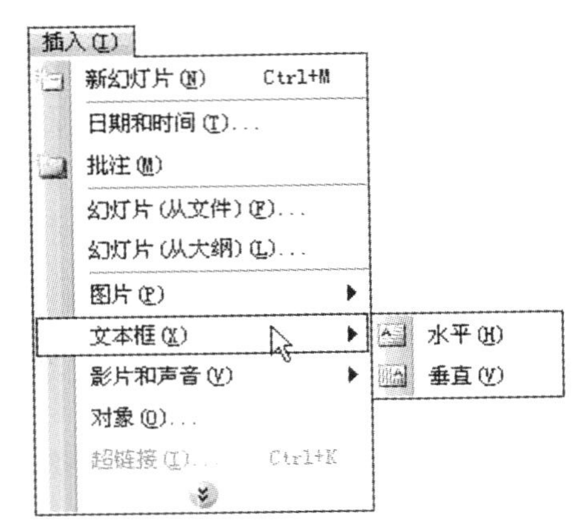

图 20-14　“插入”→“文本框”

指定文字对象：在文字上拖动，或单击文本框。以下操作均要先指定文字对象：

文字对象属性设定：

除使用“格式”菜单→“字体”命令进行相应设置外，还可以使用以下格式工具栏，如图 20-15所示，对文字对象进行属性设置。

图 20-15　“格式”工具栏

字体——格式工具栏上的“字体”下拉列表。

大小——格式工具栏上的“字号”下拉列表，或“增大字号/减小字号”按钮。

修饰——格式工具栏上的“加粗”、“倾斜”、“下划线”、“阴影”等按钮。

颜色——绘图工具栏上“字体颜色”按钮。

(2)插入图形

①使用绘图栏上的工具绘图,如图 20-16 所示。

图 20-16 “绘图”工具栏

②使用已有的图片

自选图形:绘图工具栏上的“自选图形”,或:“插入”菜单→“图片”→“自选图形”。

剪贴画:常用工具栏上的“插入剪贴画按钮”,或:“插入”菜单→“图片”→“剪贴画”

图形文件:“插入”菜单→“图片”→“来自文件”,如图 20-17 所示。

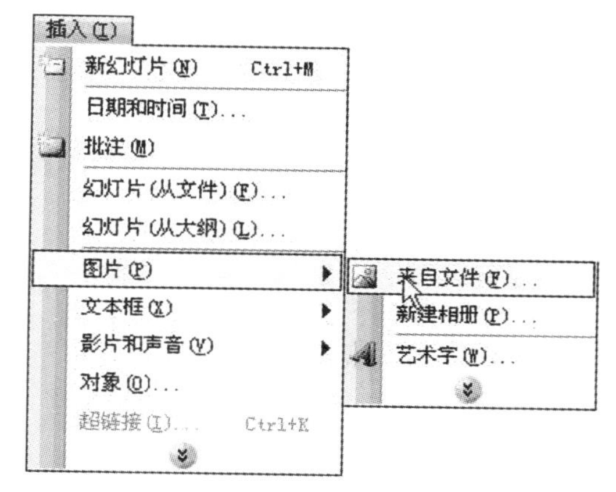

图 20-17 “插入”→“图片”→“来自文件”

③使用专业图形处理软件作图,通过“复制/粘贴”命令将图拷贝到幻灯片上。

(3)插入表格与图表

①表格

方法一:在新建幻灯片时选“表格”版式。

方法二:用“绘图”工具栏上的“手绘表格”工具。

方法三:用“常用”工具栏上的“插入 Word 表格”工具。

方法四:用“常用”工具栏上的“插入 Excel 工作表”工具。

方法五:从其他文档中复制。

②图表

使用“常用”工具栏上的“插入图表”按钮,如图 20-18 所示。

图 20-18 “常用”工具栏→“插入图表”按钮

20.2 任务二 美化幻灯片

在制作 PowerPoint 演示文稿中，我们可以利用模板、母版等相应的功能，统一幻灯片的配色方案、排版样式等，达到快速美化修饰演示文稿的目的。

20.2.1 幻灯片版式的设置

所有的版式可大致分为“文字版式”、“内容版式”、“文字和内容版式”，以及“其他版式”四种。“文字版式”提供了标题和正文几种不同的文字排列方向版式，“内容版式”提供了插入图表、表格、剪贴画、图片、组织结构图和多媒体文件等内容不同组合的版式，“文字和内容版式”提供前两者不同组合的版式，还有几种其他版式可供用户选择。

1. 更改幻灯片版式

(1)执行“视图”菜单→“任务窗格”命令，打开“任务窗格”。

(2)单击任务窗格顶部的下拉按钮，在随后弹出的下拉列表中，选择“幻灯片版式”选项，展开“幻灯片版式”任务窗格，如图 20-19 所示。

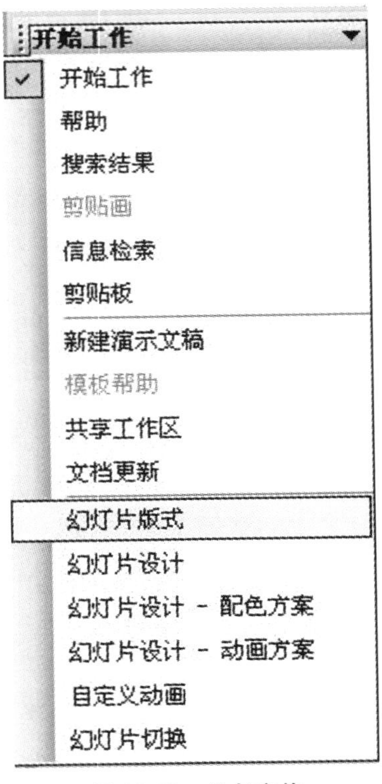

图 20-19 任务窗格

(3)选择一种版式，然后按其右侧的下拉按钮，在弹出的下拉列表中，根据需要应用版式即可，如图 20-20 所示。

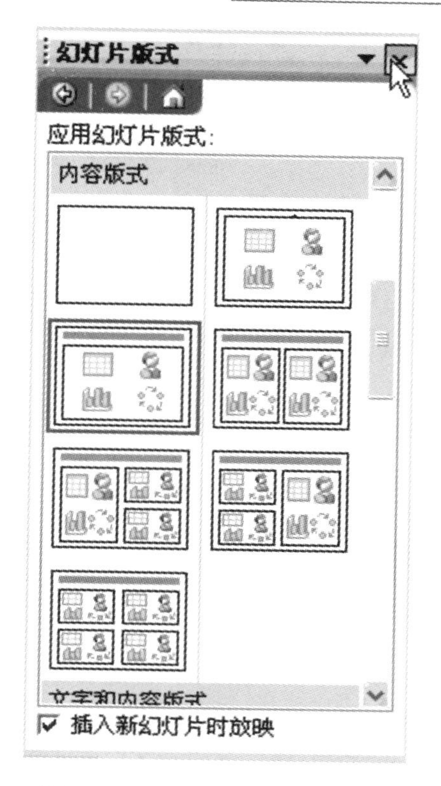

图 20-20　"幻灯片版式"任务窗格

学生任务 10　将第一张幻灯片的版式改为"标题幻灯片"。

2. 设置背景

(1)单色背景:右键单击背景(或:"格式"菜单→"背景")→单击"背景"下拉列表→在所列颜色中选取一种颜色或在"其他颜色"中选颜色→"应用"或"全部应用"。

(2)填充效果:右键单击背景(或:"格式"菜单→"背景")→单击"背景"下拉列表→填充效果→根据对话框选择"过渡"、"纹理"、"图案"、"图片" →"应用"或"全部应用"。

学生任务 11　选择有学校代表性的图片,用作演示文稿的背景,并将背景应用于所有幻灯片。

(3)应用设计模板:"设计模板"是由 PowerPoint 提供的由专家制作完成的文件,它包含了预定义的幻灯片背景、图案、色彩搭配、字体样式、文本编排等,可以用它来统一修饰演示文稿外观。设置方法如下:

①单击"视图"→"任务窗格"→"幻灯片设计"命令,打开"幻灯片设计"任务窗格,如图 20-21 所示。

②在"应用设计模板"选项组中设置,如图 20-22 所示。

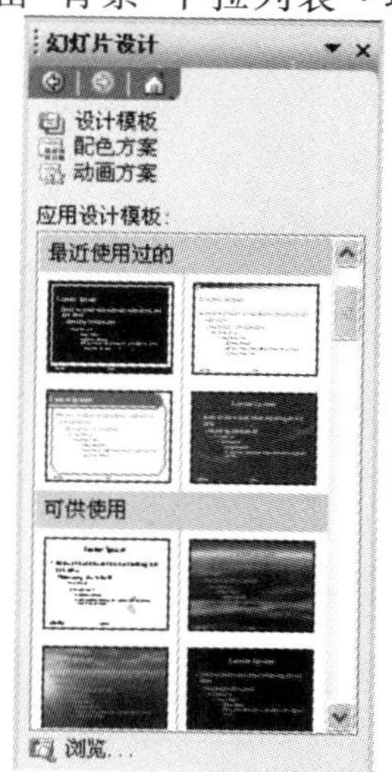

图 20-21　"幻灯片设计"任务窗格

图 20-22 “应用设计模板”对话框

20.3 任务三　添加效果

20.3.1 添加动画效果

采用带有动画效果的幻灯片对象可以让你的演示文稿更加生动活泼,还可以控制信息演示流程并重点突出最关键的数据。

动画效果通常有两种实现办法。

1.预设动画:“幻灯片放映”菜单→“动画方案”命令→打开“幻灯片设计/动画方案”窗体(如图 20-23)→选择动画效果。

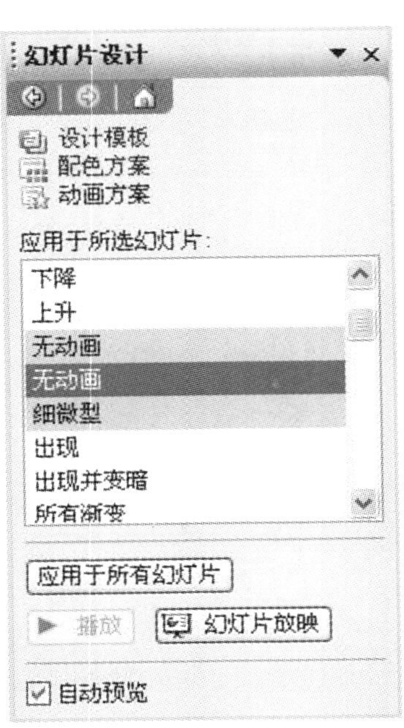

图 20-23 “幻灯片设计/动画方案”窗体

如果你想对一张或几张幻灯片使用动画效果，就进行此种选择。你可以看到一系列预定义好的可应用于所选幻灯片的动画效果，如果你已经勾选了“自动预览”复选框，只需点击每个效果名称就能看到预览的动画效果。

2. 自定义动画：“幻灯片放映”菜单→“自定义动画”命令→“添加效果”→动画效果下拉列表，如图 20-24。

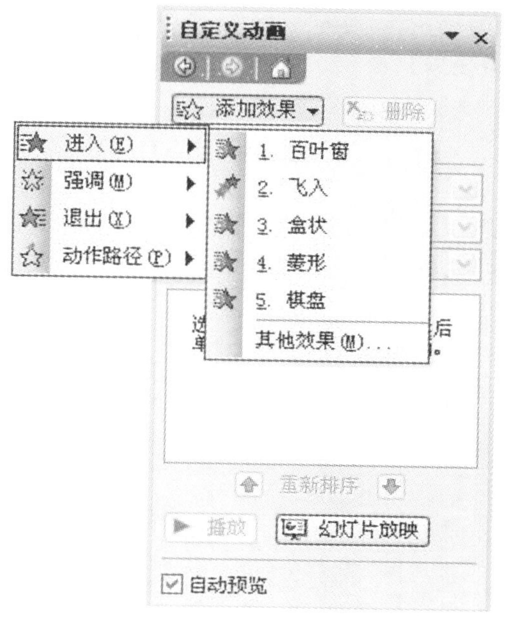

图 20-24 “自定义动画”窗体

如果想对某个幻灯片对象应用动画效果，就选定该对象然后进行“自定义动画”的选择操作。在“自定义动画”的任务窗格中点击“添加效果”按钮，然后从弹出的“进入”子菜单中选择你想要的效果。如果想得到更多的选择，你可以点击子菜单中的“其他效果”项，它会打开一个“添加进入效果”的对话框。勾选“预览效果”复选框，然后点击各种效果查看其具体表现形式。如果你找到一个想要的效果，就点击“确定”按钮关闭该对话框。

重复这些步骤直到所有你想要使用动画的幻灯片对象都获得满意的动画效果。当你这样做的时候，会发现在幻灯片对象旁边多出了几个数字标记，这些标记被用来指示动画的顺序，如图 20-25 所示。

图 20-25 代表动画效果的数字标记

学生任务 12　为需要添加特效的幻灯片设置动画效果。

提示：

可以对整个幻灯片、某个画面或者某个幻灯片对象（包括文本框、图表、艺术字和图画等）应用动画效果。不过操作时要记住一条原则：动画效果不能用得太多，而应该让它起到画龙点睛的作用；太多的闪烁和运动画面会让观众注意力分散甚至感到烦躁。

20.3.2　添加影片和声音

为了增加演示文稿的说服力和可看性，我们可以根据题材的需要，在幻灯片中增加声音或者视频短片。

1. 添加声音

（1）插入声音文件（*.wav，*.mid，*.rmi）："插入"菜单→"影片和声音"→"文件中的声音"（如图 20-26 所示）→"插入声音"对话框（如图 20-27 所示）→找寻需要插入的音频文件→"确定"按钮。

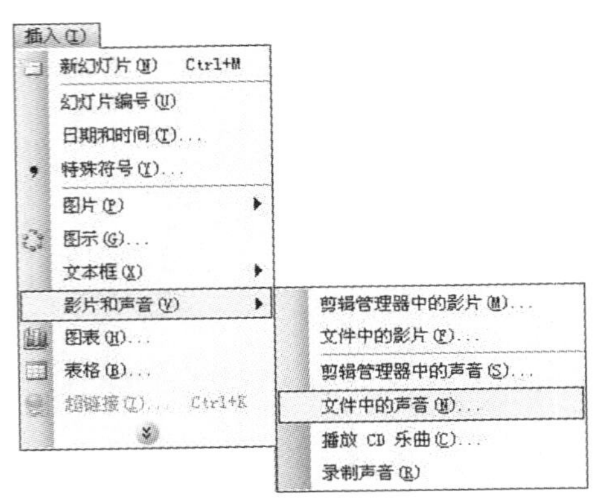

图 20-26　插入"文件中的声音"操作

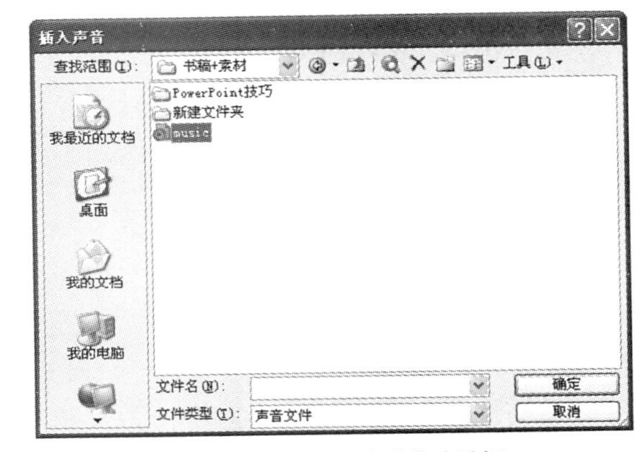

图 20-27　"插入声音"对话框

（2）录音："插入"菜单→"影片和声音"→"录制声音"→"录音"对话框（如图 20-28 所示），进行相应录制音频操作。

图 20-28　"录音"对话框

2. 添加影片

（1）插入视频文件（*.avi）适用于小文件："插入"菜单→"影片和声音"→"文件中的影片"→"插入影片"对话框（如图 20-29）→找寻所需插入的视频文件→"确定"。

（2）链接视频文件（*.avi，*.mpeg），此种操作较适用于大文件。

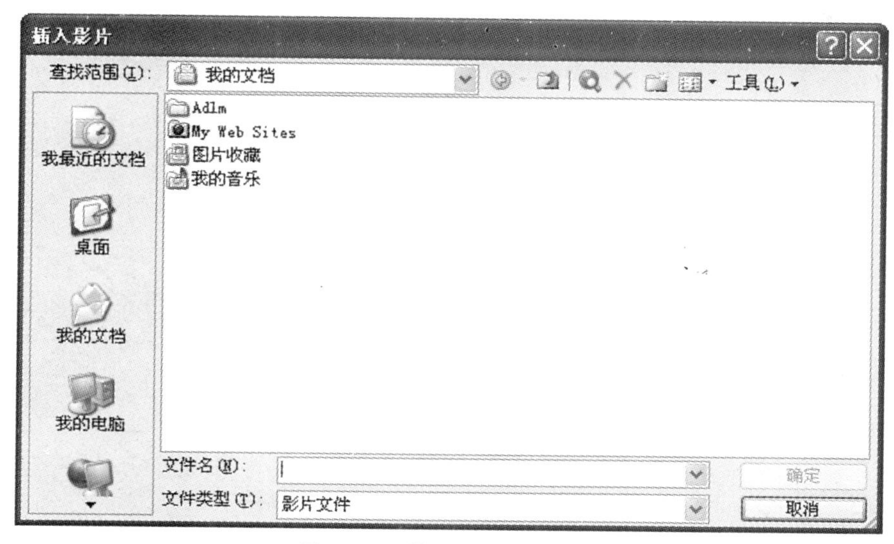

图 20-29　"插入影片"对话框

20.3.3　设置超级链接

1. 实现交互性——幻灯片之间的链接

(1)幻片中的对象与其他幻灯片的链接:指定对象→单击常用工具栏上的"插入超级链接"按钮 →输入(或用浏览指定)幻灯片名称→"确定"。

(2)动作按钮:"幻灯片放映"菜单→"动作按钮"(如图 20-30 所示)→选"后退"、"前进"、"开始"、"结束"等按钮→在幻灯片上拖动画出上一步选的动作按钮→输入(或用浏览指定)幻灯片名称→"确定"。

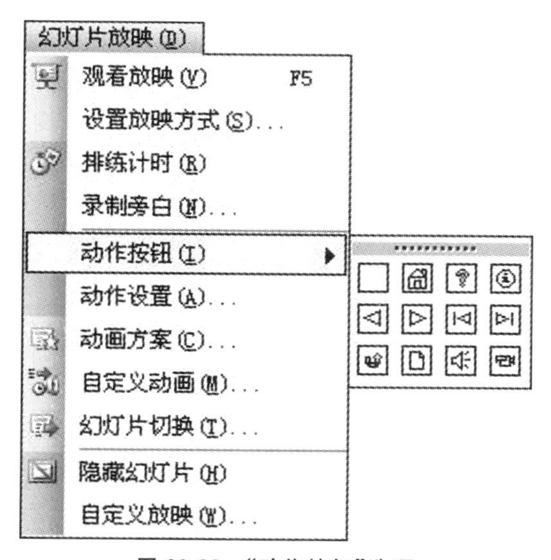

图 20-30　"动作按钮"选项

2. 与其他文档的链接

指定对象→单击常用工具栏上的“插入超级链接”按钮→跳出“插入超链接”对话框(如图 20-31 所示)→输入(或用浏览指定)文件名(＊.txt，＊.doc，＊.html)。

3. 链接到 Internet

指定对象→单击常用工具栏上的“插入超级链接”按钮→跳出“插入超链接”对话框(如图 20-31 所示)→输入 URL(网址)。

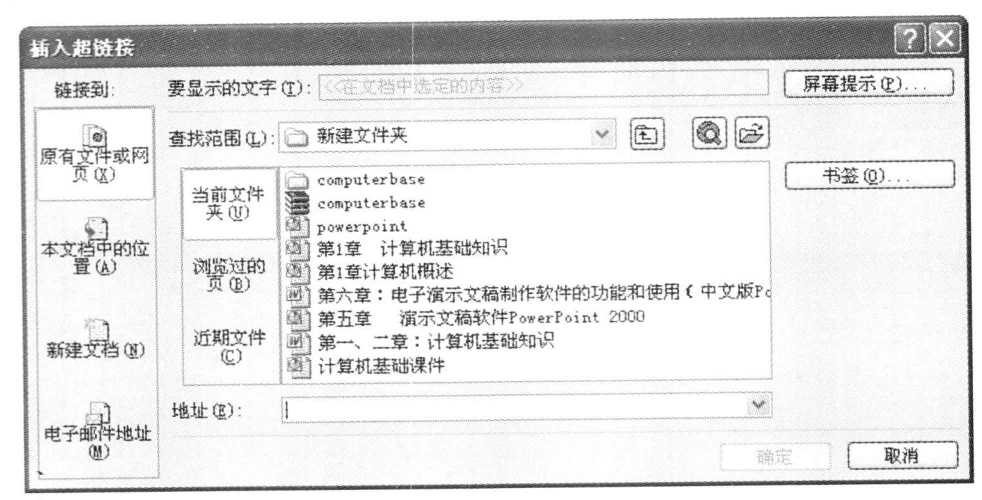

图 20-31　“插入超链接”对话框

20.4　任务四　设置放映方式

20.4.1　调整播放顺序

1. 调整同一张幻灯片上不同对象的顺序(仅对已定义了动画效果的对象)：“幻灯片放映”菜单→“自定义动画”→在“动画顺序”框中选定对象→单击该框右边的上下箭头。

2. 调整幻灯片前后顺序：进入“幻灯片浏览视图”→拖动幻灯片调整位置。

20.4.2　设置播放方式

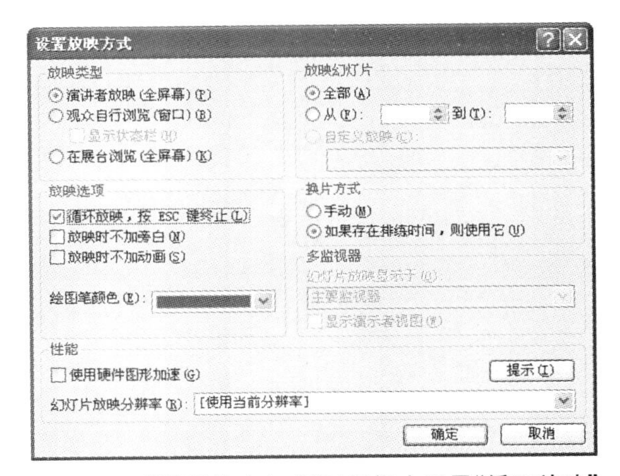

图 20-32　“设置放映方式”对话框中设置“循环放映”

1. 顺序播放：单击鼠标或敲回车、箭头等键。

2. 循环播放：“幻灯片放映”菜单→“设置放映方式”命令→弹出“设置放映方式”对话框→设置“循环放映”(如图 20-32 所示)。

3. 切换方式：“幻灯片放映”菜单→“幻灯片切换”命令→“幻灯片切换”对话框进行设置(如图 20-33 所示)。

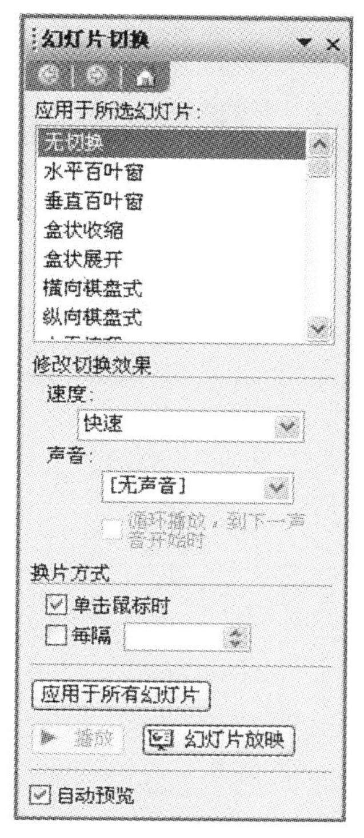

图 20-33　"幻灯片切换"对话框

4. 自动播放:"幻灯片放映"→"幻灯片切换"命令→设置切换间隔时间(如图 20-34 所示)→"应用于所有幻灯片"。

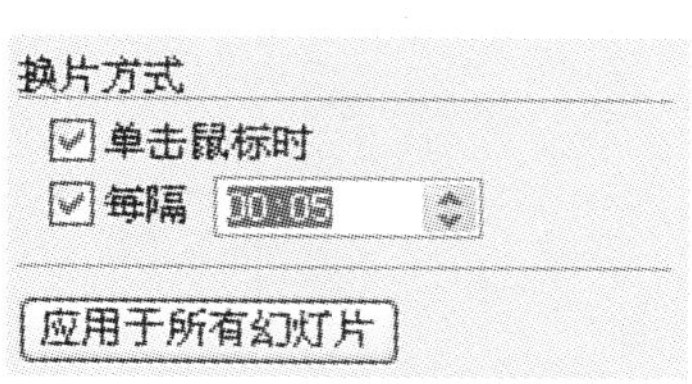

图 20-34　设置"换片方式"

5. 播放中定位:在播放过程中,键盘输入幻灯片序号,然后按下回车键。

20.5　任务五　巧妙设置 PowerPoint 播放时能查看备注

在使用 PPT 讲演时,有时会忘记一些要讲的内容,可简单地放在备注里的话,在一般放映模式下自己又看不到。怎样才能解决这个问题呢?

其实在使用笔记本和投影相连时,是可以实现笔记本上的显示和投影上的显示不同,重点是可以在笔记本上显示备注,以免忘了什么东西。

设置不同显示的方法

(1)当然是首先要将笔记本和投影连接好,否则有些选项不能设置。

(2)在桌面空白处单击右键——属性——设置,选择第二显示器,勾选下方的"将 Windows 桌面扩展到该显示器上",单击确定,如图 20-35 所示。

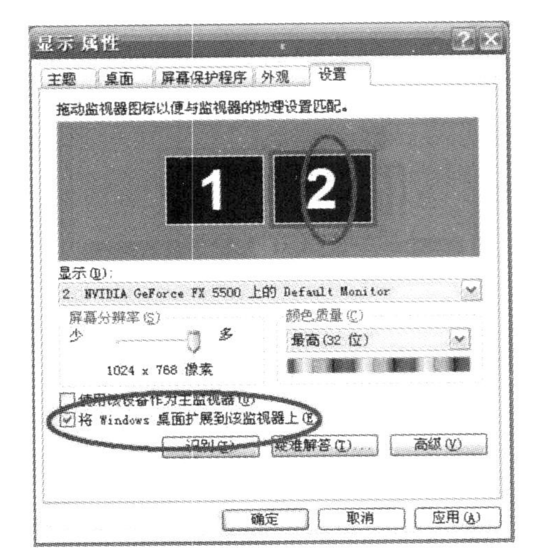

图 20-35　选择第二显示器

(3)打开 PowerPoint2003,单击“幻灯片放映”→“设置放映方式”,在多显示器处选择第二显示器,勾选“显示演讲者视图”,如图 20-36 所示。

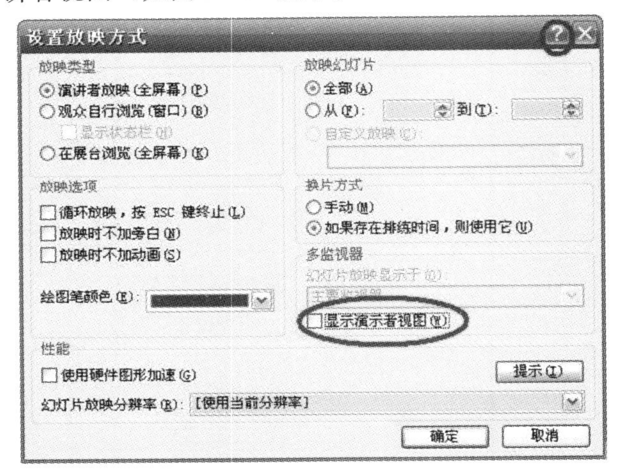

图 20-36　勾选“显示演讲者视图”复选框

(4)按照正常方式播放 PPT。此时,你的主显示器就会显示出带有备注内容的演示文稿,但是投影上显示的内容和一般放映时没有任何差别。

提示:

这个方法是要有两个显示器,比如在笔记本电脑上连接投影仪来展示 PowerPoint 演示文稿。如果是台式计算机通常需要配置两个显卡才能具备多监视器功能,而笔记本则内置该功能。

以上操作需要 Windows 2000 SP3 以上版本或者 Windows XP 操作系统以及 PowerPoint 2003 版本以上支持。

到这里,毕业论文的演示文稿已经基本搭建成功。但是还需要强调一些制作过程中的注意点。

(1)要对论文的内容进行概括性的整合,将论文分为引言和试验设计的目的意义、材料和

方法、结果、讨论、结论、致谢几部分。演示文稿时间不能过长，PPT只是辅助性的。

(2)幻灯片的内容和基调要统一。背景适合用深色调的，例如深蓝色，字体用白色或黄色的黑体字，显得很庄重。值得强调的是，无论用哪种颜色，一定要使字和背景构成明显反差。要用一个流畅的逻辑打动评委。字要尽量大一些：在房间里小字会看不清。

(3)尽量不要用PPT自带模板。自带模板评委老师们都见过，且与论文内容无关。要尽量自己做，可以使用论文中提到的某些图片，或者使用学院的照片。

20.6　本项目所涉及的主要知识点

1. 创建演示文稿

利用原来Word文档中的文字内容创建PowerPoint演示文稿。

2. 美化幻灯片

对于插入至幻灯片的图片、文本框或者自选图形，为了设计需求我们都可以对其进行编辑与美化操作。

3. 添加各种特效及超链接

为增强演示文稿的说服力和可看性，可以在PPT中添加动画效果，插入声音、视频等元素。

4. 放映方式的设置

5. 备注的巧妙设置

通过一些简单的设置，可以使演讲者在讲演过程中事半功倍。

20.7　课后作业

制作一个演讲稿的演示文稿。

项目 21　使用 PowerPoint 制作精美的电子相册

随着数码产品的不断普及，利用电脑制作电子相册的人越来越多，如果你手中没有这方面的专门软件，用 PowerPoint 也能帮你轻松制作出漂亮的电子相册来。下面我们以 PowerPoint2003 为例，介绍制作 PPT 电子相册的方法。

21.1　任务一　　批量插入图片

1. 启动 PowerPoint2003，新建一个空白演示文稿，如图 21-1 所示。

图 21-1　空白演示文稿窗口

2. 执行“插入”→“图片”→“新建相册”命令（如图 21-2），打开“相册”对话框（如图 21-3）。

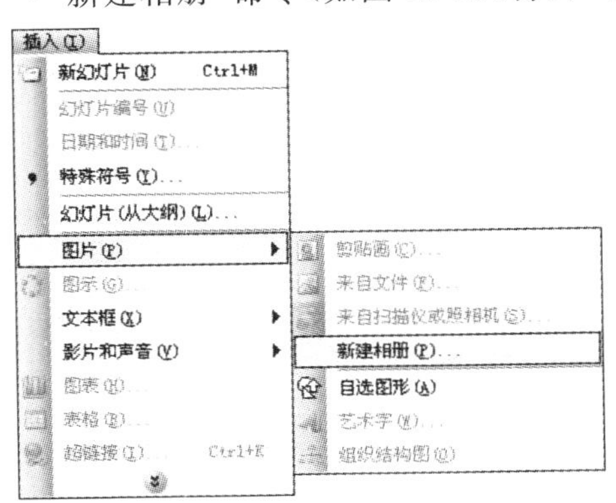

图 21-2　“插入”→“图片”→“新建相册”

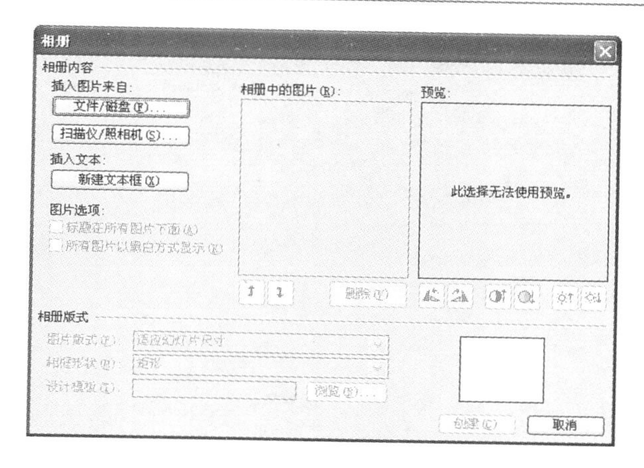

图 21-3　“相册”对话框

3. 单击其中的 文件/磁盘(F)... 按钮，打开“插入新图片”对话框（如图 21-4 所示），通过按“查找范围”右侧的下拉按钮，定位到相片所在的文件夹。选中需要制作成相册的图片，然后按下“插入”按钮返回“相册”对话框。

图 21-4　“插入新图片”对话框

提示：

在选中相片时，按住 Shift 键或 Ctrl 键，可以一次性选中多个连续或不连续的图片文件。

4. PowerPoint 为使用者提供了一系列的“相册板式”属性设置功能。

其中包括：七种“图片版式”可选（如图 21-5），七种“相框形状”可选（如图 21-6），可选“设计模版”；且设有相册版式的预览功能。如图 21-7 所示是选择了 1 张图片（带标题）的图片版式，即每张幻灯片上显示一张图片，且图片上带有标题栏，以及“圆角矩形”的相框形状。

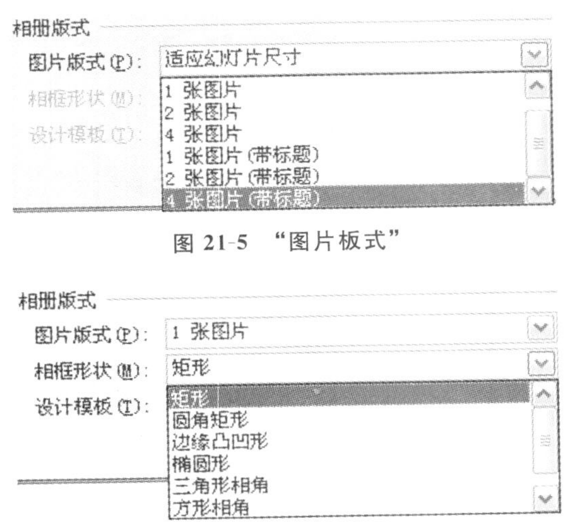

图 21-5 “图片板式”

图 21-6 “相框形状”

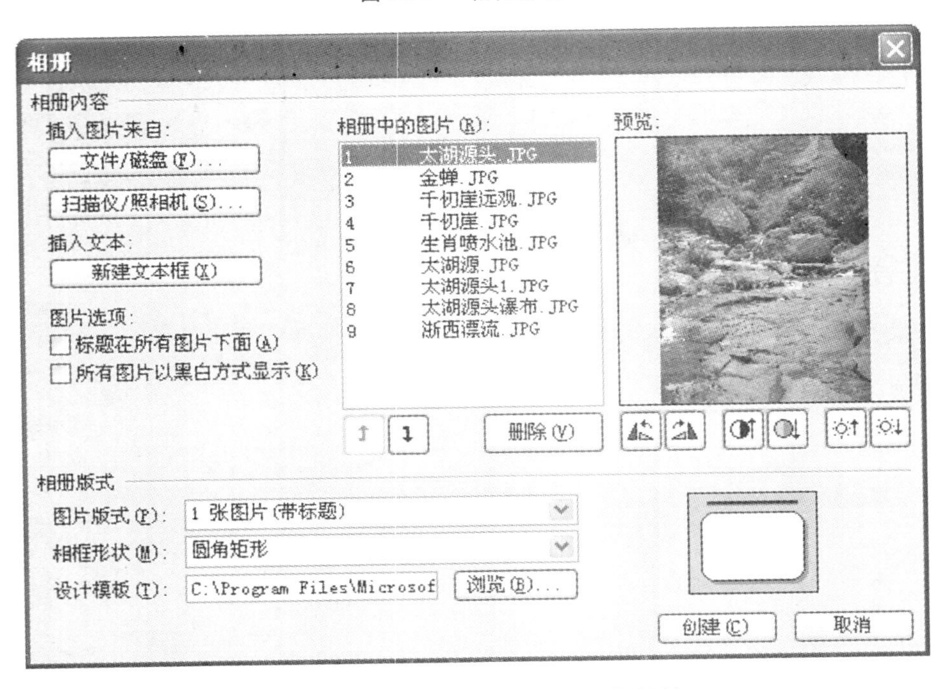

图 21-7 选择相应设置后的“相册”对话框

5. 在“相册”对话框中，可以直接通过点击“相册中的图片”列表框中的图片文件名，对每一张图片进行预览。通过 按钮对已选择的图片属性的调整，前两项是“旋转控制”，中间两项是“对比度控制”，后两项是“亮度控制”。另外，通过单击 或 按钮，可以调整已选图片的排列顺序，使用 删除(V) 按钮，减少图片数量。

6. 单击“创建”按钮，图片被逐一插入到演示文稿中，并在第一张幻灯片中留出相册的标题，如图 21-8 所示，输入相册标题等内容。

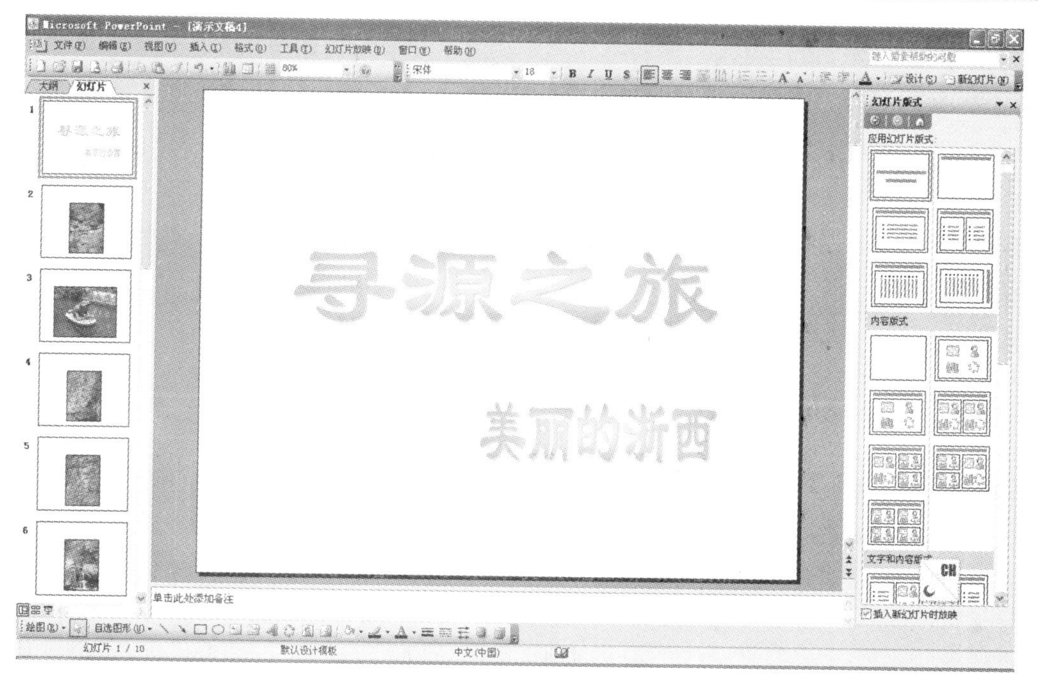

图 21-8 创建出的相册演示文稿

7. 切换到每一张幻灯片中，为相片配上相应标题和说明文字，如图 21-9 所示。

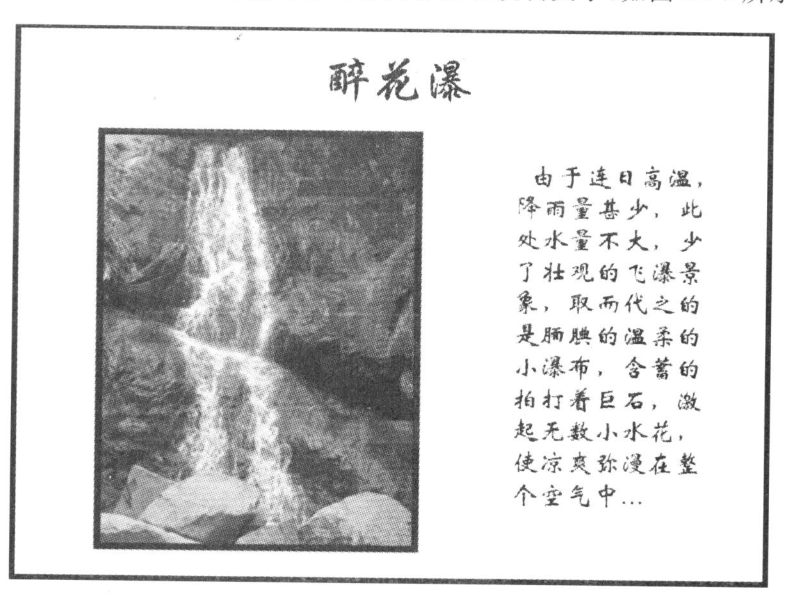

图 21-9 图文配合的相册效果

21.2 任务二　设置切换效果和背景音乐

1.准备一个音乐文件,执行"插入"→"影片和声音"→"文件中的声音"命令(如图 21-10 所示),打开"插入声音"对话框,选中所需的音乐文件(如图 21-11 所示),将其插入到第 1 张幻灯片中,点击"确定"按钮。此时,系统跳出提示框(如图 21-12 所示),提示使用者在幻灯片放映时音乐文件的播放方式,选择"自动",幻灯片中出现一个小喇叭标记。

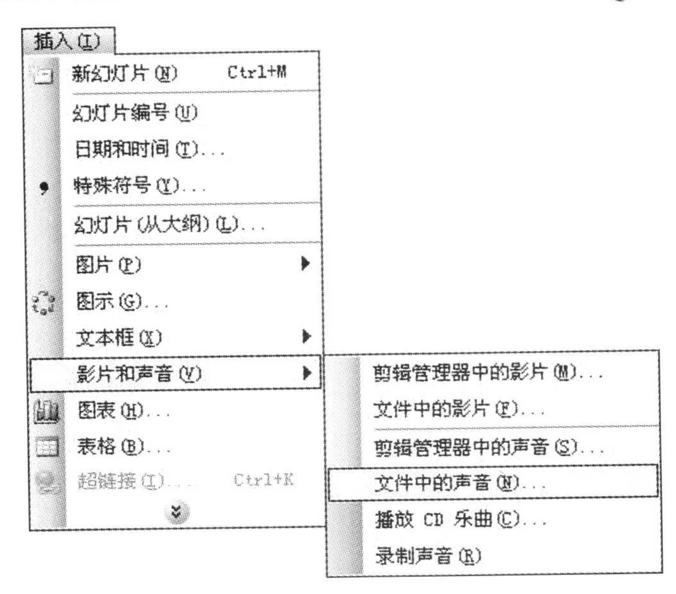

图 21-10　执行"插入"→"影片和声音"→"文件中的声音"命令

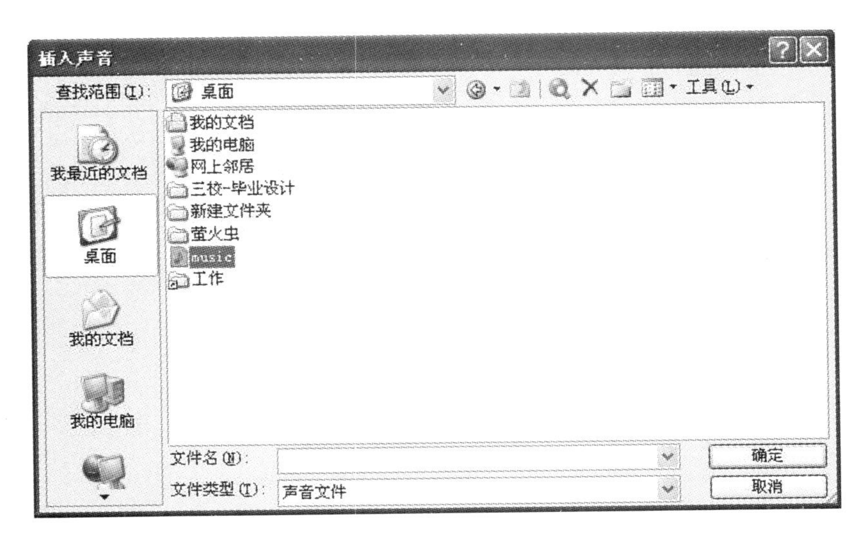

图 21-11　"插入声音"对话框

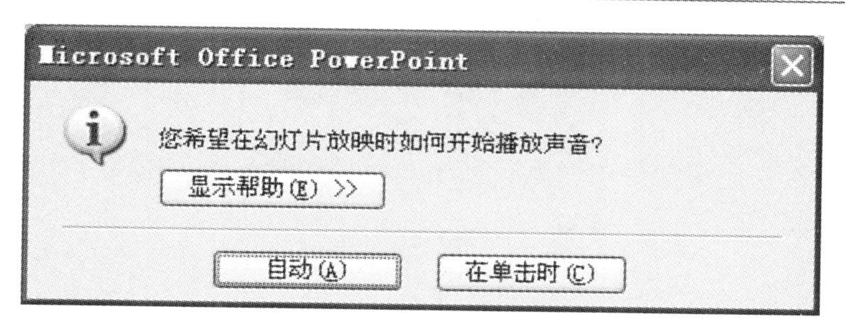

图 21-12 “播放声音”提示框

2. 右击上述小喇叭标记，在随后出现的快捷菜单中，选“自定义动画”选项，展开“自定义动画”任务窗格，如图 21-13 所示。

图 21-13 “自定义动画”窗格

3. 双击任务窗格中的时钟图片 0 ▷ music.mp3 ，打开“播放声音”对话框(如图 21-14 所示)，选中“停止播放”下面的“在 X 张幻灯片后”选项，并查看一下相册幻灯片的数量，将相应的数值输入在 ⊙在(F): 10 张幻灯片后 文本框中，点击“声音设置”选项卡，勾选“幻灯片放映时隐藏声音图标”复选项，点击“确定”按钮。

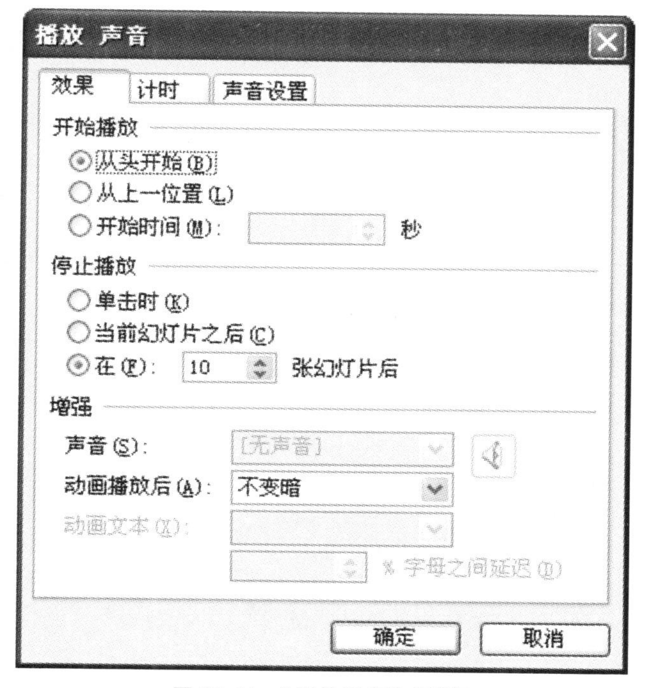

图 21-14 “播放声音”对话框

4. 执行“幻灯片放映”→“排练计时”命令，进入排练放映状态，如图 21-15 所示。

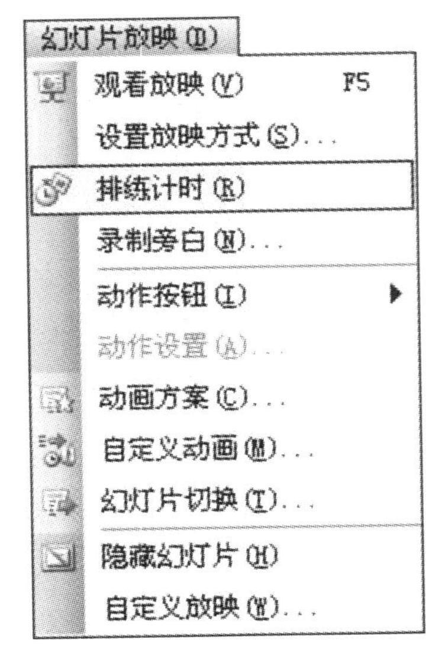

图 21-15 “排练计时”命令

图 21-16 排练放映状态

手动放映一遍相册文件。放映结束后,系统会弹出如图 21-17 所示的“排练时间”提示对话框,点击其中的“是(Y)”按钮,保存此次排练放映时间。

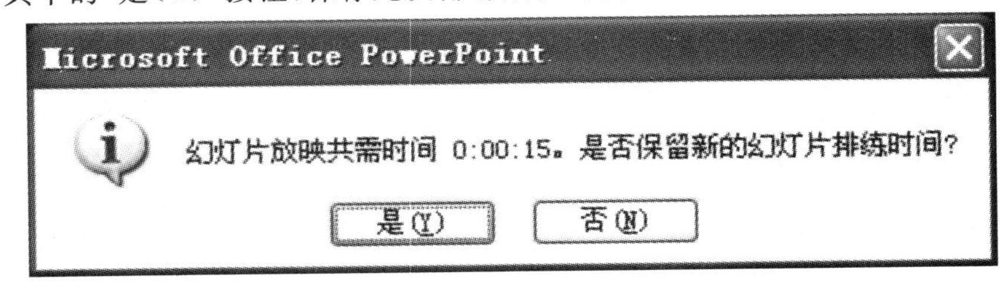

图 21-17 “排练时间”提示框

提示：

如果对排练的时间不满意，可以点击“否(N)”按钮，然后重新排练计时。

至此，电子相册制作完成，现在按下 F5 功能键，即可欣赏相册效果。

21.3 本项目所涉及的主要知识点

1. 批量插入图片

通过 PPT 中自带的一些设置，来完成批量插入图片操作。

2. 动画效果设置

制作精美的电子相册，势必要对相册中的照片添加动画特效以增强相册的趣味性。

3. 放映方式设置

通过排练计时来对 PPT 放映进行预演。

21.4 课后作业

制作电子相册“可爱的伙伴. ppt”。

项目 22　运用 PowerPoint 制作爬楼梯的小火车

PowerPoint 中提供了一种相当有趣的动画功能，它允许你在一幅幻灯片中为某个对象指定一条移动路线，这在 PowerPoint 中被称为“动作路径”。使用“动作路径”能够为你的演示文稿增加非常有趣的效果。例如，你可以让一个幻灯片对象跳动着把观众的眼光引向所要突出的重点。

为了方便你进行设计，PowerPoint 中包含了相当多的预置的动作路径。如果想要指定一条动作路径，则只需选中某个对象，选择“幻灯片放映”菜单→“自定义动画”命令，在“自定义动画”任务窗格中点击“添加效果”按钮。在下拉列表中选择“动作路径”然后再选择一种预定义的动作路径，比如“对角线向右上”或者“对角线向右下”(如图 22-1)。如果你不喜欢子菜单中所列出的六种预置路径，还可以选择“其他动作路径(M)…”来打开“添加动作路径”对话框，选择其他类型的预置路径(如图 22-2)。确保“预览效果”复选框被选中 ☑预览效果(P)，然后点击不同的路径效果进行预览。当你找到比较满意的方案，就选择它并按“确定”按钮。

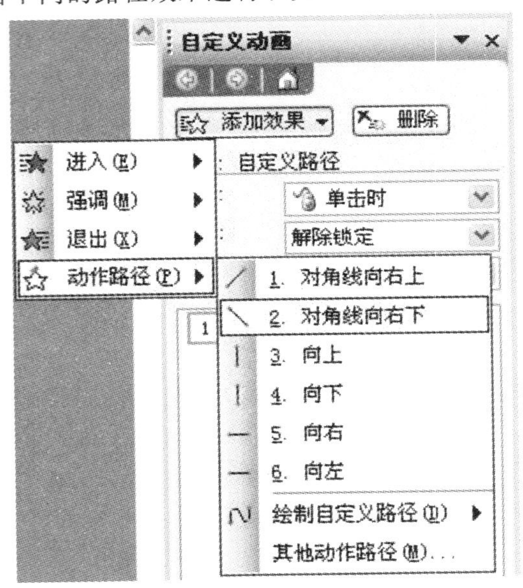

图 22-1　六种预置路径

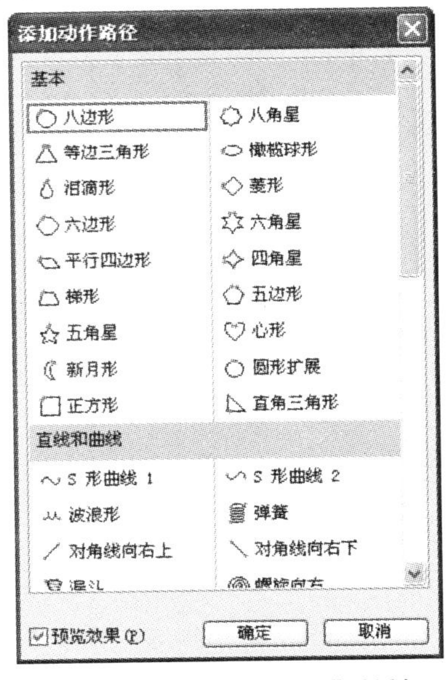

图 22-2　“添加动作路径”对话框

PowerPoint 也允许你自行设计动作路径。选中某个对象然后从菜单中选择“添加效果”→“动作路径”→“绘制自定义路径”，然后再从列表中选择一种绘制方式(如自由曲线)。接着用鼠标准确地绘制出移动的路线。

在添加一条动作路径之后，对象旁边也会出现一个数字标记，用来显示其动画顺序。还会出现一个箭头来指示动作路径的开端和结束，分别用绿色和红色表示，如图 22-3 所示。你还可以在动画列表中选择该对象，然后对“开始”、“路径”和“速度”子菜单中的选项进行调整(在“自定义动画”任务窗格)。

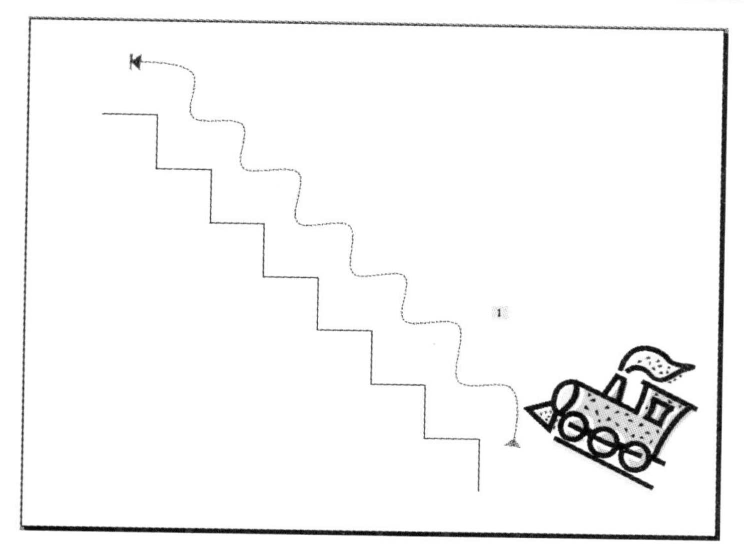

图 22-3 数字标记和箭头

利用“绘制自定义路径”功能，可以非常轻松地做出许多有趣的动画，下面我们就用“绘制自定义路径”功能来做一个让小火车爬楼梯的动画。

22.1 任务一 绘制楼梯，插入小火车

1. 在 PowerPoint 2003 中新建一个文件，在右侧打开的“幻灯片版式”任务窗格中的“内容版式”选项里选择“空白”样式，如图 22-4 所示。

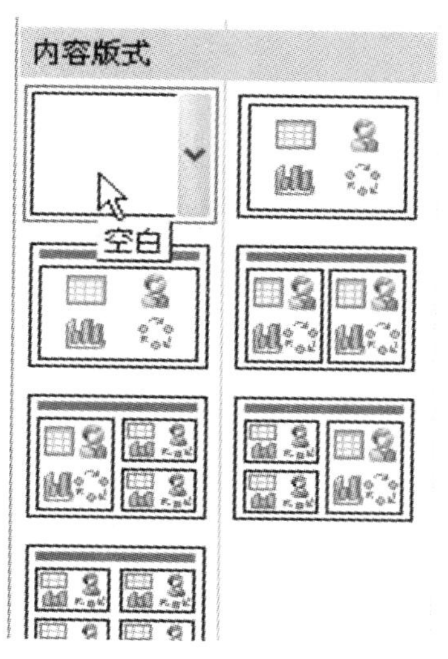

图 22-4 内容版式

2. 单击“视图”菜单→“网格和参考线”，打开“网格线和参考线”对话框，在“网格设置”项中把间距设为 1 厘米，并把“屏幕上显示网格”勾选上，如图 22-5 所示。

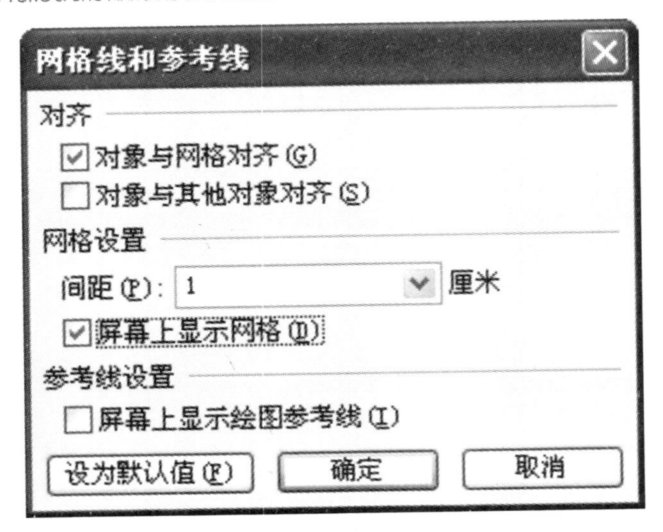

图 22-5 屏幕上显示网格

3.单击绘图工具栏中的“直线”按钮，如图 22-6 所示，以网格为参照物，在 PowerPoint 2003 工作区的左上角处，分别画出 1 厘米长的一条横线和一条竖线组成一个楼梯台阶，如图 22-7。

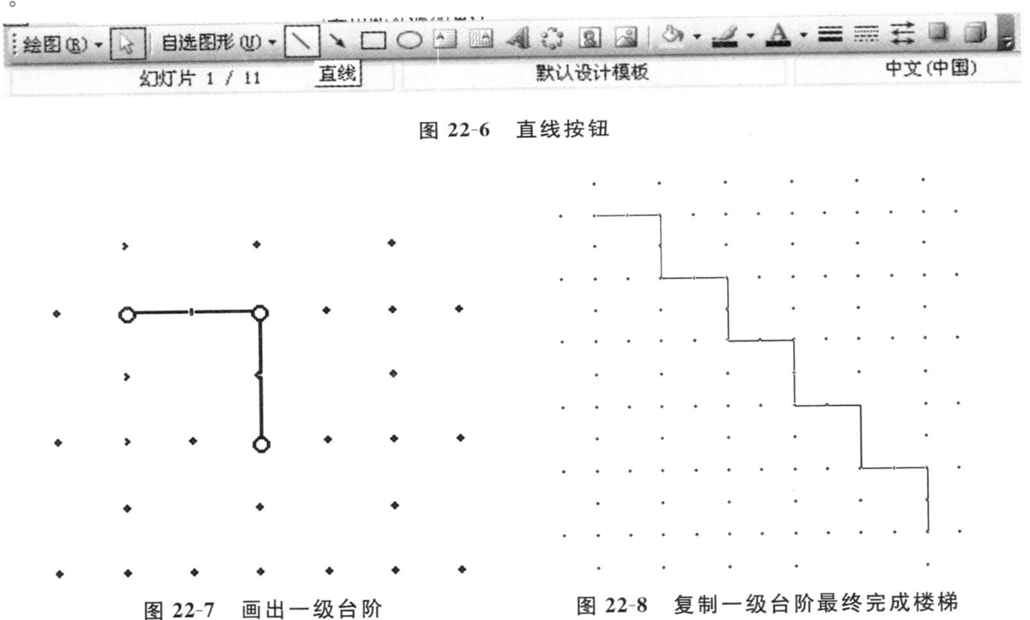

图 22-6 直线按钮

图 22-7 画出一级台阶

图 22-8 复制一级台阶最终完成楼梯

选中已经绘制出的第一个楼梯台阶，按“Ctrl+C”键进行“复制”操作，再按“Ctrl+V”键进行“粘贴”，使用鼠标左键拖动复制出的楼梯台阶到适合的位置，重复此操作把所有楼梯台阶画好，如图 22-8 所示，这样一个楼梯就完成了。

4.单击“插入”菜单→“图片”→“剪贴画”，在打开的“剪贴画”任务窗格中“搜索文字”框内输入内容“火车”→“搜索”，如图 22-9。搜索完毕后，再单击搜出的小火车，如图 22-10 所示。

图 22-9　搜索出所有的火车

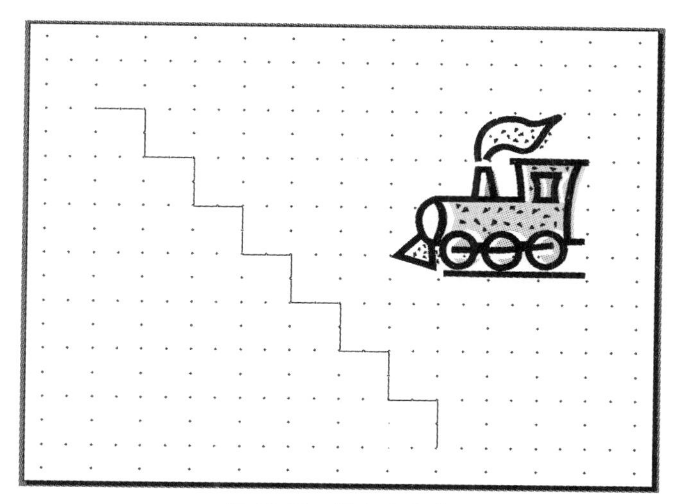

图 22-10　插入小火车

5. 把小火车移到楼梯的最下边并稍微离开台阶一块，单击小火车后，把鼠标指针指向小火车上面绿色的旋转控制点，按住左键拖动，让小火车稍微抬起头，如图 22-11 所示。

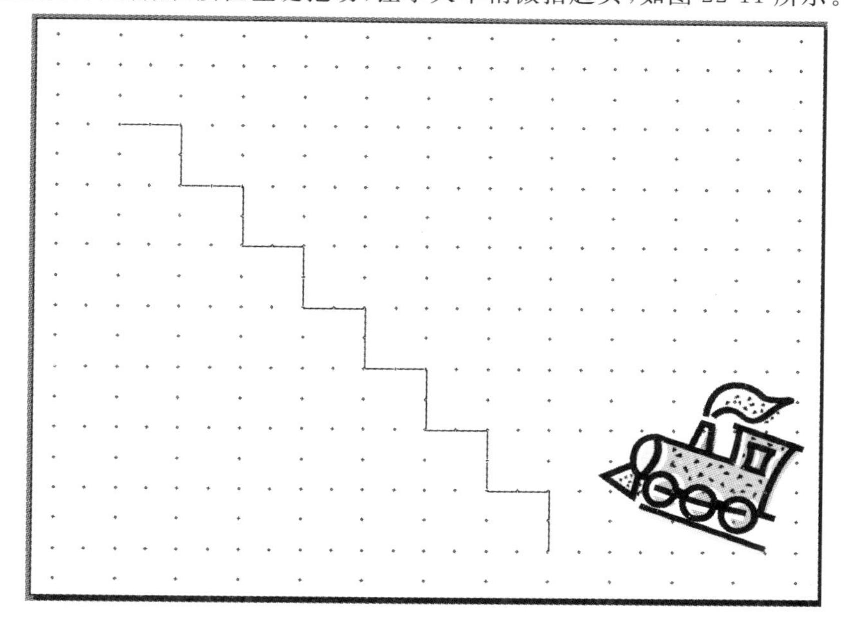

图 22-11　让火车稍微抬起头

22.2　任务二　　绘制动作路径，设置动画效果

1. 右键单击小火车，选择"自定义动画"，在"自定义动画"任务窗格中，单击"添加效果"→"动作路径"→"绘制自定义路径"→"曲线"，如图 22-12 所示，从最下边的台阶开始，在所有横

竖线交叉点上单击左键，到达最上边台阶后双击左键，完成路径。这样一条沿着台阶向上运行的动作路径就画出来了，如图 22-13 所示。

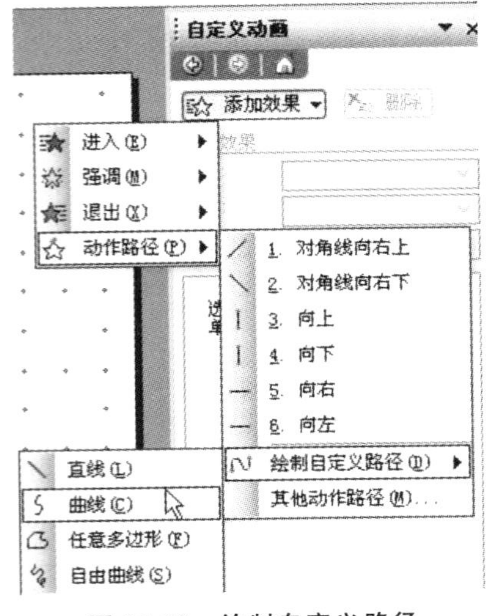

图 22-12　绘制自定义路径

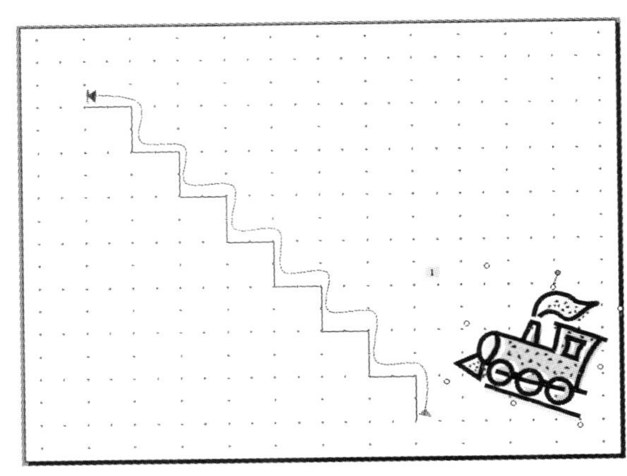

图 22-13　绘制动作路径

2. 选中画出的动作路径，按住鼠标左键向右拖动，调整它与楼梯的位置，使得动作路径与楼梯分离到适合的距离；再单击小火车调整小火车的大小和角度，如图 22-14 所示。

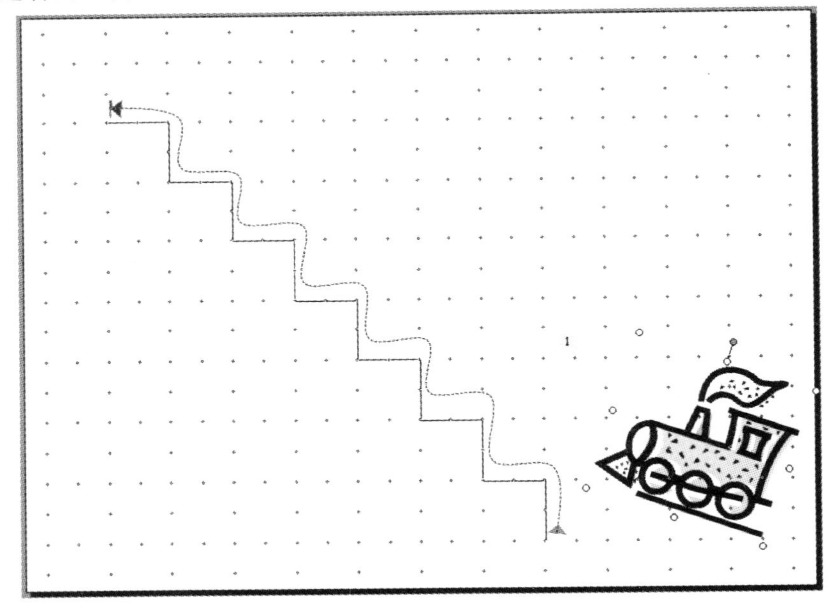

图 22-14　调整路径位置和小火车的大小、倾斜角度

3. 到右侧"自定义动画"任务窗格中的"速度"框中选择"非常慢"，如图 22-15；再打开"网格线和参考线"对话框，在"网格设置"项中把"屏幕上显示网格"复选框前面的选择去掉。最后点击"播放"按钮 ▶ 播放 预览动画效果。

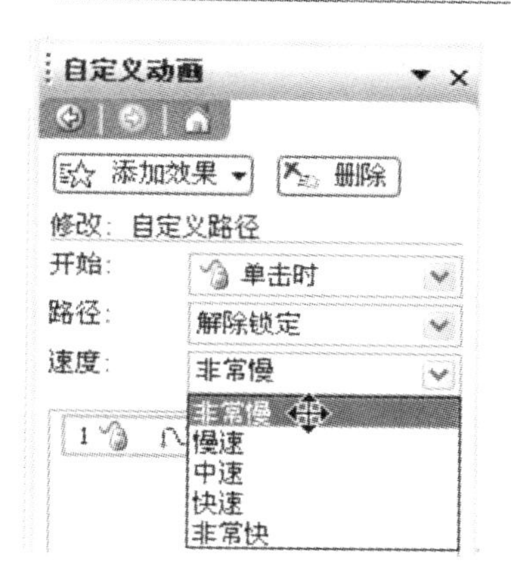

图 22-15　设置动画速度

到这里，运用 PowerPoint 的"绘制自定义路径"所制作的爬楼梯的小火车就大功告成了。点击"播放"，小火车就会沿着台阶一级级地往上慢慢运动起来了。

22.3　本项目所涉及的主要知识点

1. 动作路径

利用"绘制自定义路径"功能，可以非常轻松地做出许多有趣的动画。通过绘制自定义路径，可以使得 PPT 中的对象沿着预设的路线运动，从而达到特定的动作效果。

2. 自定义动画

通过设置自定义动画中的某些选项，可以使得对象根据用户需要调节运行速度等。

22.4　课后作业

根据以上所学习的内容，运用 PowerPoint 的"绘制自定义路径"制作一个按圆形轨迹运动的小雪人，如图 22-16 所示。

图 22-16　小雪人

项目 23　网上求职

目前，人们可以通过多种方式，将自己的个人电脑、PDA 或手机通过电话线、网络线等有线方式或通过无线移动网等无线方式连接到互联网。我们可以享受互联网所提供的各种各样的服务，如浏览 Web 页面、远程上传与下载文件、发送或接收电子邮件、网上实时交谈、网络购物等。网络在改变我们的生活，网络已经无处不在。

23.1　任务一　了解计算机网络

23.1.1　计算机网络

计算机网络是利用通信设备和网络软件，将分散在不同地点且具有独立功能的多个计算机系统相互连接起来，实现资源共享和信息传递的一个系统。计算机网络的作用如下。

1. 最基本的功能是资源共享和数据通信。
2. 可以进行分布式信息处理。
3. 可以提高计算机系统的可靠性和可用性。

23.1.2　数据通信

1. 什么是数据通信

数据通信是按照一定的通信协议，利用数据传输技术在两个终端之间传递数据信息的一种通信方式。

数据通信通常指的是双向通信，所传递的信息均以二进制数据形式来表现。

2. 数据通信的基本概念

(1)信道

用来传输信息的通道，包括通信设备和传输介质。

(2)码元

网络中传送的二进制数字中每一位的通称，也称作“位”或 bit。

(3)数据传输速率

实际进行数据传输时单位时间内传输的二进位数，常用的计量单位有“比特/秒(bps)”、“千位/秒(Kbps)”、“兆位/秒(Mbps)”或“千兆位/秒(Gbps)”等。

(4)信道带宽

一个信道所允许的最大数据传输速率，也称为信道容量。

(5)吞吐量

在数值上表示网络或交换设备在单位时间内成功传输或交换的总信息量，单位为 bps。

(6)误码率

指信息传输的错误率,是衡量系统可靠性的指标。它用规定时间内出错数据比特数占总传输比特数的比例来度量。

(7)延时

指信息从发送端(信源)到接收端(信宿)所花费的时间。

3. 数据通信的分类

最简单的通信系统由三部分组成:信源、信宿和信道。在通信系统中,根据信道上所传输信号的不同,可将数据通信分为模拟通信和数字通信。

(1)模拟通信:指信道上传送的是模拟信号(连续形式的信号,如电话、话筒发出的语音信号)。

(2)数字通信:指信道上传送的是数字信号(离散形式的信号,如电报机、计算机输出的信号)。

4. 数据通信技术

(1)调制解调技术

通过调制和解调来实现计算机间的通信,由调制解调器(modem)完成。

(2)多路复用技术

为了提高传输线路的利用率,用一条线路同时传输多路信号的技术。常见的多路复用技术有频分多路复用和时分多路复用等。

(3)数据交换技术

电路交换:也称线路交换,在发送端和接收端之间建立一条临时的专用通信线路来实现双方的数据交换。

报文交换:以报文为单位传输信息,不需要专用通信线路。

分组交换:也称为包交换,以数据包为单位进行通信。

5. 通信系统的传输介质

(1)有线通信

双绞线:如固定电话本地回路和计算机局域网。

同轴电缆:如固定电话中继线路和有线电视。

光导纤维:通常用作电话、电视等通信系统的远程干线或者计算机网络的干线。具有传输损耗小,通讯距离长,容量大,屏蔽性能好等特点。

(2)无线通信

无线通信主要是通过无线电波进行的数据通信,无线电波按频率(或波长)可分为中波、短波、超短波和微波。主要有微波通信、激光通信和红外线通信三种技术。

(3)移动通信

移动通信是指处于移动状态的对象之间的通信,包括蜂窝移动、集群调度、无绳电话、寻呼系统和卫星系统。最有代表性的移动通信就是手机,它属于蜂窝移动系统。移动通信系统由移动台、基站和移动电话交换中心等组成。

23.1.3 计算机网络的组成

从资源构成的角度讲,计算机网络由硬件和软件组成。硬件包括各种主机、终端等用户端设备,以及交换机、路由器等通信控制处理设备。软件包括各种系统程序和应用程序以及大量的数据资源。计算机网络主要由以下四个部分组成。

1. 主机(Host):各种类型的计算机,向用户提供信息服务。

2. 通信子网:由一些通信链路和节点交换机组成,用于进行数据通信。

3. 通信协议:为了确保计算机之间能进行互连的一组规则或标准。

4. 网络操作系统:是网络用户和计算机网络的接口。

23.1.4 计算机网络的体系结构

计算机网络的体系结构指的是通信系统的整体设计,OSI 体系结构用以下七个层次描述网络的结构。

1. 物理层:是最基础的一层,以比特流的方式传送来自数据链路层的数据。

2. 数据链路层:负责通过物理层从一台计算机到另一台计算机无差错地传输数据帧,允许网络层通过网络连接进行虚拟无差错的传输。

3. 网络层:负责信息寻址和将逻辑地址与名字转换为物理地址。

4. 传输层:保证在不同子网的两台设备间的数据包可靠、顺序、无错传输。

5. 会话层:利用传输层提供的端到端的服务,向表示层或会话用户提供会话服务。

6. 表示层:负责在不同的数据格式之间进行转换操作,以实现不同计算机系统间的信息交换。

7. 应用层:是 OSI 参考模型中最靠近用户的一层,它直接与用户和应用程序打交道,负责对软件提供接口以使程序能使用网络。

23.1.5 计算机网络的分类

计算机网络的分类标准很多。按照传输方式可分为有线网和无线网;按照网络的拓扑结构可分为星型网、环型网、总线型网等;按照网络的使用性质可分为公用网和专用网。最普遍的分类方法是按照网络所覆盖的地域范围进行分类,可以分为三种类型。

1. 局域网(Local Area Network,简称 LAN)

覆盖范围通常局限在几公里之内,分布在一个房间、一个建筑物或一个企事业单位,传输速率在 1Mbps 以上。

2. 广域网(Wide Area Network,简称 WAN)

覆盖范围为几十公里至几千公里,传输速率较低,一般小于 100Kbps。

3. 城域网(Metropolitan Area Network,简称 MAN)

覆盖范围为 5 公里至 10 公里,传输速率在 1Mbps 以上。

23.1.6 计算机网络的拓扑结构

网络中的计算机等设备实现互联的连接方式就叫做“拓扑结构”。目前常见的网络拓扑结构有三种。

1. 总线型拓扑结构

所有工作站和其他共享设备(文件服务器、打印机等)都直接与总线相连,如图 23-1 所示。结点之间按广播方式通信,一个结点发出的信息,总线上的其他结点均可“收听”到。优点:结

构简单，布线容易，可靠性较高，易于扩充，节点的故障不会殃及系统，是局域网常采用的拓扑结构。缺点：所有的数据都需经过总线传送，总线成为整个网络的瓶颈；出现故障诊断较为困难。另外，由于信道共享，连接的节点不宜过多，总线自身的故障可以导致系统的崩溃。最著名的总线拓扑结构是以太网(Ethernet)。

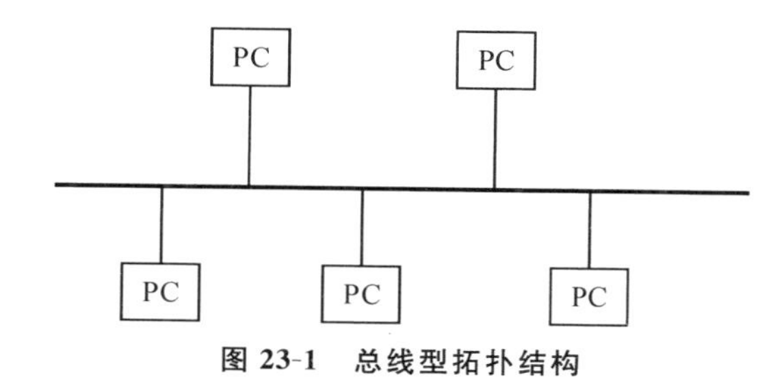

图 23-1 总线型拓扑结构

2. 星型拓扑结构

网络中的各工作站节点通过一个网络集中设备(如集线器或交换机)连接起来，如图 23-2 所示。这种结构适用于局域网，特别是近年来连接的局域网大多采用这种连接方式。这种连接方式以双绞线或同轴电缆作连接线路。优点：结构简单，容易实现，便于管理，通常以集线器(Hub)作为中央节点，便于维护和管理。缺点：中心结点是全网络的可靠瓶颈，中心结点出现故障会导致网络的瘫痪。

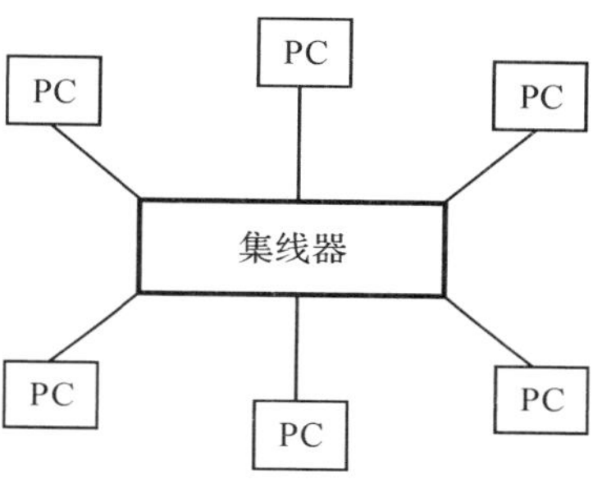

图 23-2 星型拓扑结构

3. 环型拓扑结构

工作站、共享设备(服务器、打印机等)通过通信线路将设备构成一个闭合的环，如图 23-3 所示，环中数据只能单向传输，信息在每台设备上的延时是固定的。特别适合实时控制的局域网系统。优点：结构简单，适合使用光纤，传输距离远，传输延迟确定。缺点：环网中的每个结点均成为网络可靠性的瓶颈，任意结点出现故障都会造成网络瘫痪，另外故障诊断也较困难。最著名的环形拓扑结构网络是令牌环网(Token Ring)。

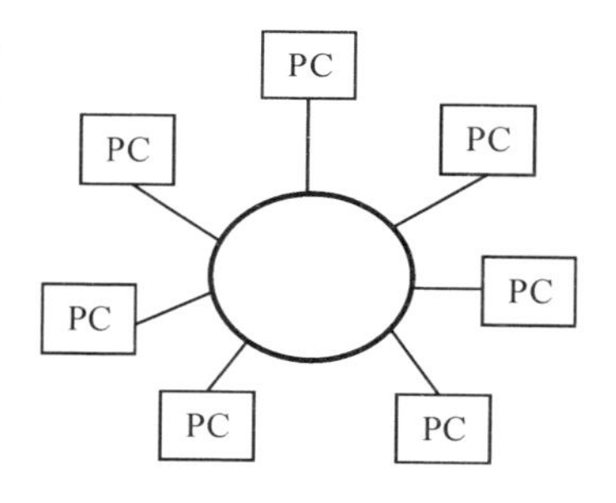

图 23-3 环型拓扑结构

23.1.7 组网的硬件设备

硬件系统是计算机网络的基础，硬件系统由计算机、通信设备、连接设备及辅助设备组成，通过这些设备的组成形成了计算机网络的类型。下面来学习几种常用的设备。

1. 服务器(Server)

在计算机网络中，核心的组成部分是服务器。服务器是计算机网络中向其他计算机或网络设备提供服务的计算机，并按提供的服务被冠以不同的名称，如数据库服务器，邮件服务器等。

常用的服务器有文件服务器、打印服务器、通信服务器、数据库服务器、邮件服务器、信息浏览服务器和文件下载服务器等。

文件服务器是存放网络中的各种文件，运行的是网络操作系统，并且配有大容量磁盘存储器。文件服务器的基本任务是协调处理各工作站提出的网络服务请求。一般影响服务器性能的主要因素包括处理器的类型和速度、内存容量的大小和内存通道的访问速度、缓冲能力、磁盘存储容量等,在同等条件下,网络操作系统的性能起决定作用。

打印服务器是接收来自用户的打印任务,并将用户的打印内容存放到打印队列中,当队列中轮到该任务时,送打印机打印。

通信服务器是负责网络中各用户对主计算机的通信联系,以及网与网之间的通信。

(2)客户机(Client)

客户机是与服务器相对的一个概念。在计算机网络中享受其他计算机提供的服务的计算机就称为客户机。

(3)网卡

网卡是安装在计算机主机板上的电路板插卡,又称为网络适配器或者网络接口卡(Network Interface Board)。网卡的作用是将计算机与通信设备相连接,负责传输或者接收数字信息。

(4)调制解调器

调制解调器(俗称 Modem)是一种信号转换装置,它可以将计算机中传输的数字信号转换成通信线路中传输的模拟信号,或者将通信线路中传输的模拟信号转换成数字信号。

一般将数字信号转换成模拟信号,称为"调制"过程;将模拟信号转换成数字信号,称为"解调"过程。

调制解调器的作用是将计算机与公用电话线相连,使得现有网络系统以外的计算机用户能够通过拨号的方式利用公用事业电话网访问远程计算机网络系统。

(5)集线器

集线器是局域网中常用的连接设备,它有多个端口,可以连接多台本地计算机。

(6)网桥

网桥(Bridge)也是局域网常用的连接设备。网桥又称桥接器,是一种在链路层实现局域网互联的存储转发设备。

(7)路由器

路由器是互联网中常用的连接设备,它可以将两个网络连接在一起,组成更大的网络。路由器可以将局域网与 Internet 互联。

(8)中继器

中继器工作可用来扩展网络长度。中继器的作用是在信号传输较长距离后,进行整形和放大,但不对信号进行校验处理等。

23.2 任务二　接入 Internet

23.2.1 Internet 概述

Internet 又称做因特网、互联网,Internet 的前身是美国国防部高级研究计划局(ARPA)主持研制的 ARPAnet(阿帕网)。到了 70 年代,形成"互联网",研究人员称之为"Internet work",简称"Internet"。

1986 年,美国国家科学基金组织(NSF)将分布在美国各地的 5 个为科研教育服务的超级计算机中心互联,并支持地区网络,形成 NSFnet。

1993 年 3 月 2 日,中国科学院高能物理研究所(IHEP)开通一条 64Kb/s 数据专线连通美国斯坦福大学,这是我国第一条 Internet 专线,标志我国正式接入 Internet。

目前我国规模和影响最大的部级互联网单位有 4 个:中国科技网(CSTNET)、中国公用计算机互联网(CHINET)、中国教育科研网(CERNET)和中国金桥信息网(CHINAGBN)。

23.2.2 TCP/IP 协议

为了实现网络的互联,不同网络必须遵守一个共同的协议。目前,网络互联中用得最广泛的是 TCP/IP 协议(Transmission Control Protocol/Internet Protocol,传输控制协议/网际协议),是 Internet 最基本的协议。

TCP/IP 协议将计算机网络中的通信问题分为 4 层。

1. 应用层

规定了不同应用程序如何通过互联的网络进行通信。不同的应用需要使用不同的应用层协议,如简单电子邮件传输(SMTP)、文件传输协议(FTP)、网络远程登录协议(Telnet)等。

2. 传输层

主要是提供应用程序间的通信,TCP/IP 协议簇在这一层的协议有 TCP 和 UDP。

3. 网络互联层

是 TCP/IP 协议中非常关键的一层,主要定义了 IP 地址格式,从而能够使得不同应用类型的数据在 Internet 上通畅地传输,IP 协议就是一个网络层协议。

4. 网络接口层

负责接收 IP 数据报并通过网络发送之,或者从网络上接收物理帧,抽出 IP 数据报,交给 IP 层。

23.2.3 IP 地址和域名

1. IP 地址

为了实现 Internet 上不同计算机之间的通信,每台计算机都必须有一个不同于其他计算机的地址,即 Internet 地址,又叫 IP 地址。

IP 地址由网络号和主机号两部分组成,网络号用来指明主机所从属的物理网络的地址,主机号是主机在物理网络中的地址。

网络中每台主机的 IP 地址都是唯一的,目前使用的 IP 地址是由一组 32 位的二进制数字组成,也就是常说的 IPv4 标准,一般用 4 个十进制数来表示。

IP 地址被分为 A、B、C、D、E 五类,其中 A、B、C 三类可用于分配给网络用户上网使用。如图 23-4 所示。

图 23-4 IP 地址分类

(1)A 类地址

表示范围为 0.0.0.0～127.255.255.255,第

一组数字表示网络本身的地址，后面三组数字作为连接于网络上的主机的地址。通常分配给具有大量主机的大型网络。

(2)B 类地址

表示范围为 128.0.0.0～191.255.255.255，分配给一般的中型网络。第一、二组数字表示网络的地址，后面两组数字代表网络上的主机地址。

(3)C 类地址

表示范围为 192.0.0.0～223.255.255.255，分配给主机数量不超过 254 台的小型网络。前三组数字表示网络的地址，最后一组数字作为网络上的主机地址。

2. 域名系统

为了便于人们记忆和使用，Internet 又设计了域名系统(Domain Name System，简称 DNS)。

Internet 将整个网络的名字空间划分成许多不同的域，每个域又划分成若干个子域，从左至右一般为计算机名、网络名、机构名、最高域名。例如南京邮电大学的域名为 www.njupt.edu.cn。域名的使用遵循先申请先注册原则，每一个域名的注册都是唯一的、不可重复的。

把域名翻译成 IP 地址的软件称为域名系统(DNS)，通过域名服务器可以实现入网主机名和 IP 地址的转换。

提示：

1. 顶级域名代码：

Com：商业组织

Edu：教育机构，如学校、教育局

Gov：政府机构

Mil：军事机构

Net：网络服务机构，网通、联通

Int：国际组织

Org：非营利机构

2. 国家区域代码：

CN：代表中国

HK：代表中国香港

TW：代表中国台湾

UK：代表英国

AU：代表澳大利亚

US：代表美国

JP：代表日本

23.2.4 Internet 的接入方式

接入 Internet 需要向 ISP(Internet 服务供应商，Internet Service Provider，简称 ISP)提出申请。ISP 的服务主要是指 Internet 接入服务，即通过网络连线把计算机连入 Internet。

常见的 Internet 接入方式主要有局域网接入、电话拨号接入、ISDN 接入、ADSL 接入、有线电视网接入和光纤接入等方式。

1. 局域网接入

用户计算机通过网卡，利用数据通信专线(如电缆或光纤等)连接到某个已经与 Internet 相连的局域网上(如校园网)。

2. 电话拨号接入

用户计算机必须安装一个电话调制解调器(MODEM)。拨号上网时，MODEM 通过拨打 ISP 提供的接入电话号实现接入。

3. ISDN(综合业务数字网)接入

在一根普通的电话线上提供语音、数据、图像等综合业务。用户可同时在一条电话线上打电话和上网，需要安装 ISDN 卡。

4. ADSL(非对称数字用户环路)接入

是一种通过普通电话线提供宽带数据业务的技术，可同时接听、拨打电话并进行数据传输，两者互不影响。需要在已有电话线的用户端配置一个 ADSL MODEM 和网卡。

5. 有线电视网接入

利用有线电视(CATV)网进行数据传输，用户接入 Internet 时也需配置一个 Cable MODEM。采用 Cable MODEM 上网时，无需拨号，也不占用电话线，但由于 Cable MODEM 模式采用总线型网络结构，因此当同时上网的用户数目较多时，多个网络用户将共同分享有限的带宽。

23.2.5　Internet 的服务功能

随着 Internet 的高速发展，Internet 可以为网络用户提供非常丰富的功能。目前 Internet 广泛使用的服务包括信息服务(WWW)、电子邮件服务(Email)、文件传输服务(FTP)等。

1. WWW 服务

万维网 WWW(World Wide Web)，简称 Web，也称 3W 或 W3，是全球网络资源。Web 最主要的两项功能是读超文本(Hypertext)文件和访问 Internet 资源。

(1)WWW 工作模式

同 Internet 上其他许多服务一样，WWW 使用客户机/服务器模式。客户端使用的程序叫做浏览程序，这是 Web 的用户窗口。从 Web 的观点看，世界上每样东西，或者是文档，或者是连接。所以，浏览程序的基本任务就是读文档和跟随连接走。使用 Web 需要三项基本技巧：一是控制文本显示，二是怎样连接，三是怎样搜索。一个好的 浏览程序会自动帮助你完成这三项任务。

WWW 服务的主要特点：以超文本方式组织网络多媒体信息，用户可以访问文本、语音、图形和视频信息；用户可以在 Internet 范围内的任意网站之间查询、检索、浏览及发布信息，并实现对各种信息资源透明地访问；提供生动、直观、统一的图形用户界面。

WWW 服务的核心技术是超文本标记语言(HTML)、超文本传输协议(HTTP)、超链接(hyperlink)。

(2)URL 与信息定位

URL(统一资源定位)是对能从 Internet 上得到的资源的位置和访问方法的一种简洁的表示，标准的 URL 由 3 部分组成：服务器类型、主机名和路径、文件名。例如，南京邮电大学

WWW 服务器中一个页面的 URL 为:http://www.njupt.edu.cn/index.html。

其中"http:"指明要访问的服务器类型为 WWW 服务器,"www.njupt.edu.cn"指明要访问的服务器的主机名路径及地址,"index.html"指名要访问的页面的文件名。

2. 电子邮件服务(Email)

电子邮件是 Internet 的一个基本服务。通过电子邮件,用户可以方便快速地交换信息,查询信息。用户还可以加入有关的信息公告,讨论与交换意见,获取有关信息。用户向信息服务器上查询资料时,可以向指定的电子邮箱发送含有一系列信息查询命令的电子邮件,信息服务器将自动读取,分析收到的电子邮件中的命令,并将检索结果以电子邮件的形式发回到用户的信箱。

早期 Internet 所用的电子邮件软件是许多 Internet 主机所用 UNIX 操作系统下的程序,如 MAIL、ELM 及 PINE 等。最近出现了新一代的程序,如流行的 EUDORA 程序。不同的程序使用的命令和用法会稍有不同,但地址格式是统一的。

Internet 统一使用 DNS 来编定信息的地址,因而 Internet 中所有的地址均具有同样的格式,其格式为"用户名称@主机名称",如 Email: cncisco@126.com,其中"cncisco"就是用户名,而"126.com"就是主机名。Internet 的电子邮件系统遵循简单邮件传送协议,即 SMTP 协议标准。

3. 文件传输服务(FTP)

文件传输服务又称为 FTP 服务,它是 Internet 中最早提供的服务功能之一,目前仍然在广泛使用中。文件传输服务由 FTP 应用程序提供,FTP 应用程序遵循 TCP/IP 协议组中的文件传输协议,它允许用户将文件从一台计算机传输到另一台计算机,并且能保证传输的可靠性;在 Internet 中,许多公司、大学的主机上含有数量众多的各种程序与文件,这是 Internet 的巨大与宝贵的信息资源。通过使用 FTP 服务,用户就可以方便地访问这些信息资源。

FTP 的主要功能是在两台联网的计算机之间传输文件。除此之外,FTP 还提供登录、目录查询、文件操作、命令执行及其他会话控制功能。

4. 其他服务功能

除上述服务功能之外,Internet 还提供远程登录服务(Telnet)、电子公告牌(BBS)、网络新闻组(USENET)等服务功能,用户还可以借助于相关的软件工具使用 Internet 上的电话服务、传真服务等多种服务功能。

23.2.6 网络安全

网络信息安全是指防止网络信息本身及其采集、加工、存储、传输的信息被故意或偶然的非授权泄露、更改、破坏或使信息被非法辨认、控制,即保障信息的可用性、机密性、完整性、可控性、不可抵赖性。网络面临的威胁主要来自电磁泄漏、雷击等环境安全构成的威胁,软硬件故障和工作人员误操作等人为或偶然事故构成的威胁,利用计算机实施盗窃、诈骗等违法犯罪活动的威胁,网络攻击和计算机病毒构成的威胁,信息战的威胁等。

为了保证网络信息安全,首先需要正确评估系统信息的价值,确定相应的安全要求与措施,其次是安全措施必须能够覆盖数据在计算机网络系统中存储、传输和处理等各个环节。网络信息安全包括以下七个方面:操作系统安全、数据库安全、网络安全、病毒防护、访问控制、加密和鉴别。

1. 操作系统安全：指对计算机信息系统的硬件和软件资源的有效控制，能够为所管理的资源提供相应的安全保护。目的是为建立安全信息系统提供一个可信的安全平台。

2. 数据库安全：对数据库系统所管理的数据和资源提供安全保护。

3. 网络安全：提供访问网络资源或使用网络服务的安全保护。

4. 病毒防护：防病毒系统是用来实时检测病毒、蠕虫及后门的程序，通过不断更新病毒库来清除上述具有危害性的恶意代码。

5. 访问控制：保证系统的外部用户或内部用户对系统资源的访问以及对敏感信息的访问方式符合组织安全策略。

6. 加密：为保证数据的保密性和完整性通过特定算法完成明文与密文的转换。

7. 鉴别：对网络中通信双方的身份和所传送信息的真伪能准确地进行鉴别。

23.3　任务三　　搜索和下载求职信息

大学毕业后最重要的就是找到一份满意的工作。如何利用好丰富的网络资源，找到适合自己的工作呢？首先就要上网搜索一些招聘信息资料，把一些你感兴趣的招聘信息资料下载到自己的电脑中，然后认真分析挑选适合自己的单位和岗位，最后把自己的应聘资料通过电子邮件发送到招聘单位。

23.3.1　浏览与下载

1. 浏览“苏州人才网”

(1)在Windows系统桌面上双击IE图标或单击任务栏上的IE图标，打开IE浏览器。

(2)在地址栏中输入“www.szrc.cn”，回车后进入苏州人才网主页，如图23-5所示。

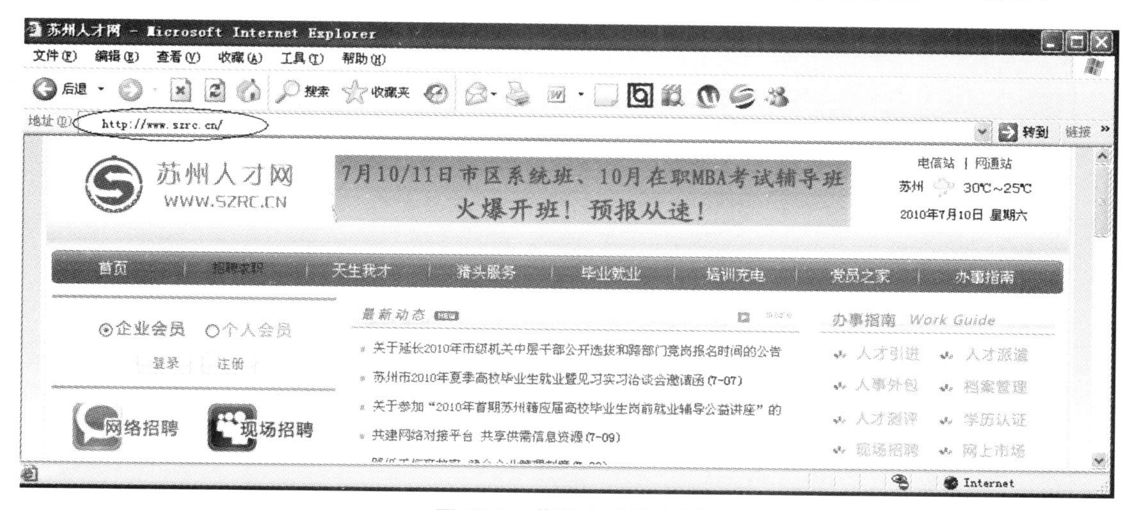

图23-5　苏州人才网主页

(3)单击“招聘频道→集市招聘信息查阅”，即可浏览相关招聘信息。如图23-6所示。

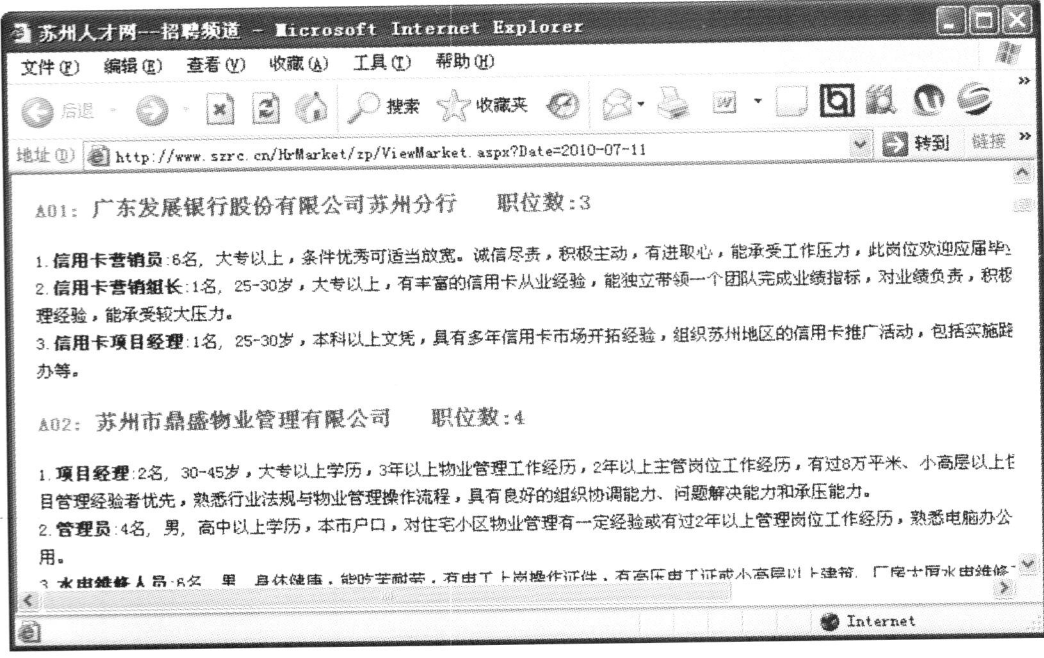

图 23-6 招聘信息网页

2. 网络下载

(1)单击 IE 浏览器的“文件/另存为”命令，打开“保存网页”对话框，如图 23-7 所示。

(2)选择要保存的位置，输入要保存的文件名“招聘信息”，选择保存类型“文本文件”，单击“保存”按钮。

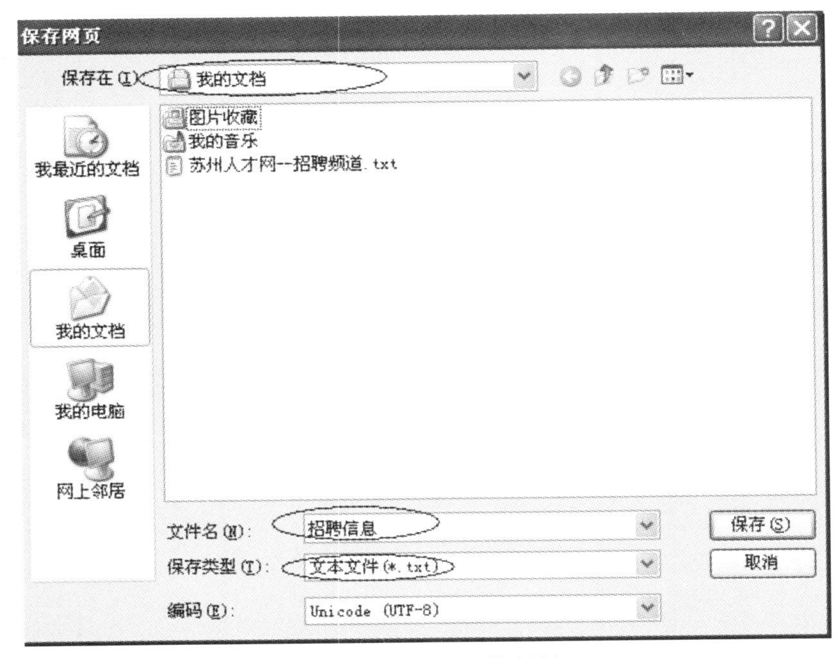

图 23-7 “保存网页”对话框

(3)对网页中的图片进行保存。右击要保存的图片,在弹出的快捷菜单中单击"图片另存为"命令,如图 23-8 所示。

图 23-8 图片快捷菜单

(4)打开"保存图片"对话框,如图 23-9 所示。选择要保存的位置,输入要保存的文件名"新西兰馆",选择保存类型"JPEG",单击"保存"按钮。

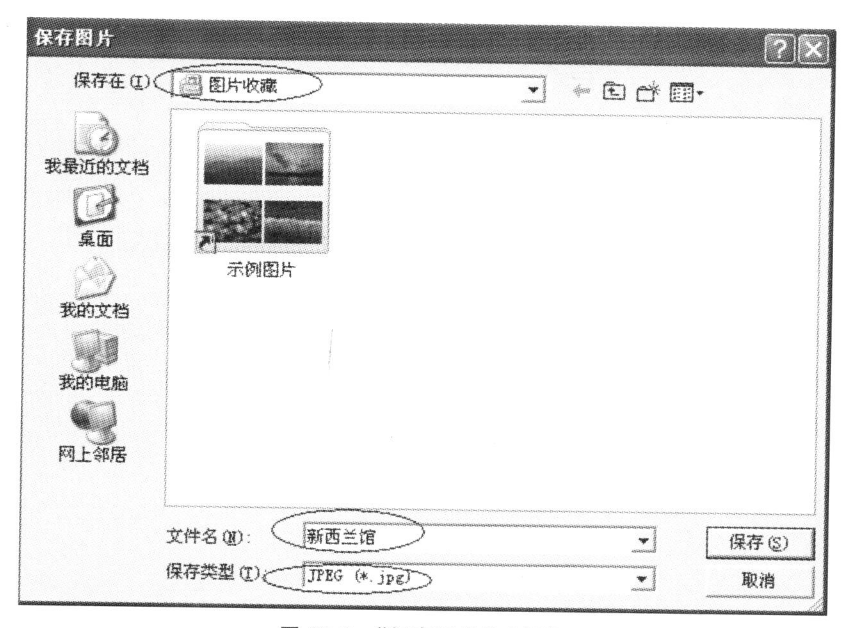

图 23-9 "保存图片"对话框

23.3.2 网络检索

1. 使用百度搜索"上海世博"的相关信息。

(1)进入百度主页,在搜索栏中输入要搜索内容的关键字"上海世博",如图 23-10 所示。

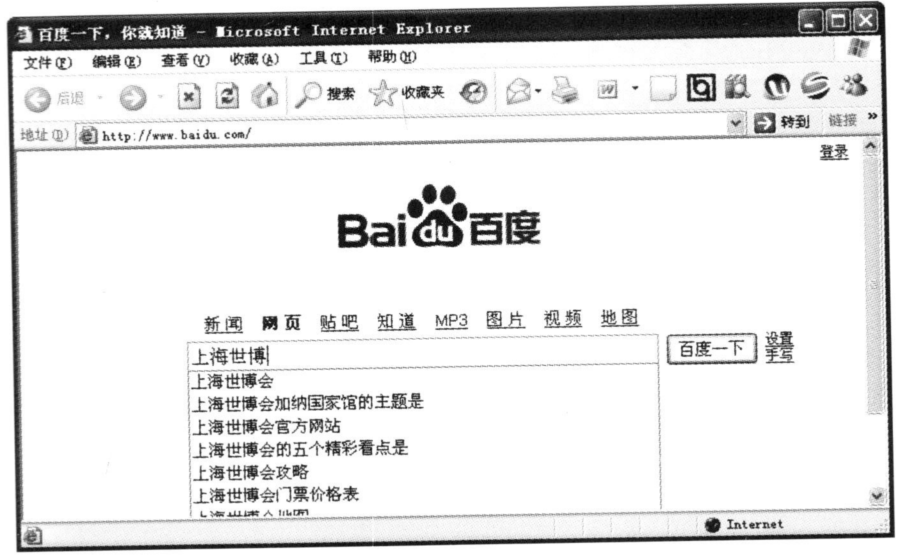

图 23-10 搜索内容页面

(2)按回车键或单击"百度一下"按钮,即可看到相关内容。如图 23-11 所示。

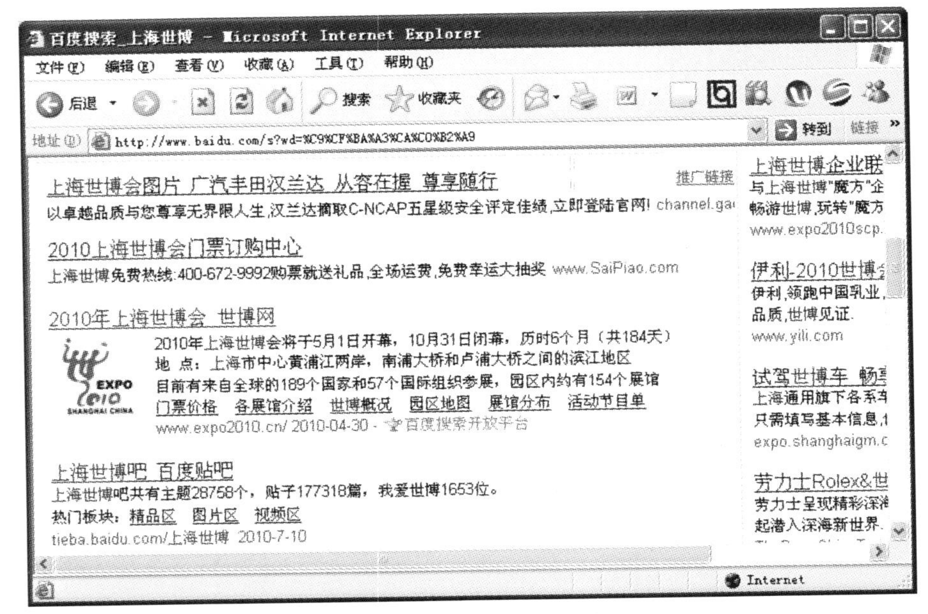

图 23-11 搜索结果页面

2. 其他常用的搜索引擎

(1)谷歌(http://www.google.com),如图 23-12 所示。

图 23-12 谷歌搜索页面

(2)雅虎(http://www.yahoo.com),如图 23-13 所示。

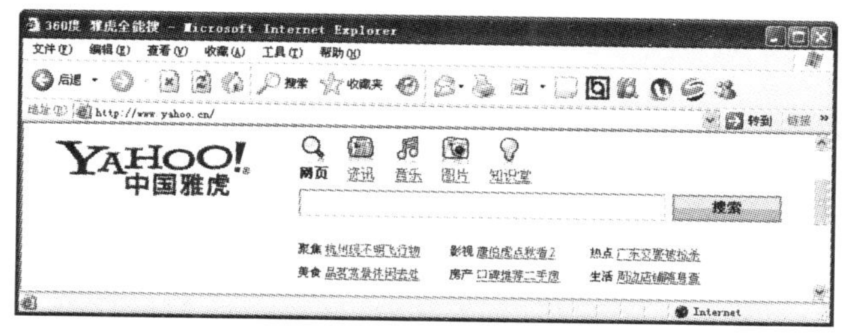

图 23-13 雅虎搜索页面

23.3.3 IE 浏览器设置

1. 设置主页

(1)单击 IE 浏览器的“工具/Internet 选项”命令,打开“Internet 选项”对话框,如图23-14所示。

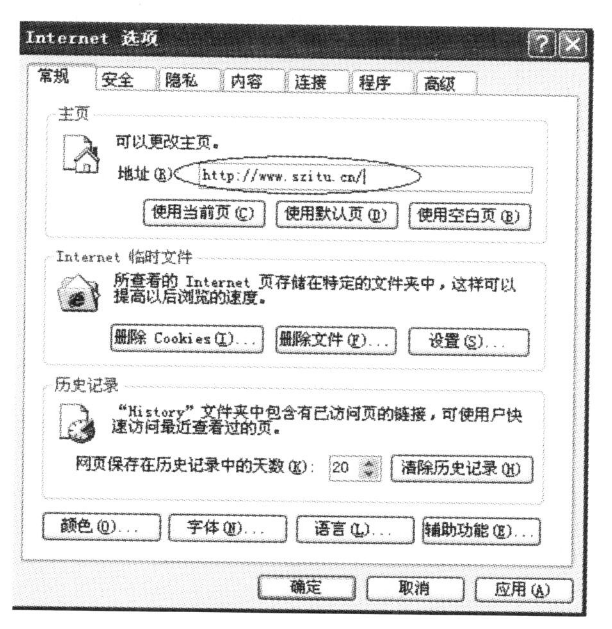

图 23-14 “Internet 选项”对话框

(2)选择“常规”选项卡,在地址栏内输入要设为主页的网址:“http://www.szitu.cn”。

(3)单击"确定"按钮,完成设置 这样就将苏州信息职业技术学院网站设为了浏览器的主页,每次打开浏览器都会自动登录到苏州信息职业技术学院网站。

2. 设置收藏夹

(1)单击 IE 浏览器的"收藏"命令,将弹出下拉式菜单,如图 23-15 所示。

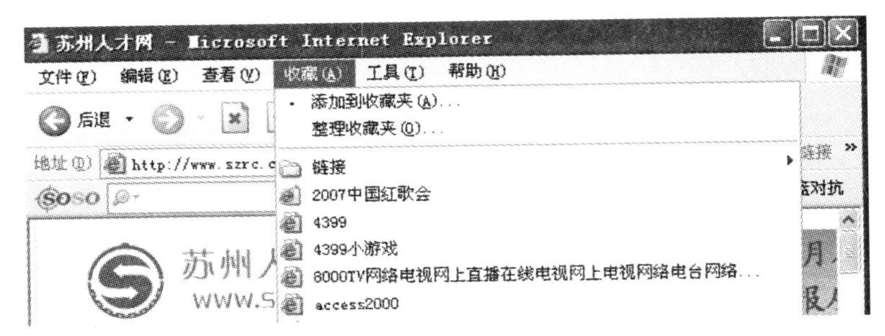

图示 23-15 "收藏夹"菜单

(2)单击下拉菜单中的"添加到收藏夹"命令,打开"添加到收藏夹"对话框,如图 23-16 所示。

图 23-16 "添加到收藏夹"对话框

(3)在"名称"框中输入该网站的标志名,设置完成单击"确定" 按钮。

(4)单击下拉菜单中的"整理收藏夹"命令,可以删除或重命名收藏项目。

23.4 本项目涉及的主要知识点

1. 计算机网络的概念和功能。
2. 数据通信的相关概念。
3. 计算机网络的组成和分类。
4. 计算机网络的拓扑结构。
5. 组网的硬件设备。
6. TCP/IP 协议。
7. IP 地址和域名。
8. Internet 接入方式。
9. Internet 服务功能。
10. 网络安全。
11. 浏览和下载网络资源。
12. 网络检索。
13. 设置 IE 浏览器。

23.5 课后作业

1. 填空题

(1)计算机网络最基本的功能是__________和__________。

(2)移动通信系统由移动台、__________和移动电话交换中心等组成。

(3)按照网络所覆盖的地域范围进行分类,可分为三种类型__________、__________和城域网。

(4)__________协议是 Internet 最基本的协议。

(5)把域名翻译成 IP 地址的软件称为__________。

2. 选择题

(1)当个人计算机通过拨号方式接入因特网时,必须使用的设备是__________。

A. 声卡　　B. 网卡　　C. 电话　　D. Modem

(2)下列________的 IP 地址是 A 类地址。

A. 168.65.37.68　　B. 68.75.28.96　　C. 220.165.86.63　　D. 196.85.76.25

(3)一台计算机要连入 Internet,必须要安装的硬件设备是__________。

A. 网络操作系统　　B. 调制解调器或网卡

C. 网络查询工具　　D. IE 浏览器

(4)宏病毒可以感染__________。

A. 可执行文件　　B. 引导扇区/分区表

C. word/Excel 文档　　D. 数据库文件

(5)下列有关 Internet 的专业名词与其中文含义匹配正确的是________。

A. WWW 和电子公告牌　　B. BBS 和电子邮件

C. E-mail 和万维网　　D. FTP 和文件传输协议

3. 上机练习

(1)浏览新华网站和新浪网站,将新华网站设置为 IE 浏览器的主页,将新浪网站添加到收藏夹中。

(2)收集有关上海世博会的资料,包括相关的图片,将其整理成一个文档,保存在“D:\资料”文件夹中,命名为“世博资料.doc”。

(3)利用百度搜索几首歌曲,并下载到“D:\音乐”文件夹中。

项目 24　收发电子邮件

电子邮件是 Internet 的一个基本服务。通过电子邮件，用户可以方便快速地交换信息，查询信息。目前，很多网站提供免费邮箱，用户只需申请一个账号即可使用。

24.1　任务一　　申请邮箱

(1)启动 IE，在地址栏中输入网址："http://www.163.com"，进入网易的主页，点击页面上方的"注册免费邮箱"，如图 24-1 所示。

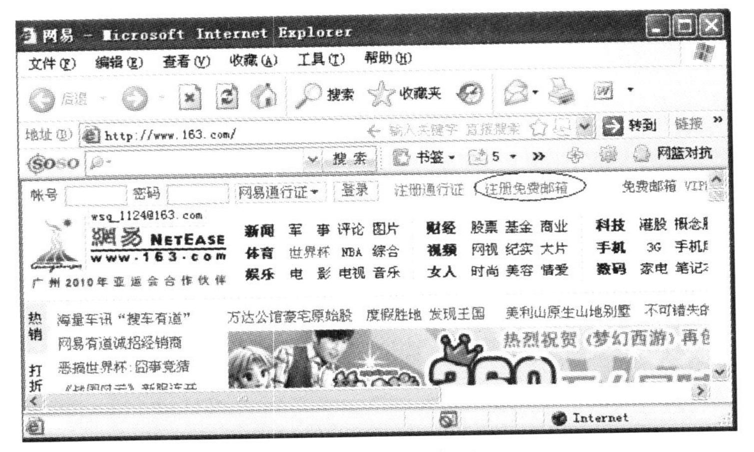

图 24-1　网易主页

(2)在弹出的注册页面中，填写用户基本信息。首先按提示填写用户名，如果用户名不可用，会出现错误提示信息，只有用户名通过检测，才可以填写下一项信息。如图 24-2 所示。

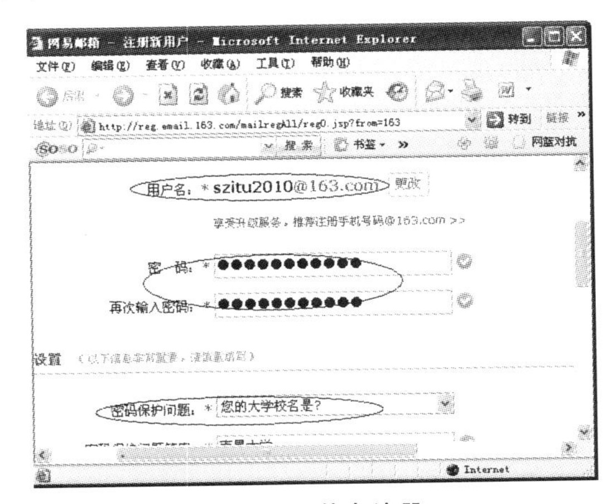

图 24-2　信息注册

(3)用户名通过检测后,可进行密码设置。密码设置后,需要设置密码保护问题,在账号丢失或密码忘记时,可以用来找回密码。

(4)填写其他注册信息。个人信息填写完成后,需要输入验证码,然后单击“创建账号”按钮,如图 24-3 所示。

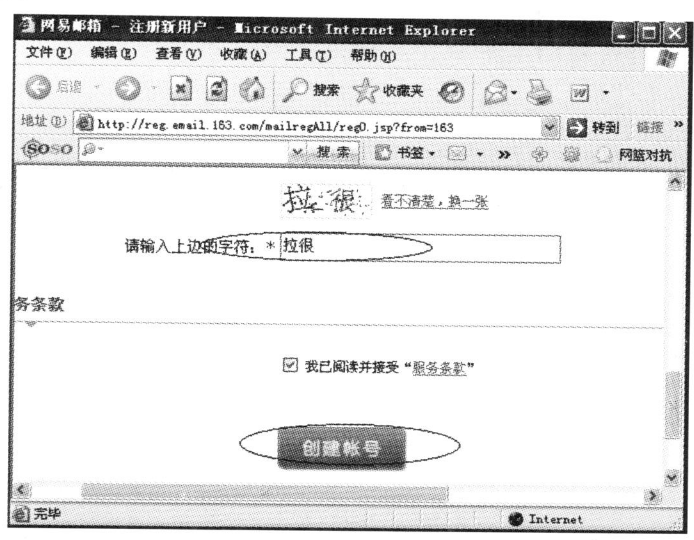

图 24-3 提交注册信息

(5)在出现的“注册成功”页面中,可以看到所填的个人信息和邮箱的用户名 szitu2010@163.com,如图 24-4 所示。

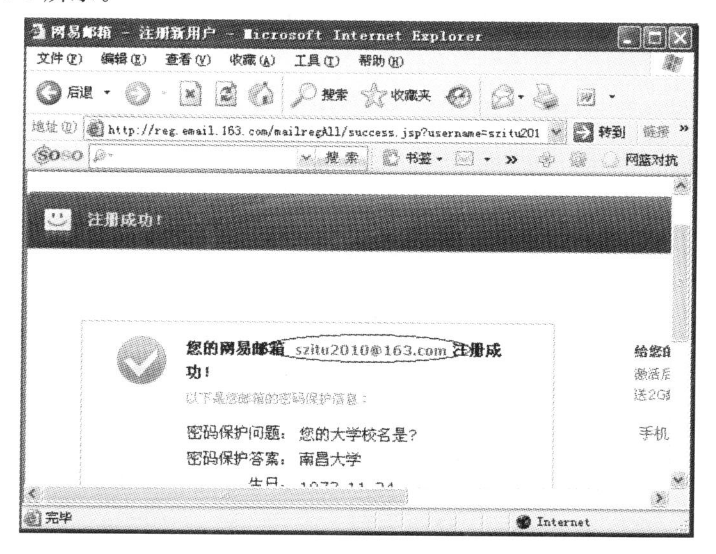

图 24-4 注册成功页面

(6)账号申请成功后,就可以登录邮箱收发邮件了。

24.2　任务二　　收发邮件

1. 接收邮件

(1)在 IE 浏览器的地址栏中输入如下网址:“http://email.163.com”,在打开的网页上,输入你已经注册的用户名和密码,点击“登录”按钮。如图 24-5 所示。

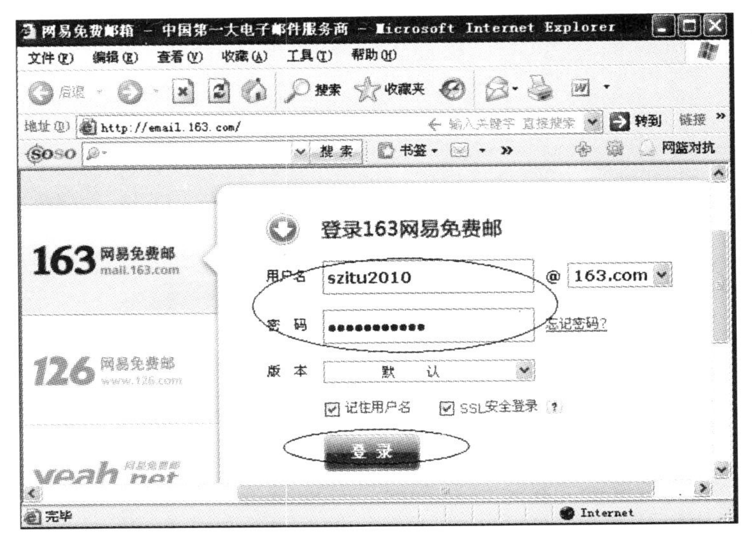

图 24-5　登录邮箱页面

(2)进入到邮箱主页面,在左侧的菜单中,可以查看未读邮件、已收到邮件、已发送邮件。如图 24-6 所示。

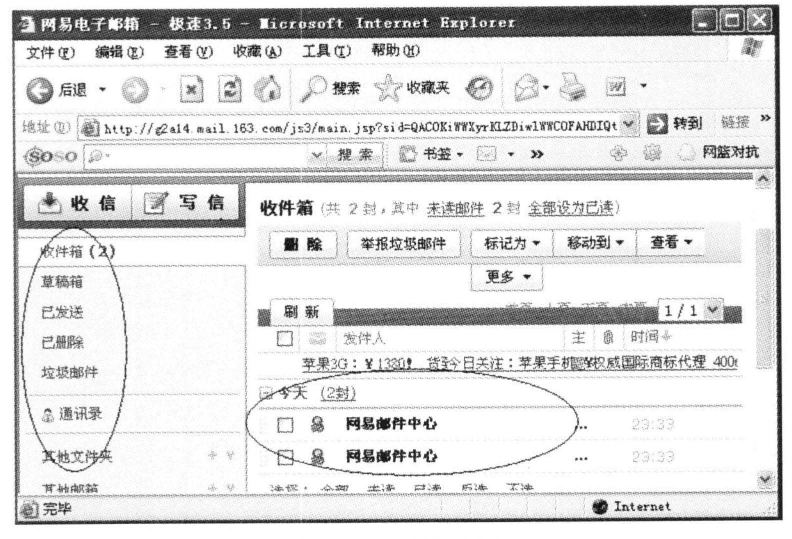

图 24-6　邮箱主页面

(3)单击要阅读的邮件,即可打开该邮件,阅读邮件内容。若邮件带有附件,单击该附件可以打开附件或另存。

2. 发送邮件

(1)若要向其他用户发送邮件,可单击"写信"按钮,进入写邮件页面,如图 24-7 所示。

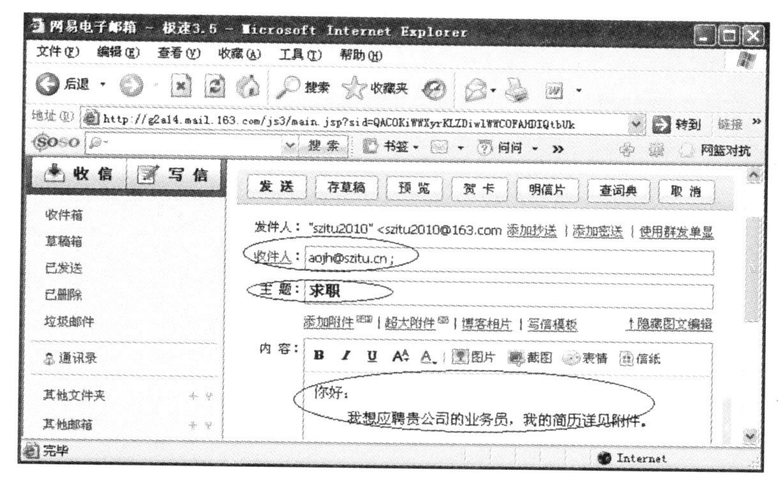

图 24-7 写邮件页面

(2)依次填写"收件人邮箱地址"、"主题"和"正文内容"等,填写完成后,单击"发送"按钮。

(3)如果要发送附件,单击"添加附件"按钮,打开"选择文件"对话框,如图 24-8 所示,选择好文件后,单击"打开"按钮即可上传附件。

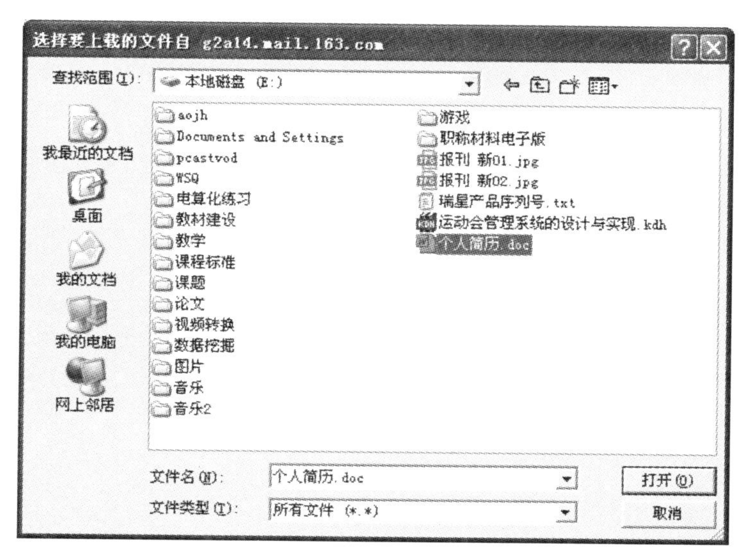

图 24-8 "选择文件"对话框

(4)附件上传完成后,在邮件页面会显示出附件的文件名和大小,如图 24-9 所示。最后,单击"发送"按钮即可完成邮件发送,并提示邮件发送成功。

3. 回复邮件

在打开的电子邮件中,可直接点击上方的"回复"按钮,可以发现收信人的邮箱地址不需要

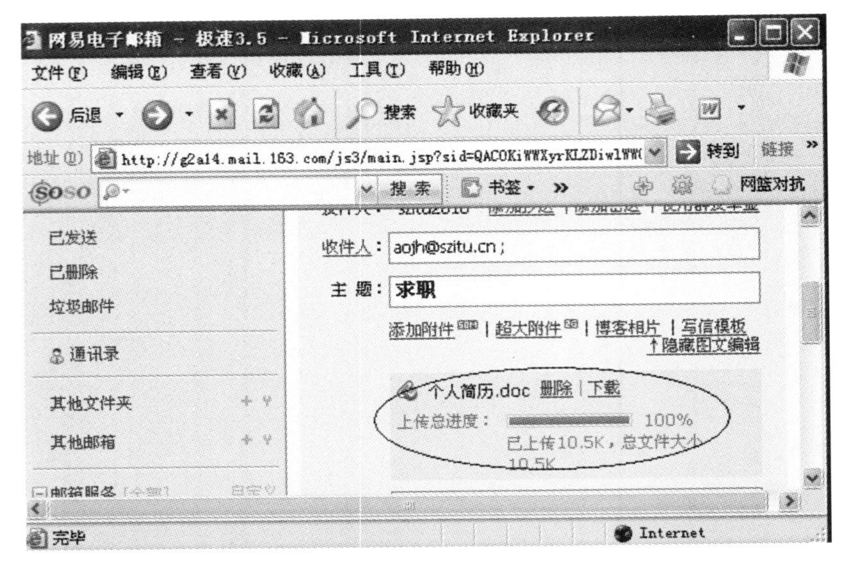

图 24-9 附件添加完成页面

我们再输入，所以我们只需输入回信内容，然后点击“发送”按钮就可以啦。

如果要将邮件转发给其他用户，可单击“转发”按钮，进入转发邮件页面，输入收件人邮箱地址，然后单击“发送”按钮。

24.3 本项目涉及的主要知识点

1. 申请免费邮箱

在注册时，输入密码后，系统会从安全性的角度给出提示，分为“弱、中、强”三个级别，“强”标志密码最安全，所以通常要求密码包括数字、字母和特殊符号的组合。

2. 接收阅读邮件

若邮件带有附件，单击该附件可以打开附件或另存到本地磁盘。

3. 发送邮件

可以在收件人框中输入收件人邮箱地址，也可通过右侧的“地址簿”选择收件人的邮箱地址。

如果邮件同时发给多个收件人，收件人之间用逗号隔开。

如果要发送带附件的邮件，注意要成功添加附件。

注意掌握直接回复邮件和转发邮件的操作。

24.4 课后作业

1. 在搜狐网站上申请一个免费的电子邮箱。

2. 给 szitu2010@163.com 发送一封电子邮件，同时将收集的上海世博会资料以附件方式发送。

附录 1

全国计算机等级考试
一级 B(Windows 环境)考试大纲

基 本 要 求

1. 具有使用微型计算机的基础知识(包括计算机病毒的防治常识)。
2. 了解微型计算机系统的组成和各组成部分的功能。
3. 了解操作系统的基本功能和作用,掌握 Windows 的基本操作和应用。
4. 了解文字处理的基本知识,熟练掌握文字处理软件“Word”的基本操作和应用,熟练掌握一种汉字(键盘)输入方法。
5. 了解电子表格软件的基本知识,掌握电子表格软件“Excel”的基本操作和应用。
6. 了解计算机网络的基本概念和因特网(Internet)的初步知识,掌握 IE 浏览器软件和“Outlook Express”软件的基本操作和使用。

考 试 内 容

一、基本知识

1. 计算机的概念、类型及其应用领域;计算机系统的配置及主要技术指标。
2. 计算机中数据的表示:二进制的概念,整数的二进制表示,西文字符与 ASCⅡ码,汉字及其编码(国标码),数据的存储单位(位、字节、字)。
3. 计算机病毒的概念和病毒的防治。
4. 计算机硬件系统和微型机系统的组成和功能:CPU、存储器(ROM、RAM)以及常用的输入、输出设备的功能。
5. 计算机软件系统的组成和功能:系统软件和应用软件,程序设计语言(机器语言、汇编语言、高级语言)的概念。
6. 多媒体的概念。

二、操作系统的功能和使用

1. 操作系统的基本概念、功能、组成和分类。
2. Windows 操作系统的基本概念和常用术语,文件(文档)、文件(文档)名、目录(文件夹)、目录(文件夹)树和路径等。
3. Windows 操作系统的基本操作和应用。

(1)Windows 概述、特点、功能、配置和运用环境。

(2)Windows“开始”按钮、任务栏、菜单、图标、窗口、对话框等的操作。

(3)应用程序的运用和退出。

(4)熟练掌握资源管理系统“我的电脑”或“资源管理器”的操作与应用。文件和文件夹的创建、移动、复制、删除、更名、查找、打印和属性的设置。

(5)磁盘属性的查看等操作。

(6)中文输入法的安装、删除和选用;显示器的设置。

(7)快捷方式的设置和使用。

三、文字处理软件的功能和使用

1. 字表处理软件的基本概念,中文 Word 的基本功能、运用环境、启运和退出。

2. 文档的创建、打开和基本编辑操作,文本的查找与替换,文档视图的使用,文档菜单、工具栏与快捷键的使用,多窗口和多文档的编辑。

3. 文档的保存、保护、复制、删除、插入和打印。

4. 字体格式设置、段落格式设置和页面设置等基本排版操作技术。打印预览和打印。

5. Word 的对象操作:对象的概念及种类,图像、图像(片)对象的编辑与修饰,文本框的使用。

6. Word 表格制作功能:表格创建与修饰,表格单元格的拆分与合并,表格中数据的输入与编辑,数据的排序和计算。

四、电子表格软件的功能和使用

1. 电子表格的基本概念和基本功能,中文 Excel 的功能、运用环境、启动和退出。

2. 工作簿和工作表的基本概念和基本操作,工作簿和工作表的建立、保存和退出,数据输入和编辑,工作表和单元格的选定、插入、删除、复制/移动,工作表的重命名和工作表窗口的拆分和冻结。

3. 工作表的格式化,包括设置单元格格式、设置列宽和行高、设置条件格式、使用样式、自动套用格式和使用模版等。

4. 单元格的绝对地址和相对地址的概念,工作表中公式的输入和复制,常用函数的使用。

5. 图表的创建、编辑和修改以及修饰。

6. 数据清单的概念,数据清单的使用,数据清单内容的排序、筛选、分类汇总,数据透视表的建立。

7. 工作表的页面设置、打印预览和打印。

8. 保护和隐藏工作簿和工作表。

五、因特网(Internet)的初步知识和应用

1. 计算机网络的概念和分类。

2. 因特网(Internet)的基本概念和接入方式。

3. 因特网(Internet)的简单应用:拨号连接、浏览器(IE6.0)的使用、电子邮件的收发和搜索引擎的使用。

考 试 方 式

一、采用无纸化考试，上机操作。考试时间为 90 分钟。

二、软件环境：操作系统为 Windows XP；办公软件为 Microsoft Office 2003。

三、在指定时间内，使用微机完成下列各项操作。

1. 选择题（计算机基础知识和计算机网络的基本知识）。（20 分）
2. 汉字录入能力测试（录入 250 个字/词）。（15 分）
3. Windows 操作系统的使用。（10 分）
4. Word 操作。（25 分）
5. Excel 操作。（20 分）
6. 浏览器（IE6.0）的简单使用和电子邮件收发。（10 分）

附录 2

全国计算机等级考试一级 B 样题

一、选择题(20 分)

(1)计算机按其性能可以分为 5 大类,即巨型机、大型机、小型机、微型机和(　　)

A. 工作站　　B. 超小型机　　C. 网络机　　D. 以上都不是

(2)第 3 代电子计算机使用的电子元件是(　　)

A. 晶体管　　B. 电子管

C. 中、小规模集成电路　　D. 大规模和超大规模集成电路

(3)十进制数 221 用二进制数表示是(　　)

A. 1100001　　B. 11011101　　C. 0011001　　D. 1001011

(4)下列 4 个无符号十进制整数中,能用 8 个二进制位表示的是(　　)

A. 257　　B. 201　　C. 313　　D. 296

(5)计算机内部采用的数制是(　　)

A. 十进制　　B. 二进制　　C. 八进制　　D. 十六进制

(6)在 ASCII 码表中,按照 ASCII 码值从小到大排列顺序是(　　)

A. 数字、英文大写字母、英文小写字母

B. 数字、英文小写字母、英文大写字母

C. 英文大写字母、英文小写字母、数字

D. 英文小写字母、英文大写字母、数字

(7)6 位无符号的二进制数能表示的最大十进制数是(　　)

A. 64　　B. 63　　C. 32　　D. 31

(8)某汉字的区位码是 5448,它的国际码是(　　)

A. 5650H　　B. 6364H　　C. 3456H　　D. 7454H

(9)下列叙述中,正确的说法是(　　)

A. 编译程序、解释程序和汇编程序不是系统软件

B. 故障诊断程序、排错程序、人事管理系统属于应用软件

C. 操作系统、财务管理程序、系统服务程序都不是应用软件

D. 操作系统和各种程序设计语言的处理程序都是系统软件

(10)把高级语言编写的源程序变成目标程序,需要经过(　　)

A. 汇编　　B. 解释　　C. 编译　　D. 编辑

(11)MIPS 是表示计算机哪项性能的单位?(　　)

A. 字长　　B. 主频　　C. 运算速度　　D. 存储容量

(12)通用软件不包括下列哪一项?(　　)

A. 文字处理软件　　B. 电子表格软件　　C. 专家系统　　D. 数据库系统

(13)下列有关计算机性能的描述中,不正确的是(　　)

A. 一般而言，主频越高，速度越快
B. 内存容量越大，处理能力就越强
C. 计算机的性能好不好，主要看主频是不是高
D. 内存的存取周期也是计算机性能的一个指标

(14)微型计算机内存储器是(　　)
A. 按二进制数编址　　B. 按字节编址
C. 按字长编址　　D. 根据微处理器不同而编址不同

(15)下列属于击打式打印机的有(　　)
A. 喷墨打印机　　B. 针式打印机　　C. 静电式打印机　　D. 激光打印机

(16)下列 4 条叙述中，正确的一条是(　　)
A. 为了协调 CPU 与 RAM 之间的速度差间距，在 CPU 芯片中又集成了高速缓冲存储器
B. PC 机在使用过程中突然断电，SRAM 中存储的信息不会丢失
C. PC 机在使用过程中突然断电，DRAM 中存储的信息不会丢失
D. 外存储器中的信息可以直接被 CPU 处理

(17)微型计算机系统中，PROM 是(　　)
A. 可读写存储器　　B. 动态随机存取存储器
C. 只读存储器　　D. 可编程只读存储器

(18)下列 4 项中，不属于计算机病毒特征的是(　　)
A. 潜伏性　　B. 传染性　　C. 激发性　　D. 免疫性

(19)下列关于计算机的叙述中，不正确的一条是(　　)
A. 高级语言编写的程序称为目标程序　　B. 指令的执行是由计算机硬件实现的
C. 国际常用的 ASCII 码是 7 位 ASCII 码　　D. 超级计算机又称为巨型机

(20)下列关于计算机的叙述中，不正确的一条是(　　)
A. CPU 由 ALU 和 CU 组成　　B. 内存储器分为 ROM 和 RAM
C. 最常用的输出设备是鼠标　　D. 应用软件分为通用软件和专用软件

二、基本操作(本题型共有 5 小题，共 10 分)

1. 在考生文件夹下创建名为 DAN. DOC 的文件。
2. 删除考生文件夹下 SAME 文件夹中的 MEN 文件夹。
3. 将考生文件夹下 APP\BAG 文件夹中文件 VAR. EXE 设置成只读属性。
4. 为考生文件夹下 LAB 文件夹中的 PAB. EXE 文件建立名为 PAB 的快捷方式，存放在考生文件夹下。
5. 搜索考生文件夹下的 ABC. XLS 文件，然后将其复制到考生文件夹下的 LAB 文件夹中。

三、汉字录入题(15 分)

ASCⅡ码即美国信息交换标准码，它已被国际标准化组织接受为国际标准。它用 7 位二进制数码表示 10 个阿拉伯数字、52 个英文字母(大小写)、32 个符号和 34 个控制信号，共 128 种。这 7 位二进制，放到计算机内占用一个字节的位簧，通常的做法是将最高位置 0，其余 7 位放一个 ASCⅡ码。

四、WORD 操作(25 分)

请在“答题”菜单下选择“字处理”命令，然后按照题目要求再打开相应的命令，完成下现的内容，具体要求如下：

对考生文件夹下 WORD. DOC 文档中的文字进行编辑，排版和保存，具体要求如下：

1. 将标题段文字(“信息技术基础教学分类探讨”)文字设置为三号阴影楷体_GB2312、倾斜、居中，并添加水绿色底纹。

2. 将文中所有错字“信息技术”替换为“计算机”，设置左、右页边距各为 3.5 厘米。

3. 设置正文各段落(“按照教育部高教司……解决问题的能力与水平。”)左右缩进 2 字符，首行缩进 2 字符，段间距 0.3 行；将正文第三段(“后续课的内容……解决问题的能力与水平。”)分为等宽两栏，栏间添加分隔线(注意：分栏时，段落范围包括本段末尾的回车符)。

4. 将文中后 7 行文字转换成一个 7 行 2 列的表格，设置表格居中、表格列宽为 5 厘米、行高为 0.7 厘米；设置表格中第一行文字中部居中，其余文字中部右对齐。

5. 设置表格外框线和第一行与第二行间的内框线为 3 磅绿色单实线，其余内框线为 1 磅绿色单实线，设置表格为浅黄色底纹。

五、EXCEL 操作(20 分)

请在“答题”菜单下选择“电子表格”命令，然后按照题目要求打开相应的命令，完成下面的内容，具体要求如下：

1. 在考生文件夹下打开 EXCEL. XLS 文件：(1)将 sheet1 工作表的 A1:D1 单元格合并为一个单元格，内容水平居中；计算职工的平均年龄置 C13 单元格内(数值型，保留小数点后 1 位)；计算职称为高工、工程师和助工的人数置 G5:G7 单元格区域(利用 COUNTIF 函数)。(2)选取“职称”列(F4:F7)和“人数”列(G4:G7)数据区域的内容建立“簇状柱形图”，图标题为“职称情况统计图”，清除图例；将图插入到表的 A15:E25 单元格区域内，将工作表命名为“职称情况统计表”，保存 EXCEL. XLS 文件。

2. 打开工作簿文件 EXC. XLS，对工作表“图书销售情况表”内数据清单的内容建立数据透视表，按行为“经销部门”，列为“图书类别”，数据为“数量(册)”求和布局，并置于现工作表的 H2:L7 单元格区域，工作表名不变，保存 EXC. XLS 工作簿。

六、上网(10 分)

请在“答题”菜单下选择相应的命令，完成下现的内容：

1. 给李老师发邮件，以附件的方式发送报名参加网络兴趣小组的学生名单。

李老师的 Email 地址是：jason_li@sohu. com

主题为：网络兴趣小组名单

正文内容为：李老师，您好！附件里是报名参加网络兴趣小组的同学名单和 Email 联系方式，请查看。

将考生文件夹下的“group. xls”添加到邮件附件中，发送。

2. 打开 http://localhost/myweb/car. htm 页面，找到名为“奔驰 C 级”的汽车照片，将照片保存至考生文件夹下，重命名为“奔驰. jpg”。

参 考 文 献

[1]杨飞宇、孙海波主编,《计算机应用基础项目教程》,机械工业出版社 2009.
[2]吴霞主编,《计算机应用基础实例教程》,清华大学出版社 2007.
[3]镇涛等主编,《计算机应用基础案例教程》,北京邮电大学出版社 2008.
[4]袁春花等主编,《新编计算机应用基础案例教程》,吉林大学出版社 2009.
[5]李宏等主编,《计算机应用基础》,中国水利水电大学出版社 2009.
[6]王爱民主编,《计算机应用基础》,高等教育出版社 2009.
[7]施炜主编,《大学计算机应用基础》,苏州大学出版社 2007.
[8]教育部考试中心,《全国计算机等级考试一级 B 教程(2010 年版)》,高等教育出版社 2010.